Berufseinstieg Geographie

Wolfgang Leybold

Berufseinstieg Geographie

Handwerkszeug für eine erfolgreiche Strategie

Wolfgang Leybold
Leybold Strategy Consultants
Augsburg, Deutschland

ISBN 978-3-662-63490-5   ISBN 978-3-662-63491-2   (eBook)
https://doi.org/10.1007/978-3-662-63491-2

Die Deutsche Nationalbibliothek verzeichnet diese Publikation in der Deutschen Nationalbibliografie;
detaillierte bibliografische Daten sind im Internet über http://dnb.d-nb.de abrufbar.

Einbandabbildung: © Wolfgang Leybold

Planung/Lektorat: Simon Shah-Rohlfs
Springer Spektrum ist ein Imprint der eingetragenen Gesellschaft Springer-Verlag GmbH, DE und ist
ein Teil von Springer Nature.
Die Anschrift der Gesellschaft ist: Heidelberger Platz 3, 14197 Berlin, Germany

Vorwort oder die richtige Sprungtechnik

Herzlich willkommen in diesem Buch von einem Geographen für Geographiestudierende!

Ich möchte den folgenden Kapiteln eine kleine Geschichte voranstellen, um Sie in die Idee und das Anliegen dieser Veröffentlichung einzuladen.

Es hat mich schon immer begeistert, in meinem Länderlexikon zu schmökern und mich in fremde Länder zu träumen. Ich habe Landkarten fast auswendig gelernt, und als ich viel später erfuhr, dass man Geographie an der Universität studieren kann, wusste ich, dass das mein Wunschstudium sein würde.

So habe ich mit viel Elan und Leidenschaft an der Universität Augsburg Geographie studiert. Ich erinnere mich sehr gerne an die physische Geographie mit großartigen Exkursionen beispielsweise ins Murnauer Moos oder an den Eibsee am Fuß der Zugspitze, aber genauso gerne an die sozial- und wirtschaftsgeographischen Themen über die politische Geographie bis zur Stadtplanung mit Exkursionen nach Wien oder in die Expostadt Hannover.

Weil mir, wenn ich ganz ehrlich bin, nicht ganz klar war, was ich dann beruflich nach dem Geographiestudium machen kann und will, habe ich verschiedene Praktika gemacht, im Tourismusmarketing, in der politischen Bildung, in der Wirtschaftsförderung und darüber hinaus weitere Arbeitserfahrungen gesammelt.

Und obwohl ich mich als ambitionierten und zielorientierten Studenten beschreiben würde, der seine Fühler in verschiedene Richtungen ausstreckte, trieben mich einige Fragen um.

Was macht einen denn mit einem Geographiestudium so besonders? Was sage ich, wenn jemand zu mir sagt, Geographen könnten doch nur von allem ein bisschen was, aber nichts richtig? Wie erzähle ich gewinnend über mein Studium, sodass ein Arbeitgeber etwas damit anfangen kann?

Aber dazu später. Mein Berufseinstieg klappte reibungslos, vielleicht auch, weil ich bei einer regionalen Wirtschaftsförderungsgesellschaft als Projektmanager einstieg, bei der ich während des Studiums bereits ein Praktikum absolviert hatte. In diesen Jahren meiner ersten richtigen Berufstätigkeit war ich für die organisatorischen Abläufe in einem Existenzgründerzentrum genauso zuständig wie für das Organisieren von kleineren und größeren Veranstaltungen. Ich lernte, Presseartikel zu schreiben und arbeitete mit regionalstatistischen Daten. Kurzum, mein Aufgabengebiet waren sogenannte regionale Strukturprojekte.

Da es auch unsere Aufgabe war, dem Fachkräftemangel entgegenzuwirken, war ich beispielsweise auch im Hochschulmarketing tätig, mit Unternehmen aus der Region auf einem Stand auf der größten Recruitingmesse Deutschlands, dem Absolventenkongress in Köln. In diesem und in anderen Projekten lernte ich den Charme und die große Anziehungskraft des Personalwesens kennen und interessierte mich immer mehr dafür.

Nachdem ich in diesen Jahren viele wertvolle Erfahrungen gesammelt und meine beruflichen Ziele klarer konturiert hatte, wagte ich mit Ende 20 den Sprung in die Selbstständigkeit und gründete als einer der geschäftsführenden Gesellschafter eine Unternehmensberatung im Bereich Personal und Organisation mit. Hilfreich waren für mich meine unternehmerische Grundeinstellung und auch mein Nebenfach Rechtswissenschaften, daran bestand für mich kein Zweifel. Aber wie genau konnte ich von der Geographie profitieren?

In den ersten Jahren meiner beruflichen Laufbahn als Selbstständiger ging mir so oft ein Licht auf, das mich begeisterte, weil ich merkte, was ich alles an hilfreichem und essentiellem Handwerkszeug in meinem Studium gelernt hatte. Welche Werkzeuge aus dem Geographiestudium es genau sind, die das große Potenzial für eine erfolgreiche Berufslaufbahn begründen, werden wir uns in diesem Buch erarbeiten.

In meiner Tätigkeit als selbstständiger Berater lernte ich, Assessment Center, also Personalauswahlverfahren, zu konzipieren, durchzuführen und auszuwerten sowie die professionelle Führung von unterschiedlichen Vorstellungsgesprächen. Ich erarbeitete mir das Know-how, um Seminare und Trainings zu Themen der Mitarbeiterführung, also Feedback, Motivation, Mitarbeitergespräche, Teamentwicklung oder Umgang mit Konflikten, geben zu können und arbeitete mit Führungskräften und Mitarbeitenden unterschiedlichster Betriebe. Auch und gerade in dieser Phase meiner Selbstständigkeit profitierte ich ständig von den Fertigkeiten, die ich im Geographiestudium erlernt hatte.

So kam mir irgendwann die Idee, die Fragen, die mich als Student der Geographie damals umgetrieben haben und die ich mir nun beantworten konnte, in eine Veranstaltung für Geographiestudierende meiner Alma Mater, der Universität Augsburg, zu gießen und anzubieten. Schlicht, weil ich mir vorstellte, wie sehr es mir den Berufseinstieg erleichtert und Mut gemacht hätte, die Einblicke, die ich mir über die Jahre erarbeitet hatte, schon als Absolvierender zur eigenen Zukunftsgestaltung einsetzen zu können!

In diesem Konzept führte ich meine geographische Ausbildung und Laufbahn sowie meine Erfahrungen als Selbständiger im Bereich Personal und Recruiting zusammen und blickte mit den Studierenden auf berufliche Chancen in der Geographie und notwendige Kommunikationsideen für ihr Selbstmarketing. Wir fokussierten uns auf die Frage: „Was ist so einzigartig an der Geographie, was können Absolvierende dieses Faches besonders gut?" Dieser Workshop erfreute sich einer großen Resonanz und sprach sich herum, sodass es eine feste Lehrveranstaltung wurde, mein erster Lehrauftrag an einer Universität.

Dies ist inzwischen über zehn Jahre her, und zahlreiche Universitäten sind in der Zwischenzeit auf mein Konzept aufmerksam geworden und laden mich regelmäßig ein, was mich sehr freut. Dazu zählen z. B. die Universitäten Eichstätt-Ingolstadt, Erlangen, Gießen, Hamburg, Hannover, Marburg sowie Wien und Southampton. In 2019 wurde ich zum ersten Mal an zwei amerikanischen Universitäten als Lecturer eingeladen, an der University of Nevada in Reno und der Clark University in Massachusetts. Auch das Arbeiten mit amerikanischen Geographinnen und Geographen im Rahmen einer Lehrveranstaltung machte mir von Anfang an sehr viel Freude und inspirierte mich.

Ich bin begeisterter Geograph und Unternehmer. Geographie ist wunderbar und überall, sie wird nie langweilig und geht uns alle an. Sie inspiriert und fasziniert. Sie ist das perfekte Sprungbrett überallhin.

Also möchte ich Sie einladen, auf diesen Sprungturm hochzuklettern, sich vorzuwagen und den Blick schweifen zu lassen über die Chancen, die Sie sich mit dem Geographiestudium erschließen können. Was zunächst mutig klingen mag, macht mit systematischer Vorbereitung, Orientierung, in welche Richtungen man hüpfen möchte, und einer richtigen Technik unglaublich viel Spaß! Selbigen wünsche ich Ihnen natürlich beim Lesen dieses Buches und freue mich auf Ihre Rückmeldungen!

Herzlichst gedankt sei an dieser Stelle meiner Familie für die wertvolle Unterstützung, Stefanie Adam, Roopashree Polepalli und Simon Shah-Rohlfs vom Springer Verlag für die angenehme Zusammenarbeit und Claudia Ideth González Méndez für die inspirierenden Illustrationen!

Augsburg   Wolfgang Leybold
im November 2021

Inhaltsverzeichnis

Der geographische Arbeitsmarkt

Der Arbeitsmarkt für angehende Geographinnen und Geographen weist einige interessante strukturelle Aspekte auf, auf die ich in diesem Kapitel eingehen möchte. Nicht, um sich in Details zu verlieren, sondern vielmehr, um für die Leserin und den Leser wichtige Grundlagen für die Entwicklung einer Suchstrategie nach dem richtigen Arbeitsplatz zu schaffen.

Wenig überraschend ist, dass der geographische Arbeitsmarkt wie unsere Gesellschaft und das System der Arbeit dem stetigen Wandel unterworfen ist. Beim Blick auf die Geschichte der geographischen Ausbildung fällt auf, dass man früher die Geographie primär mit dem Lehrerberuf oder der Länderkunde assoziiert hat. Erst in den Fünfzigerjahren des vergangenen Jahrhunderts wurde in der Bundesrepublik die Ausbildungsrichtung „Diplom-Geograph" eingeführt.

Seit diesem Zeitpunkt hat sich einerseits die Wahrnehmung der angewandten Geographie als auch deren Bedeutung am Arbeitsmarkt dynamisch verändert. Waren es in diesem sehr jungen Studiengang zunächst überschaubare Absolvierendenzahlen, da man nur an einigen Instituten studieren konnte und der Abschluss noch unbekannt war, erfreute sich die Diplom-Geographie in den folgenden Jahrzehnten eines immer größeren Zulaufs. Aufgrund der Neuheit des Studienfachs waren aber schon die ersten Diplom-Geographinnen und Diplom-Geographen ganz besonders herausgefordert, für sich selbst herauszufinden und vor allem am Arbeitsmarkt zu kommunizieren, was sie beherrschen und welche Arbeitsfelder sie sich erschließen können.

Gängige Diplom-geographische Berufsbilder waren damals schon in planerischen Tätigkeiten, in physisch-geographischen Anwendungsfeldern, in der Datenanalyse, in der Kartographie oder in Verlagen zu finden.

Wurde der Studiengang in den Sechziger- und Siebzigerjahren an immer mehr Instituten angeboten, erfreute sich die geographische Ausbildung zunehmender Beliebtheit. In der jüngeren Vergangenheit haben sich die Studienzahlen auf einem stabilen Niveau eingependelt, was aus meiner Sicht für eine anhaltende Nachfrage nach diesem spannenden Fach spricht.

© Der/die Autor(en), exklusiv lizenziert durch Springer-Verlag GmbH, DE, ein Teil von Springer Nature 2021
W. Leybold, *Berufseinstieg Geographie,* https://doi.org/10.1007/978-3-662-63491-2_1

Die Absolvierenden finden sich in, wie zu erwarten ist, unterschiedlichsten Berufsfeldern wieder. Diese werden im nächsten Abschnitt des Buches ausführlich vorgestellt.

Eine interessante Beobachtung am geographischen Arbeitsmarkt ist sicherlich, dass sich Tätigkeitsfelder vom früher oft erfassenden, erhebenden, auswertenden, analysierenden und beschreibenden Arbeiten immer weiter hinentwickeln zu zusätzlich mehr angewandten und gestaltenden Aufgaben. Deutlich wird dies beispielsweise bei der Tätigkeit im regionalen Tourismusmarketing, wo zu den klassischen Aufgaben zusätzlich die Produktentwicklung neuer, nachhaltiger Reise- und Erholungsangebote dazukam oder in der Verkehrsgeographie, wo die Organisation der öffentlichen Nahverkehrsangebote die Gestaltung der Mobilität der Zukunft beinhaltet.

Geographinnen und Geographen finden sich dabei in Berufsfeldern, die teilweise sehr nah am geographischen Fach sind, oft aber auch in Tätigkeiten, für die eher der geographische Werkzeugkasten der Methoden und Arbeitstechniken entscheidend war, vielleicht auch in ganz fachfremden Bereichen.

Außerdem ist am geographischen Arbeitsmarkt abzulesen, dass viele Arbeitsverhältnisse im öffentlichen oder halböffentlichen Dienst stattfinden. Dies liegt einfach daran, dass planerische Aufgaben, wie beispielsweise die Kommunal-, Regional- oder Landesplanung, statistische Tätigkeiten, regionale Strukturprojekte der Wirtschaftsförderung, des Tourismus oder des Stadtmarketings, aber auch Naturschutz- und Umweltaufgaben bis hin zum Hochwasserschutz, zum öffentlichen Aufgabenkreis zählen.

Welche Folgerungen können wir für unsere angewandte Arbeit in diesem Buch aus diesen Beobachtungen ziehen?

Erstens, der geographische Arbeitsmarkt ist überaus heterogen und abwechslungsreich, wichtig ist daher eine frühzeitige und chancenorientierte Orientierung auf diesem Markt der Möglichkeiten.

Zweitens, Geographinnen und Geographen finden sich in geographischen, aber auch fachfremden Tätigkeitsbereichen. Es gilt, das zugrunde liegende Stärkenprofil genau zu betrachten und für eine eigene Kommunikationsstrategie in Wert zu setzen.

Drittens, geographische Tätigkeiten sind ubiquitär, das heißt, sie finden sich überall im Raum. Somit ergeben sich Suchstrategien, die ich aus der Analyse des geographischen Arbeitsmarktes abgeleitet habe und in vielen Workshops mit Geographiestudierenden erprobt habe.

Betrachten wir zunächst die vertikale und die horizontale Achse im Arbeitsmarkt für Geographinnen und Geographen. Was bedeutet vertikale Achse in diesem Kontext? Geographische Tätigkeiten lassen sich oft über die unterschiedlichen Gebietskategorien herauf- oder herunterdeklinieren, somit können Chancen auf faszinierende Weise einfach multipliziert werden.

Wir schließen uns einfach einem Studenten an, um zu sehen, wie er vorgeht: Ferdinand aus Augsburg sieht seine berufliche Zukunft in der Raumordnung und Landesplanung. Aus dem Studium weiß er, dass lokale Planungsaufgaben im Rahmen der kommunalen Selbstverwaltung bei der Kommune im

Stadtplanungsamt bearbeitet werden. Denkt er einen Schritt weiter, erinnert er sich daran, dass Bayern, um in Ferdinands Beispiel zu bleiben, aus 18 Planungsregionen besteht und als weiterer möglicher Arbeitgeber der regionale Planungsverband infrage kommt. Übergeordnet recherchiert er bei der nächsthöheren funktionalen Ebene, der Bezirksregierung des Regierungsbezirks Schwaben und findet die Abteilung Raumordnung, Landes- und Regionalplanung auf deren Internetseiten. Er fragt sich, wer auf Landesebene agiert und beispielsweise das Landesentwicklungsprogramm erstellt und findet die Landesplanung als Aufgabe des Bayerischen Staatsministeriums für Wirtschaft, Landesentwicklung und Energie. Selbstverständlich fragt sich Ferdinand nun, wie es eigentlich auf Bundesebene ausschaut und ob es vielleicht in Bonn oder Berlin einen attraktiven Arbeitsplatz für ihn gibt und freut sich, als er bei seinen Recherchen auf den Seiten des Bundesamtes für Bauwesen und Raumordnung landet, einer Behörde des Bundesministeriums des Innern, für Bau und Heimat. Logischerweise weiß Ferdinand als angehender Geograph, dass raumbezogene Themen auch auf der Europäischen Ebene Relevanz haben und schaut sich die Seiten der EU-Kommission an, wo er Informationen zur Idee der vier Makroregionen der EU-Strategie findet und interessiert weiterliest.

Wir haben also vertikal durch die Gebietskategorien dekliniert von Kommune über regionalen Planungsverband, Regierungsbezirk, Bundesland, Bund bis hin zur EU-Ebene.

Diese Schritte der Arbeitsmarkterschließung sind zwar nicht in allen, aber in zahlreichen geographischen Arbeitsfeldern möglich. Versuchen Sie doch als Übung in Eigenregie die vertikale Sondierung einmal am Beispiel des Tourismusmarketings oder Umweltschutzes. Ich bin mir sicher, es wird funktionieren.

Die zweite Achse ist die horizontale Suchachse. Sie ist, wie die vertikale, typisch für die geographische Arbeitsmarkterschließung und funktioniert ebenfalls sehr einfach.

Ferdinand findet vielleicht bei seiner Recherche in der Augsburger Stadtplanung keine freien Stellen, gibt aber natürlich nicht auf, sondern geht horizontal in der Fläche vor. Da er noch ungebunden ist und auch entfernteren Regionen etwas abgewinnen kann, schaut er sich die Internetseiten anderer süddeutscher Großstädte an und findet interessante Themen in den Stadtplanungsämtern in Ulm, Stuttgart und Nürnberg. Da ihm aber auch die Aufgaben des bayerischen Staatsministeriums für Wirtschaft, Landesentwicklung und Energie sehr zugesagt haben, dort aber derzeit keine Stellen vakant sind, geht Ferdinand wieder horizontal vor und schaut sich in anderen Flächenländern um. Dabei fällt ihm das Ministerium des Innern und für Sport in Rheinland-Pfalz auf, das dort oberste Landesplanungsbehörde ist. Aber auch im Nachbarbundesland Baden-Württemberg recherchiert er und findet interessante Aufgaben der Landes- und Regionalplanung im Ministerium für Wirtschaft, Arbeit und Wohnungsbau.

Probieren Sie auch diese Achse aus und nehmen sich beispielsweise einmal das Thema kommunale Wirtschaftsförderung vor. Wenn Sie bei Ihrer Recherche einmal über den regionalen Tellerrand geschaut haben, können Sie ja auch gleich vertikal vorgehen und somit die Anzahl der Ansprechpersonen im Themenbereich Wirtschaftsförderung maximieren.

Bevor wir uns nachher den verschiedenen Berufsfeldern widmen, ist dies ein guter Punkt, Ihnen noch zwei weitere hilfreiche Besonderheiten des geographischen Arbeitsmarktes ans Herz zu legen, was die Suchstrategien angeht, die Ferdinand inspiriert haben.

Bleiben wir in vorangegangener Übung, die ja daraus bestand, von der Kommune bis zur EU-Ebene zu schauen, welche Akteure Wirtschaftsförderungsaufgaben wahrnehmen und wo diese in der Fläche um Ihren Wohnort herum, vielleicht auch mit zunehmender Entfernung, zahlreich zu finden sind. Vielleicht ist Ihnen zusätzlich zur vertikalen und horizontalen Achse auch aufgefallen, dass es oft mehrere Anbieter eines Themas im Raum gibt. Fast jede größere Kommune hat beispielsweise in ihrer Stadtverwaltung ein Amt für Wirtschaftsförderung. Aber auch der Landkreis, in dem die Kommune liegt, und die örtliche Industrie- und Handelskammer kümmern sich um klassische Wirtschaftsförderungsthemen in dieser Region und Stadt, wie zum Beispiel um die Bereitstellung von Firmendaten oder die Existenzgründungsberatung.

Weiteres und abschließendes Unikum des geographischen Arbeitsmarktes ist die Tatsache, dass viele raumbezogene Aufgaben einerseits in der öffentlichen Hand, andererseits in der Privatwirtschaft bearbeitet werden und sich somit geographische Arbeitsplätze zu einem Thema oft auf beiden Seiten finden. Beispiele wären hier eine Unternehmensberatung für Stadtmarketingprojekte und die städtische Stadtmarketingagentur. Oder ein Marktforschungsunternehmen und eine Statistikabteilung der Stadtverwaltung einer Großstadt. Aber auch ein Unternehmen der Immobilien-Research-Sparte und das Staatsministerium für Wohnen, Bau und Verkehr befassen sich durchaus mit ähnlichen Themen, einmal aus privater, einmal aus öffentlicher Perspektive.

Ferdinand freut sich, weil er schnell merkt, dass er zu einem guten Stück Schmied seines eigenen Glückes ist, indem er auf der vertikalen und auf der horizontalen Suchachse (Abb. 1.1) je nach inhaltlicher und räumlicher Flexibilität unterschiedlich weit skalieren kann! Zusätzlich erkennt er neue Chancen darin, dass manche Aufgaben im Raum von unterschiedlichen Akteuren gleichzeitig aus verschiedener Richtung bearbeitet werden und er oft die Wahl zwischen öffentlichen Stellen als auch Arbeitgebern in der Privatwirtschaft hat. So sieht er den geographischen Arbeitsmarkt in neuem Licht: Eine zielgerichtete Recherche bietet ihm ungeahnte Möglichkeiten, sich den Arbeitsmarkt selbst und proaktiv zu erschließen.

Übungsbox
- Betrachten Sie den geographischen Arbeitsmarkt vertikal, also von der übergeordneten Gebietskategorie bis zur lokalen Ebene, sowie horizontal, also nicht nur in Ihrem Ort, sondern auch in anderen Regionen. Dies ist aufgrund der Ubiquität vieler geographischer Tätigkeiten sinnvoll.
- Denken Sie daran, dass es geographische Aufgaben sowohl auf öffentlicher Seite als auch in der Privatwirtschaft gibt, und nutzen Sie dieses Wissen bei Ihrer Suche.
- Recherchieren Sie beispielhaft einige interessante Arbeitsthemen nach diesen beiden Kriterien, um sie in der Praxis nachvollziehen zu können.

Abb. 1.1 Ferdinand jongliert mit vertikaler und horizontaler Achse

Zielgruppenanalyse

Stellen Sie sich einmal vor, ein großes Molkereiunternehmen aus dem Allgäu möchte einen neuen Joghurt auf den Markt bringen. Das ist sicherlich ein nicht ganz einfaches Unterfangen, da es inzwischen eine große Auswahl an entsprechenden Produkten gibt: Joghurts mit Fruchtgeschmacksrichtungen aller Art, mit mehr oder weniger Zucker, mit Stracciatella oder Schokokügelchen, aber natürlich auch saisonale Geschmacksrichtungen wie winterliche Bratäpfel. Die Produkte unterscheiden sich natürlich auch durch ihre Packungsgrößen und -systeme, Mehrwegglas versus Kunststoffbecher, teilweise Papierbanderolen und natürlich die ganze Palette der Bioprodukte.

Kurz und gut, wer in dieser Branche etwas erfolgreich am Markt platzieren will, muss die Zielgruppe analysieren und genau verstehen, was die Verbraucherinnen und Verbraucher dann bei der Kaufentscheidung am Molkereiprodukteregal dazu veranlasst, zum einen oder eben anderen Produkt zu greifen.

Ergo wird eben dieses Unternehmen aus der milchverarbeitenden Industrie zunächst einmal die bestehende Marktsituation analysieren und im Rahmen einer aktiven Konkurrenzforschung überprüfen, welche Produkte sich wie verkaufen. Parallel dazu werden eigene Verkaufszahlen ständig erhoben und ausgewertet, um Vorlieben sowie Verhaltensweisen der Zielgruppe zu verstehen.

Vielleicht wird auch eine Kundenbefragung durchgeführt, welche neuen Geschmacksrichtungen vorstellbar oder gewünscht sind. Sicherlich wird man für die erfolgreiche Produktentwicklung analysieren, welche Trends und neuen Aspekte es beim Thema „gesunde Ernährung" gibt, welche möglichen Unverträglichkeiten oder Allergien nicht mehr außer Acht gelassen werden sollten und wie dies in der Rezeptur berücksichtigt werden kann.

Nicht zuletzt wird man sich dem Thema Nachhaltigkeit und Verbraucherbewusstsein widmen und darüber entscheiden, in welchem Segment und in welcher Verpackung das neue Produkt erscheinen soll, um die Kundschaft anzusprechen.

© Der/die Autor(en), exklusiv lizenziert durch Springer-Verlag GmbH, DE, ein Teil von Springer Nature 2021
W. Leybold, *Berufseinstieg Geographie,* https://doi.org/10.1007/978-3-662-63491-2_2

Nachdem das neue Produkt fertig komponiert ist, wird man sicherlich noch Geschmacksproben mit einer möglichst repräsentativen Zielgruppe durchführen und sich Rückmeldungen einholen, wie der neue Joghurt in einem solchen Pretest bei den zukünftigen Abnehmerinnen und Abnehmern ankommt.

Nun steht im Idealfall ein moderner, verträglicher, wohlschmeckender Joghurt da, der sich an den Wünschen der Zielgruppe orientiert, aktuelle Trends berücksichtigt und auch verpackungstechnisch in die heutige Zeit passt. Aber stellen Sie sich vor, dieser würde nun in einem unbedruckten Becher im Regal Ihres bevorzugten Supermarktes stehen, inmitten der Ihnen bekannten, bunt und auffallend bedruckten anderen Molkereiprodukte. Wer würde seine Kaufentscheidung zugunsten eines zwar inhaltlich topmodernen, geprüften, neuen und zukunftsfähigen Produktes fällen, wenn er von außen keinen ausreichenden, geschweige denn ansprechenden Hinweis bekäme, was alles in dieser Packung steckt!

Und jetzt sind wir bei der Herausforderung angelangt, die jede Bewerberin und jeder Bewerber beim Übergang vom Studium in den Beruf aus meiner Sicht unbedingt professionell und mit Köpfchen angehen sollte: Sie sollten Ihre Zielgruppe analysieren, um sich so aufzustellen, dass man in Anlehnung an unser metaphorisches Molkereiproduktebeispiel bei der Frage: „Wen laden wir zum Vorstellungsgespräch ein?" zu Ihrer Bewerbung greift.

Es reicht in vielen Fällen nicht, dass man sich im Studium mit spannenden Fragen befasst hat, sich schnell einarbeiten kann und vieles andere mehr gelernt hat. Sie sollten herausfinden, was genau für Ihren Arbeitgeber relevant und wichtig ist, was für ihn entscheidend ist! Darauf aufbauend benötigen Sie eine Kommunikationsstrategie, die Ihre geographischen Skills ins rechte Licht rückt und so klarmacht, dass man zu Ihrem Joghurt greift, weil man sich beim Lesen der Banderole denkt: „Ja genau, so etwas habe ich gesucht, das ist exakt das Richtige für mich!"

Vielleicht stellen Sie sich jetzt die Frage, ob das nicht für alle Bewerbungen gilt? In gewissem Rahmen schon, Sie haben Recht. Aber in der Geographie kommt einer professionellen Kommunikationsstrategie eine ganz besondere Bedeutung zu, und dies ist auch leicht erklärbar.

Wenn Sie in der Straßenbahn oder auf dem Marktplatz Ihrer Stadt eine kleine Umfrage starten würden und die Passantinnen und Passanten befragen würden: „Wie ist ein Geographiestudium aufgebaut?", „Inwiefern bereitet es einen auf eine erfolgreiche Berufslaufbahn vor?" oder „Was sind die besonderen Stärken einer angehenden Geographin, eines angehenden Geographen?" können Sie sich sicher jetzt schon vorstellen, welche Antworten kämen und wie oft die Felder Ihres Fragebogens leer blieben.

Warum ist das so? Bekannte Studiengänge wie Medizin, Rechtswissenschaften, Lehramt, Maschinenbau oder andere wecken Assoziationen, Erfahrungswerte bei den Menschen. Jeder hat in seinen biographischen Erfahrungen Arzttermine absolviert, kennt die Aufgaben einer Rechtsanwältin oder eines Rechtsanwalts, einer Lehrkraft noch aus der Schule oder kann sich vorstellen, dass man zur Konstruktion technischer Produkte und Maschinen entsprechende Fertigkeiten benötigt.

Geographinnen und Geographen befinden sich für die meisten Menschen nicht sofort und vor allem nicht erkennbar in der allgemeinen Wahrnehmung. Wer weiß denn schon, ob der Geschäftsführer des örtlichen Tourismusverbands Geograph ist oder die Leiterin der Klimaschutzleitstelle eine Geographin?

Wir haben es also mit einem, leicht überspitzt gesagt, Informationsvakuum auf der anderen Seite unserer Kommunikation zu tun. Aus meiner eigenen Biographie kenne ich es nur zu gut, dass ich in beruflichen, aber auch privaten Gesprächen oft zunächst erklären musste, was man im Geographiestudium und damit überhaupt macht.

Wir können also festhalten, dass es beim Berufseinstieg im Besonderen, weil Einstellungsentscheidungen davon abhängen, darauf ankommt, zu analysieren und zu verstehen, was der Arbeitgeber eigentlich sucht und wie wir damit umgehen, dass auf seiner Seite im Regelfall ein mindestens teilweises Informationsvakuum oder -defizit im Hinblick auf die Vorteile einer Geographin oder eines Geographen herrscht.

Wenn Sie meine Erfahrung auf die Probe stellen wollen, jederzeit, probieren Sie es einfach aus, gehen auf eine Personalerin oder einen Personaler auf einer Recruitingmesse zu und fragen Sie direkt: „Stellen Sie auch Geographinnen und Geographen ein?"

Sie können sich die Reaktion sicher ausmalen, ohne es zu probieren, glauben Sie mir ruhig. Die Person wird in vielen Fällen erst mal höflich schauen, schlucken, sich überlegen: „Mist, was macht eine Geographin oder ein Geograph überhaupt?" und Sie, um sich selbst nicht zu blamieren und die Unkenntnis im Hinblick auf das geographische Profil zu verbergen, mit einer relativ allgemeinen Antwort weiterschicken.

Ich möchte Sie dazu einladen, aus dieser Herausforderung eine tolle Chance zu machen. Werden Sie als Geographin oder als Geograph zusätzlich Marketing-managerin und Marketingmanager in eigener Sache! Überlegen Sie doch mal: Wenn Ihr Gegenüber sich nichts wirklich Konkretes unter dem Schlag-wort „Geographie" vorstellen kann, sollten wir uns dann nicht im eigenen Interesse anstrengen, eine entsprechende Kommunikation aufzubauen, die diese Informationslücke auf der anderen Seite schließt?

Mein Ziel ist es, dass Sie sich aus der manchmal gefühlten Kommunikations-defensive der Geographie in eine selbstbewusste, an den Bedürfnissen Ihrer zukünftigen Arbeitgeber ausgerichteten Kommunikationsoffensive bewegen. Lassen Sie uns Ihren Joghurtbecher beschriften, damit man versteht, was Sie wirk-lich anbieten! Sie werden sehen, dass es Spaß macht, das Geographiestudium und Ihre Stärken ins rechte Licht zu rücken, indem Sie Aufklärungsarbeit mit Begeisterung für die Geographie kombinieren. Ihre Zielgruppe wird innehalten und sagen: „Wow, genau das habe ich gesucht! So jemand passt zu uns und wird uns weiterhelfen".

Lassen Sie uns loslegen!

2.1   Das Aktiv-Passiv-Modell

Vielleicht kennen Sie Persönlichkeitsfragebögen aus der ein oder anderen Zeitschrift, in denen Sie vorgegebene Aussagen wie „ich würde mich als flexibel bezeichnen" oder „ich halte mich für aufgeschlossen gegenüber neuen Situationen" lesen, um nur zwei Beispiele zu nennen. Oft findet sich dann eine Skala, also eine Reihe mehrerer Antwortfelder, in der Sie von „trifft überhaupt nicht zu" bis hin zu „trifft voll zu" eine Selbsteinschätzung vornehmen können. Arbeitet man sich durch die vorgegebenen Antwortmöglichkeiten, ergibt sich am Ende ein Punktwert, und man kann sich selbst somit in eine von zum Beispiel vier unterschiedlichen Persönlichkeitsgruppen einordnen.

So ähnlich funktioniert es beim Bewerben auch, nur dass Sie dabei vom zukünftigen Arbeitgeber aus seiner Sicht zugeordnet werden. Um unsere Zielgruppe, die Entscheiderin oder den Entscheider beim Wunscharbeitgeber, besser zu verstehen, möchte ich Ihnen das „Aktiv-Passiv-Modell" vorstellen (Abb. 2.1). Dies ist vereinfacht die wichtige Skala, auf der der Arbeitgeber Sie aufgrund Ihrer Informationen einschätzen möchte, also quasi die Zusammenfassung seiner Eindrücke und Einschätzungen über Sie.

Was bedeutet das für uns? Stellen Sie sich im Rahmen eines Perspektivwechsels einmal vor, Sie wären Personalerin oder Personaler und würden einen Lebenslauf lesen. Aufgrund Ihrer langjährigen Erfahrung haben Sie gelernt, Assoziationen zu bilden, das heißt, zu bestimmten Informationen fallen Ihnen sofort entsprechende Eigenschaften ein.

Sie können sich das bildlich so ausmalen: Wenn Sie eine einzelne Information aus einem Lebenslauf lesen, öffnet sich in Ihrem Geiste eine Art Pull-down-Menü mit assoziierten Eigenschaften und Erfahrungen, die Sie mit dieser Information verbinden. Gleichsam einer Airline-Website, auf der Sie einen Abflughafen eingeben und sich dann die per Direktflug erreichbaren Destinationen anzeigen lassen.

Aber probieren wir es an einem konkreten Beispiel aus. Sie lesen im Lebenslauf von Ferdinand, 22 Jahre: „3-monatige Backpacking-Reise durch die Anden". Dies ist in unserem angenommenen Fall die einzige Information, die wir über Ferdinand haben.

Also was passiert nun bei der sogenannten Fremdeinschätzung, das heißt, was lesen Sie als Personalerin oder Personaler daraus? Wenn Sie Lust dazu haben, halten Sie einen Moment beim Lesen inne und nehmen sich einen Zettel zur Hand. Notieren Sie sich, was in Ihrem geistigen Pull-down-Menü zur Information: „Kandidat Ferdinand war 3 Monate mit dem Rucksack in den Anden in Südamerika unterwegs" auftaucht. Sie brauchen dazu nichts weiter über die Person zu wissen, überlegen Sie einfach und notieren Sie Ihre ersten Assoziationen und Vermutungen, die mit dieser biographischen Information einhergehen.

Abb. 2.1 Aktiv-Passiv-Modell

Möglicherweise werden Sie sich notieren, dass diese Person wohl Aufgeschlossenheit mitbringt. Sie haben vielleicht an Flexibilität gedacht, vielleicht auch an Improvisationstalent. Vielleicht stand Mut in Ihrem Pull-down-Menü zu Ferdinands Information. Mag sein, dass Sie interkulturelle Kompetenz und keine Berührungsängste mit anderen Sprachen und Menschen vermuten. Vielleicht steht diese Information bei Ihnen für Zielorientierung, weil sich schließlich viele Menschen attraktive Ziele stecken, aber nicht alle diese erreichen? Möglicherweise vermuten Sie Kommunikations- und Organisationstalent bei Ferdinand. Oder Neugier – warum hätte er sich sonst auf den Weg gemacht? Kontaktfreudigkeit und ein gewisser Pragmatismus sind ebenfalls Eigenschaften, die in einem solchen Pull-down-Menü stehen könnten. Aber auch der Wunsch des „über den Tellerrandschauens" und das Bedürfnis und die Bereitschaft, ganz bewusst einmal die eigene Komfortzone zu verlassen.

Falls Sie sich jetzt fragen, was Ferdinands Backpacking-Reise mit seiner Bewerbungsstrategie zu tun hat, ist es wichtig, dass wir das Pull-down-Menü aus dem Recruiting nochmals betrachten. Denken Sie daran, Sie sind in unserem Beispiel die Personalerin oder der Personaler, die oder der Ferdinand einschätzen möchte. Welche Attribute hat er durch seine Informationspolitik in diesem kleinen Detail, nämlich einer Zeile zu dieser initiativen Reise, geweckt?

Folgende Assoziationen zu Ferdinand stehen möglicherweise in Ihrer Fremdeinschätzung anhand dieses Beispiels:

- Aufgeschlossenheit
- Flexibilität
- Improvisationstalent
- Mut
- Interkulturelle Kompetenz und Sprachen
- Zielorientierung
- Kommunikations- und Organisationstalent
- Neugier
- Kontaktfreudigkeit
- Pragmatismus
- Über den Tellerrand schauen
- Komfortzone ab und zu verlassen

Sie werden sich vielleicht schon beim Durchlesen gedacht haben: „Moment, all diese Eigenschaften sind ja absolut relevant für den beruflichen Erfolg! Bingo!

Schließen wir den Kreis zum Aktiv-Passiv-Modell. Eine kluge Bewerberin und ein kluger Bewerber wissen, dass für den zukünftigen Arbeitgeber die Aspekte wichtig sind, die mit Eigeninitiative in Verbindung gebracht werden, also links im Modell stehen, am Pol „Aktiv". Eine Assoziation am Pol „Passiv" wäre beispielsweise eine sehr lange Studiendauer, ohne dass dafür Gründe wie eine begleitende Berufstätigkeit, Familiengründung, Engagement oder auch eine Erkrankung angegeben sind. Dabei ist ein Punkt ganz wichtig: Dieses Modell beschreibt bewusst nicht Ihre Persönlichkeit, sondern Ihre Kommunikationspolitik.

Wenn eine interessante und ambitionierte Person zum Beispiel im Lebenslauf sehr sparsam mit Informationen umgeht und nur die nötigsten Punkte zu Studium und beispielsweise Praktika auflistet, wird es Ihnen als Recruiterin oder Recruiter ziemlich schwerfallen, diese Bewerberin oder diesen Bewerber aufgrund der knappen Informationslage mit allen oben genannten Attributen als sehr eigeninitiativ einzuschätzen. Schade wäre es zudem, wenn dann in einem Vorstellungsgespräch die Person wenig proaktiv auftritt, von sich aus nur sehr spärliche Informationen präsentiert und so leider kongruent passiv kommunizieren würde.

Die richtige Richtung ist sicherlich, dass Sie sich in Kenntnis des Aktiv-Passiv-Modells beim Konzipieren Ihrer Kommunikationsstrategie fragen: Welche Informationen aus meinem bisherigen Leben sind dazu geeignet, bei der Leserin und beim Leser, also vielleicht dem zukünftigen Arbeitgeber, Assoziationen auf der Aktiv- oder Eigeninitiativseite anzutriggern?

Mein Fehler als Geographiestudent war früher, dass ich mich eher fragte, welche Informationen aus meiner Vita mit Geographie zu tun hatten, dann nahm ich sie in den Lebenslauf auf und welche nicht, dann ließ ich sie weg. Somit fielen leider wichtige Assets aus meiner Strategie heraus, wie zum Beispiel, dass ich mir während des Studiums als Paketfahrer Geld verdiente. Heute weiß ich, dass man in einer Recruitingabteilung damit zum Beispiel Verantwortungsbewusstsein, selbstständiges Arbeiten, Umgang mit Kunden, Kollegen, Vorgesetzten, Kundenorientierung und Organisationstalent assoziiert hätte, um nur einige berufsbezogene Aspekte zu nennen.

Die Quintessenz aus dem Aktiv-Passiv-Modell bei der Betrachtung und Analyse der Denkweise unserer Zielgruppe ist somit: Fragen Sie sich zukünftig nicht mehr nur, ob eine Erfahrungsstation in Ihrem Leben mit Geographie zu tun hat, sondern vielmehr, ob sie geeignet ist, Ihrer Leserin oder Ihrem Leser zu signalisieren, dass Sie über ein hohes Maß an Eigeninitiative verfügen.

Übungsbox
- Ihr Arbeitgeber interessiert sich für Ihre Eigeninitiative. Antizipieren Sie dieses Interesse und fragen Sie sich beim Zusammenstellen Ihres Lebenslaufes, welche Informationen über Sie Ihrem zukünftigen Arbeitgeber helfen, Ihre Interessen und Ihre Proaktivität zu erkennen.
- Zu jeder Information, die Sie kommunizieren, wird auf der anderen Seite attribuiert. Erkennen Sie dies als eine Chance und fragen Sie sich beim Aufbereiten Ihrer Stärken, welche Information aus Ihrem Lebenslauf welche Attributionen im Pull-down-Menü antriggert. So können Sie sowohl in der schriftlichen als auch in der mündlichen Form zielgruppenspezifischer kommunizieren und Erfordernisse der Arbeitgeberseite besser ansprechen.

2.2   Das Drei-Sektoren-Modell

Wenden wir uns dem zweiten der drei wichtigen Modelle zu, die uns helfen sollen, die Entscheidungskriterien unserer Zielgruppe zu verstehen, um anschließend eine passende Kommunikationsstrategie für Ihre geographischen Stärken zu entwickeln.

Dieses Modell (Abb. 2.2) könnte zunächst für einen halben Tachometer oder etwas Ähnliches gehalten werden, ist jedoch sehr simpel: Es bezeichnet schlicht die drei zentralen Themenfelder, die eine Recruiterin oder ein Recruiter mit Ihnen im Auswahlverfahren, also zum Beispiel dem Vorstellungsgespräch „abklappern" wird, um Sie kennenzulernen und einschätzen zu können.

Warum ist dies für Geographiestudierende so entscheidend? Zunächst wieder ein praktischer Blick auf das Modell: Es besagt, dass Ihr zukünftiger Arbeitgeber Sie aller Voraussicht nach nicht nur nach Ihren fachlichen Stärken und Erfahrungen fragen wird, um herauszufinden, ob Sie zu dem vakanten Job passen, sondern eben auch nach praktischen Erfahrungen und Persönlichkeitsaspekten. Außerdem, und das ist entscheidender, zeigt es, auf welcher Informationsgrundlage der Arbeitgeber später seine Entscheidung fällt.

Schauen wir uns die drei Sektoren anhand von ein paar Beispielen in der Folge genauer an:

Fachliche Eignung Hier stehen bei Ihnen besonders inhaltliche Themen aus dem Studium an erster Stelle. Haben Sie die physische oder die Humangeographie studiert? Was waren Ihre fachlichen Schwerpunkte, zum Beispiel eher Stadtplanung oder Klimaschutz, Vegetationsgeographie oder Immobilienresearch? Welche Nebenfächer haben Sie belegt? Mit welchem Thema hat sich Ihre Abschlussarbeit befasst? Kurzum: Wie sind Sie fachlich ausgebildet, was haben Sie an der Universität inhaltlich gelernt?

Praxis/Anwendungsbezug Hier ist von Relevanz, welche praktischen und angewandten Fähigkeiten Sie vorweisen können. Beispielsweise sind das physisch-geographische Labormethoden bei der Analyse von Bodenproben oder entsprechend die Methoden der empirischen Sozialforschung. Oder aber die Lernaspekte Ihres Praktikums bei administrativen Tätigkeiten oder bei der Vorbereitung von Materialien für Lehrveranstaltungen im Rahmen einer Werkstudententätigkeit. Ihre Präsentationskompetenz gehört hierher, genauso wie Ihre GIS-Fertigkeiten.

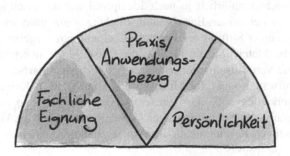

Abb. 2.2 Drei-Sektoren-Modell

Denken Sie an mein Paketfahrerbeispiel: Auch das würde hierher gehören. Warum? Weil nicht nur geographieaffine Arbeitserfahrungen zu unseren Erfahrungen beitragen und dem Arbeitgeber Attributionen erlauben, sondern alles, womit Sie Initiative zeigen und gezeigt haben. Also zusammengefasst alles, was wir als Werkzeuge, Instrumente und Arbeitserfahrungen bezeichnen können. Sollten Sie zehn Jahre nach Abschluss Ihres Studiums auf das 3-Sektoren-Modell schauen, würden wir in den Sektor 2 nach und nach das Wort „Berufserfahrung" schreiben und entsprechende aktuelle Erfahrungen hier gruppieren.

Und wenn Sie nun jemanden einstellen würden, die Person würde fachlich passen und stellt sich auch als praktisch versiert dar, was wäre Ihnen dann noch wichtig? Richtig, es muss menschlich passen! Und das ist nicht zuletzt entscheidend.

Persönlichkeit In diesen Bereich können wir Informationen fassen, die zeigen, was Sie mit Ihrer Zeit tun, wenn Sie nicht gerade an der Universität unterwegs sind. Vielleicht spielen Sie ein Musikinstrument oder gehen gerne in die Berge. Möglicherweise engagieren Sie sich in der Geo-Fachschaft oder in einem Umweltverband. Aber auch eine Tätigkeit bei der freiwilligen Feuerwehr oder Ihre Reisefreudigkeit können an dieser Stelle über Sie Auskunft geben.

Was ist also hier die Quintessenz? Nicht sektorales Kommunizieren ist gefragt, sondern ganzheitliches. Der Arbeitgeber interessiert sich nicht nur für Ihr Fachthema, sondern für Sie als Menschen, als „Gesamtpaket".

Wenn wir also später beim Aufbau Ihrer Kommunikationsstrategie als Geographin oder Geograph entsprechende Argumente sammeln, sollten wir darauf achten, dass wir Beispiele, Kompetenzen und Erfahrungen aus allen drei Sektoren zusammenstellen, um die Entscheidungsmuster unserer Zielgruppe gut zu antizipieren und zu adressieren. Das ist besonders für Berufseinsteigerinnen und Berufseinsteiger sowie Young Professionals wichtig, da sie naturgemäß primär von ihrem universitären geographischen Umfeld konditioniert sind, wie die Psychologie das nennt. Das heißt, sie sind in Vorlesungen von Geographinnen und Geographen, zusammen mit anderen Geographiestudierenden, und somit besteht die Tendenz, geographiebezogene, mit dem Studium verbundene Aspekte im Bewerbungskontext als Kandidatin oder Kandidat stärker zu priorisieren, was zu einer asymmetrischen Kommunikationsstrategie führen kann, die an unserer Zielgruppenerwartung vorbeigeht.

Für die angehenden HR-Profis unter Ihnen nur noch ein kleiner Exkurs: Der Arbeitgeber gewichtet natürlich je nach Idealprofil der ausgeschriebenen Stelle die drei Sektoren bei seiner Entscheidungsfindung ganz unterschiedlich: Wird zum Beispiel von einer Stiftung ein Promotionsstipendium vergeben, spielt sicherlich der fachliche Match (Sektor 1), also die Passung, die übergeordnete Rolle. Wird jedoch eine Vertriebsmitarbeiterin oder ein Vertriebsmitarbeiter gesucht, die oder der ein Softwareprodukt zur Modellierung von Daten in Kundengesprächen erklären und verkaufen soll, wird dieser Arbeitgeber nicht so sehr nach den inhaltlichen Details des Studiums fragen, sondern eher nach praktischen Tätigkeiten, aus denen er Kommunikationsgeschick und unternehmerisches Denken ableiten kann. Zusätzlich wird er aber auch sehr stark auf das persönliche Auftreten, das Verhalten beim Small Talk und andere Etikette achten, weil ihm dies aus seiner Erfahrung heraus als erfolgskritisch für die zukünftige Ausübung der Stelle scheint, sollte man dort doch in der Lage sein, gewinnende Gespräche mit Kundinnen und Kunden zu führen und ein sympathisches Gesprächsklima zu schaffen.

Übungsbox

- Zeichnen Sie sich Ihr eigenes Drei-Sektoren-Modell auf und befüllen es mit Stärken aus den jeweiligen Bereichen. Sicher wird Ihnen auffallen, dass sich manche Ihrer Stärken auch in mehrere Sektoren einordnen lassen. Das ist naturgemäß so, weil man Schüsselkompetenzen natürlich in verschiedenen Lebensbereichen trainieren kann. Wichtig ist, dass Sie in allen drei Sektoren Aspekte finden, die Sie berichten können.

2.3 Die Brücke in Venedig

Fehlt uns also nur noch das dritte Modell, das uns helfen soll, den Arbeitgeber und sein Denken und Entscheiden zu antizipieren und zu verstehen. Ich habe es einmal „Venice Bridge", also „Brücke in Venedig" getauft. Warum?

Stellen Sie sich zunächst einmal eine der größeren Brücken über einen Kanal in Venedig vor, denken Sie an eine Reise dorthin oder schauen Sie sich ein Bild an, um sich inspirieren zu lassen. Steht man auf der einen Seite der Brücke, können Sie natürlich, wenn Sie die vor Ihnen liegenden Treppen hinaufschauen, nicht sehen, wer auf der anderen Seite des Wassers vor der Brücke steht (Abb. 2.3). Um sich mit der anderen Person unkompliziert unterhalten zu können, sich gar wirklich bekannt machen zu können, müssen wir irgendeine Verbindung herstellen, eine gemeinsame Sprache finden, in Kommunikation treten.

Nun sehen Sie in unserer Abbildung auf der linken Seite der Brücke unten auf den ersten Stufen Sie als Studentin oder Student stehen, und rechts, auf der anderen Seite des Kanals ganz unten den Arbeitgeber.

Erzählen Sie nun von einem Seminar im Studium, in dem Sie ein Referat über die Herausforderung durch den Klimawandel für die landwirtschaftliche Nutzung

Abb. 2.3 Brücke in Venedig

von Hopfenanbauflächen in der Hallertau hielten, ist dies sehr fachbezogen und vielleicht nicht für jeden Ihrer zukünftigen Arbeitgeber relevant.

Was also tun? Der Arbeitgeber schlägt Ihnen von sich aus eine gemeinsame Sprachregelung oder, anders ausgedrückt, Verständigungsform vor, die sogenannte Metaebene. Er lädt Sie gewissermaßen ein, ihm auf der Brücke entgegenzukommen, um sich auf Augenhöhe verständlich unterhalten zu können. Dies wird von Ihnen eine gewisse Anstrengung, also Gesprächsvorbereitung, verlangen, wird Sie aber in die Lage versetzen, ganz anders mit Ihrer Zielgruppe in derselben Sprache sprechen zu können.

Wenn Sie dazu Lust bekommen haben, lassen Sie uns doch am Beispiel des sicher spannenden, aber sehr speziellen Referatsthemas einmal auf die Brücke hochgehen und es dabei in die Sprache der Arbeitgebers, also auf die Metaebene, übersetzen.

Um den Arbeitgeber für geographische Referate faszinieren zu können, bietet es sich an, die Tatsache, dass wir in der Geographie im Studium zahlreiche Referate und Hausarbeiten verfassen, etwas zu abstrahieren. Sie könnten im Gespräch mit dem Arbeitgeber, also oben auf der Brücke, zum Beispiel erzählen, dass Sie es durch den Aufbau Ihres Studiums gewohnt sind, sich sehr schnell in ganz unterschiedliche und neue Themen einzuarbeiten. Sie können Ihrem Arbeitgeber berichten, dass Sie bereits vor größeren und kleineren Zuhörendengruppen gesprochen haben und somit bereits mit Ihrer Aufregung umgehen können. Vielleicht wollen Sie in diesem Kontext noch hinzufügen, dass Sie es gewohnt sind, komplexe Sachverhalte zielgruppenspezifisch herunterzubrechen und aufzubereiten, da in den Veranstaltungen im Geographiestudium und den entsprechenden Nachbarwissenschaften oft heterogene Zuhörerinnen und Zuhörer anzutreffen sind, also ganz unterschiedliche Studierende zusammenkommen. Sicherlich sollten Sie über die Präsentationskompetenz sprechen, die Sie sich über die Jahre angeeignet haben und die Fähigkeit, Inhalte auch entsprechend zu visualisieren. Gerade dies ist aus meiner Sicht eine typisch geographische Stärke. Vielleicht kommen Sie auch auf Ihr selbstständiges Arbeiten bei der Erstellung von Hausarbeiten und Referaten zu sprechen und erwähnen, dass Sie sich ein gutes Zeitmanagement zugelegt haben. Sie merken schon, selbst wenn das einzelne Referatsthema nicht immer zum Arbeitgeber passt, ist es doch essenziell, sich die Mühe zu machen, die Brücke zu betreten und die Erkenntnisse daraus für den Arbeitgeber in eine Sprache zu übersetzen, die er verstehen kann.

So kann der Arbeitgeber sehen, dass Sie versiert im Auftreten sind, Information schnell erfassen und aufbereiten können, Kundengespräche nach kurzer Einarbeitungszeit selbst erfolgreich werden führen können und vieles mehr. Kurzum, Sie sprechen mit dem Arbeitgeber in seiner Sprache, nutzenorientiert und angewandt auf betriebliche Herausforderungen.

Abgesehen von den vielen Vorteilen der Metaebene in der Kommunikation werden Sie sehen, dass der Überblick und das Gefühl oben auf der Brücke viel besser sind, es lohnt sich also auch psychologisch, um sich an dieser Stelle nochmals in unsere Venedig-Metapher zu begeben.

Fassen wir zusammen, und prüfen wir die drei Modelle an der Realität. Sie sitzen in einem Vorstellungsgespräch, es läuft gut, die Unterhaltung ist angeregt und konstruktiv, und zum Ende des Gesprächs bittet Sie Ihr Gegenüber: „Bitte bringen Sie es doch abschließend auf den Punkt und nennen mir die drei entscheidendsten Argumente, warum ich genau Sie einstellen sollte!"

Nun, da Sie die Denk- und Entscheidungsweise Ihres zukünftigen Arbeitgebers kennengelernt haben, wissen Sie bereits, wohin der Hase läuft und können entsprechend antworten. Fügen Sie die Erkenntnisse der drei Modelle zusammen und präsentieren Ihrem Arbeitgeber drei selbstbewusste biographische Beispiele aus Ihrem bisherigen Leben, in denen Sie Eigeninitiative gezeigt haben. Um ganzheitlich zu antworten, würde es sich sicherlich anbieten, eine Situation aus dem Studium zu schildern, zum Beispiel die genaue Befassung mit einem Fachthema. Zweitens ein praxisbezogenes Beispiel zu erwähnen, vielleicht Ihr unternehmerisches Denken aus Praktika und anderen Arbeitserfahrungen wie Ferienjobs. Und drittens wäre es doch eine gute Idee, eine Situation aus Ihrem Leben, zum Beispiel aus dem Bereich Sport, Engagements oder Musik zu nennen, die zeigt, dass Sie gerne mit anderen Menschen zusammenarbeiten und im Team agieren. Bei allen drei Beispielen prüfen Sie bitte, dass Sie diese so vorstellen, dass der Arbeitgeber erkennen kann, welche Fähigkeiten daraus abstrahierbar, das heißt, auch in ganz anderen Situationen anwendbar sind.

Glückwunsch, Sie haben die Zielgruppenanalyse sehr gut umgesetzt! So lassen sich Aktiv-Passiv-Modell, die drei Sektoren sowie die Brücke in Venedig optimal unter einen Hut bringen, und es spricht vieles dafür, dass Ihr zukünftiger Arbeitgeber Sie versteht und Ihre Talente erkennen kann.

Sollte Ihnen das noch etwas schwergefallen sein, keine Sorge, Sie werden bei der weiteren Lektüre des Buches genügend Handwerkszeug an die Hand bekommen, um entsprechende Kommunikationssituationen leicht und mit tollen Erfolgen gestalten zu können.

Übungsbox
- Überlegen Sie sich Situationen aus dem Studium, in denen Sie viel gelernt haben. Fragen Sie sich jeweils, ob der Nutzen daraus für den Arbeitgeber schon klar zu erkennen ist oder ob Sie Lerneffekte erst noch abstrakter formulieren müssen.
- Sollte noch Übersetzungsarbeit nötig sein, ist es wichtig, dass Sie eine möglichst pragmatische, angewandte Sprache wählen, die auch für spezifische Stärken vielfältige Einsatzmöglichkeiten in der Praxis aufzeigt.
- Nutzen Sie folgende Fragestellung zur Überprüfung: Ist es mir mit meiner Übersetzung gelungen, dem Arbeitgeber klar zu kommunizieren, was sein Benefit dieser Erfahrung oder Kompetenz, die ich einbringe, im Arbeitsalltag sein wird?

Geographische Berufsfelder

3

In den folgenden Kapiteln möchte ich Ihnen exemplarisch einen bunten Strauß an aktuellen geographischen Berufsfeldern vorstellen. Auf eine künstliche Trennung zwischen physisch-geographischen und humangeographischen Berufen wurde bewusst verzichtet, weil diese in der Praxis nur allzu oft wenig hilfreich ist. Dies wird an vielen Beispielen deutlich, denken Sie nur an ein privates Planungsbüro, in dem sowohl physische als auch Humangeographinnen und Humangeographen arbeiten. Oder an die Klimaschutzleitstelle einer Großstadt, die natürlich ebenfalls aus beiden Fachrichtungen besetzt werden kann. Denken Sie weiter an Beratungsaufgaben oder andere Tätigkeiten, die, wie ja oft in geographischen Laufbahnen, fachlich ein Stück losgelöst sind von den ursprünglichen Studieninhalten. Gerade weil das Geographiestudium aufgrund eines umfangreichen Werkzeugkoffers ein schnelles Einarbeiten ermöglicht, sollen im Folgenden keine Einschränkungen vorgenommen werden.

Zweitens sei vorausgeschickt, dass es nicht der Anspruch dieses Buches ist, lückenlos alle möglichen Berufsfelder nach dem Geographiestudium aufzuzählen. Dies wäre auch ein wenig sinnvolles Unterfangen, weil wir vom Bundeskanzleramt bis hin zum Unternehmen für handverlesene Kletterreisen in Nepal dann wirklich einen zu weiten Bogen schlagen müssten.

Ich sehe diese Berufsfelderkundung, die ich auch gerne in Veranstaltungen mit Geographiestudierenden durchführe, als überblicksartige Inspiration, die Ihnen als Leserin und Leser die Vielfalt der Möglichkeiten, die Richtungen und auch Zusammenhänge zeigen soll. Sie will dazu ermuntern, zu einzelnen Berufsfeldern, die Ihnen beim Durchlesen zusagen, weiter zu recherchieren und mit Fach- und Führungskräften ins Gespräch zu kommen. Wie Sie das erfolgreich tun können, wird ausführlich in Kap. 8 besprochen. Also kommen Sie mit auf eine Reise geographischer Berufe, die unterschiedlicher kaum sein könnten und daher den Charme der geographischen Ausbildung widerspiegeln.

© Der/die Autor(en), exklusiv lizenziert durch Springer-Verlag GmbH, DE, ein Teil von Springer Nature 2021
W. Leybold, *Berufseinstieg Geographie*, https://doi.org/10.1007/978-3-662-63491-2_3

3.1   Umwelt- und Naturschutz, Schutzgebiete, Hochwasserschutz

Wenn wir uns nach Jobs im Umwelt- und Naturschutz umsehen, brauchen wir nicht in die Ferne schweifen, sondern können die im 1. Kapitel erkannten Spezifika des geographischen Arbeitsmarktes und die entsprechenden Suchstrategien direkt anwenden.

Blicken wir zum Beispiel auf das Umweltamt einer Großstadt. Dort zählen Luftreinhaltung, Maßnahmen zur Lärmminderung, Wasser und Boden, Abfallrecht, Stadtklima sowie Stadtgrün, Flora und Fauna zu den zentralen Arbeitsthemen.

Im Themenbereich der Luftreinhaltung werden Ziele formuliert und Maßnahmenpläne erstellt oder extern beauftragt, um die Luftreinhaltung im Ballungsraum zukünftig umweltbewusster gestalten zu können und wichtige Grundlagen für eine zukunftsfähige Verkehrspolitik zu liefern. Dazu zählen auch Immissionsmessungen, also die Organisation der Erhebung, Sammlung und Auswertung entsprechender Daten und deren Beobachtung im Kontext der geltenden Grenzwerte. Ebenfalls gehören die Gestaltung und Kommunikation der Umweltzonen zu den Aufgaben dieses Fachbereichs sowie eine umfassende Öffentlichkeitsarbeit in allen Belangen der Bürgerinnen und Bürger zum Thema Luft, angefangen vom Kamin und den entsprechenden Vorschriften bis hin zu gewerblichen Immissionen wie Gerüchen. Ein weiterer wichtiger Aspekt ist die Ausrichtung und Einbettung der lokalen Aktivitäten und Maßnahmen in den übergeordneten Rahmen. Das bedeutet, dass sich eine Stadt natürlich auch an den Vorgaben und Maßnahmenkatalogen der nächsthöheren politischen Ebenen, wie zum Beispiel der Bezirksregierung oder Landesregierung, zu orientieren hat.

Maßnahmen zur Lärmminderung ergeben sich aus Lärmkartierungen, in denen in regelmäßigen Abständen beispielsweise die Lärmbelastungen aus den städtischen Straßen oder den Infrastrukturen des innerstädtischen öffentlichen Personennahverkehrs ermittelt und dargestellt werden, um Möglichkeiten zur Verbesserung der Belastungssituation der Anwohnenden zu schaffen. Teilweise werden für die Aufgaben externe Dienstleistungsbüros beauftragt. Dies heißt aber jedoch nicht, dass diese raumbezogenen Erhebungs-, Darstellungs- und Auswertungtätigkeiten nicht erbracht werden, sondern lediglich nicht von der öffentlichen Hand selbst. Hier sei an die Eigenschaft des geographischen Arbeitsmarktes erinnert, dass entsprechende Tätigkeiten entweder von öffentlichen oder privaten Stellen übernommen werden und man so bei der Recherche jeweils in beide Richtungen schauen sollte.

Sehen wir uns den Bereich Wasser und Boden auf kommunaler Ebene an, finden wir Themen wie Grundwasserdaten und Wasserschutzgebiete, Oberflächengewässer und deren Nutzungen wie Baden oder Surfen sowie Regenwasseraspekte, beispielsweise Nutzungs- oder Versickerungsfragen. Bei Aspekten des Bodens hat die Kommune die Aufgabe, Daten zu Bodenschutz, Versiegelung und Altlastenfragen zu erheben und entsprechend darüber zu informieren. Solche Daten fließen dann beispielsweise in stadtplanerische Prozesse in der Bauleitplanung mit ein oder helfen, sich bei einem anstehenden Grundstückskauf vorab informieren zu können, ob ein Grundstück in der Nähe einer altlastverdächtigen Fläche liegt und welche Effekte dies auf den Grundstückswert hat. Auch spielt im Sinne eines nachhaltigen Flächenmanagements der vorsorgende Bodenschutz, also der sparsame Umgang mit Flächen und wertvollen Böden, eine große Rolle sowie die Wiedernutzbarmachung industriell genutzter und vielleicht verunreinigter Flächen. Dies alles dient ebenfalls der Sicherstellung gesunder Wohn- und Arbeitsverhältnisse in unseren Ballungsräumen.

Auch die Abfallwirtschaft gehört zu den Aufgaben der Kommune. Hier geht es um die verschiedenen Aspekte, die das Kreislaufwirtschaftsgesetz vorgibt, wie zum Beispiel die Genehmigung und Beaufsichtigung von Abfallentsorgungsanlagen, das Eingreifen bei illegaler Abfallentsorgung, die Organisation der Wertstoffsammlungen oder Fragen der Rücknahmepflicht bei Verpackungsabfällen.

Zum Stadtklima zählt eine ganze Reihe raum- und umweltbezogener Themen. Die Kommunen arbeiten hier neben analytischen Fragen zu thermischen und allgemeinen klimatischen Verhältnissen in der Stadt intensiv an der Vorbereitung auf den Klimawandel und die sich daraus ergebenden Veränderungen. Auf Klimafunktionskarten und Modellierungen kann gezeigt werden, wie sich Rahmenbedingungen des Stadtklimas in Projektionen darstellen, also in den nächsten Jahrzehnten verändern könnten. Diese Informationen sind relevant für Planungsprozesse im Städtebau, aber auch wichtige Bausteine für eine wissenschaftsbasierte Bürgerinformation. Daten zum Stadtklima sind wichtig, um daraus ganzheitliche Maßnahmenkataloge für das Wohnen und Arbeiten in den urbanen Räumen der Zukunft ableiten und umsetzen zu können, da diese ja aufgrund der dichten Bebauung und Immissionsbelastung, um nur zwei Gründe zu nennen, besonders dringend Anpassungsstrategien an den Klimawandel erfordern. Auf die inzwischen von vielen Städten ausgeschriebenen Stellen im Klimaschutzmanagement und die entsprechenden Tätigkeitsfelder wird aufgrund der großen und zunehmenden Bedeutung in einem separaten Kapitel eingegangen.

Weiterhin stehen klassische Naturschutzthemen auf der Aufgabenliste eines kommunalen Umweltamtes: Fragen des Artenschutzes und der Biodiversität bei Flora und Fauna, beispielsweise Projekte zum Erhalt der Bienenpopulationen in städtischen Siedlungsgebieten oder der Erhalt und Schutz von unterschiedlichsten Biotopen an Wasserläufen, Hecken, Brach- oder Trockenflächen in der Stadt.

Ebenfalls ist in diesem Fachbereich oft das Thema Stadtgrün eingeordnet, also die Gestaltung, die Pflege und der Erhalt der innerstädtischen Grünflächen, Baumbestände, aber auch Spielplätze und anderer Erholungsflächen. Projekte, die in diesem Kontext zu nennen sind, sind die Green-City-Projekte einiger Großstädte, die den Weg zu einer nachhaltigen Stadtentwicklung begleiten und mitgestalten sollen. Auch hier finden sich geographische Biographien, wie mir aus Exkursionen bekannt ist.

Zusätzlich besteht nach dem Bundesnaturschutzgesetz die Möglichkeit, Schutzgebiete verschiedener Kategorien einzurichten. So finden sich in größeren Städten nicht nur Naturschutzgebiete, sondern auch Landschaftsschutzgebiete, geschützte Landschaftsbestandteile oder auch die sogenannten Einzeldenkmäler. Dies kann zum Beispiel ein besonders schützenswerter alter Baum oder eine Gruppe derselben sein. Bestimmt sind Sie auf einem Spaziergang, sei es in der Stadt oder im ländlichen Raum bei einem Ausflug, schon dem ein oder anderen Naturschutzgebiet begegnet und erinnern sich an die typische Kennzeichnung durch ein grün umrahmtes Dreiecksschild mit einem Adler oder je nach Bundesland auch anderem Vogel in der Mitte.

Dieser Aufgabenbereich stellt für uns die perfekte Überleitung zu den weiteren Arbeitsfeldern in den Schutzgebieten dar, zunächst will ich jedoch exemplarisch zusammenfassen, wie jetzt mit diesen vorangegangenen Informationen verfahren werden kann.

Sollte der Aufgabenbereich Umwelt- und Naturschutz in der Kommune Ihr Interesse geweckt oder verstärkt haben, was ich mir sehr gut vorstellen kann, sind Sie jetzt dran. Sie kennen ja inzwischen die vertikale und horizontale Sondierung unter Berücksichtigung dessen, dass manche öffentliche Aufgaben an private Dienstleister vergeben werden oder auch von unterschiedlichen Aufgabenträgern wahrgenommen werden.

Ferdinand würde jetzt jedenfalls vertikal vorgehen, das heißt, nicht nur die Aufgaben eines städtischen Umweltamtes im Internet recherchieren, wie zum Beispiel in Frankfurt oder Würzburg, sondern dann schauen, was das Landratsamt als Untere Naturschutzbehörde für Arbeitsbereiche hat. Dann würde er sich, falls je nach Bundesland zutreffend, die entsprechenden Sachgebiete in der Höheren Naturschutzbehörde, also der Bezirksregierung ansehen. Als Nächstes würde er mit seiner Strategie zum Beispiel beim Staatsministerium für Umwelt- und Verbraucherschutz landen, also der Obersten Naturschutzbehörde, und anschließend beim Umweltbundesamt. Auf den Seiten der Europäischen Kommission würde Ferdinand dann feststellen, dass er die gleichen Umweltthemen, also beispielsweise Boden, Kreislaufwirtschaft, Klimaschutz, Natur und Biodiversität, findet wie bei der Kommune, bei der er seine Recherche gestartet hat und grinst, weil er beginnt, zum Profi für die geographische Markterschließung zu werden (Abb. 3.1). Nun kann er zusätzlich horizontal vorgehen und genau diese Suchstrategie in anderen Räumen anwenden, weil ihn zum Beispiel Niedersachsen, Schleswig-Holstein und Hamburg als Arbeitsorte und -regionen auch interessieren.

Dann schaut er sich private Agenturen und Beratungsfirmen an, die zum Beispiel Konzepte für nachhaltige Stadtplanung und klimafreundliche Stadtarchitektur erarbeiten, und sieht nach, welche flankierenden Behörden oder Einrichtungen Umweltthemen entlang der klassischen vertikalen Organisationsachse übernehmen. Dabei findet er eine Akademie für Naturschutz und Landschaftspflege, die Nationalparks, internationale Arbeitsgemeinschaften und Naturschutzverbände. Jetzt ist Ferdinand klar, allein in diesem einen Themenbereich gibt es viel mehr Institutionen und Aufgaben, als er sich je hätte träumen lassen, und er bekommt immer mehr Lust, seinen Berufseinstieg professionell anzugehen!

Es lohnt für Geographinnen und Geographen, einen genaueren Blick auf die Organisation der Schutzgebiete und Kategorien zu werfen. In meinen Veranstaltungen an Universitäten habe ich in Vorstellungsrunden immer wieder den Wunsch gehört, dass Studierende einen Job suchen, bei dem sie nicht nur am Schreibtisch sitzen, sondern auch in der Natur unterwegs sind. Diese Chance bieten sich in besonderer Art und Weise im Natur- und Landschaftsschutzbereich, speziell in der Schutzgebietsverwaltung.

Einen schönen Einstieg in die Recherche bieten die Nationalen Naturlandschaften, der Dachverband, unter dem sich die deutschen Nationalparks, Biosphärenreservate, Wildnisgebiete und einige Naturparks zusammengeschlossen haben.

Abb. 3.1 Ferdinand mit einem Adler

Werfen wir einen genaueren Blick auf die Aufgaben beispielsweise eines Nationalparks, die Leserin oder der Leser kann aus diesen abgeleitet dann weiterschauen in andere Schutzkategorien. Grundsätzlich zählen einerseits der Erhalt der natürlichen Lebensräume mit Tier- und Pflanzenbeständen, andererseits eine sensibilisierende Öffentlichkeitsarbeit zu den zentralen Zielen eines Schutzgebiets, speziell eines Nationalparks.

Welche Aufgaben sind in einer Nationalparkverwaltung nun konkret zu erledigen:

Die Bevölkerung soll über diese schützenswerten Naturräume informiert und zum behutsamen Umgang mit diesen eingeladen werden. Somit ist die Konzeption und Einrichtung von Naturerlebnispfaden sowie das Erstellen von erlebnispädagogischen Angeboten für unterschiedliche Altersgruppen eine wichtige Aufgabe. Hierzu gehören Bildungs- und Erlebnisangebote wie etwa wildnispädagogische Führungen für Kindergärten, Schulklassen oder Erwachsene sowie Wildniscamps oder andere Umweltbildungsprogramme. Zur allgemeinen Besucher- und Veranstaltungsbetreuung zählen auch die Gestaltung und der Betrieb des Informationszentrums oder die Evaluierung und Weiterentwicklung der dortigen Ausstellung.

In der Kommunikations- und Öffentlichkeitsarbeit liegen die Erstellung von Informationsmaterialien wie zum Beispiel Broschüren, Plänen, Faltblättern, Veranstaltungsprogrammen und Büchern sowie auch des gesamten Online-Medienauftritts des Nationalparks. Aber auch die Organisation von Messeteilnahmen und kleinen wie großen Veranstaltungen, beispielsweise Festen oder Informationstagen, gehört dazu.

Im Rahmen der Besucherinformation und -lenkung geht es um die inhaltliche und optische Gestaltung von Informationstafeln oder die Erstellung von Karten für Touren- und Wegbeschreibungen unter Einsatz unterschiedlicher Geoinformationsdatenbestände.

Auch Artenschutzprojekte und Wildtiermonitoring gehören zum Tätigkeitsspektrum von Mitarbeitenden in der Nationalparkverwaltung, die sich aus Feldaufnahmen wie beispielsweise Beobachtungen, Dokumentation von Bruterfolgen, Revierkartierungen, Auswertungen von Kameraaufnahmen sowie Datenanalyse und Darstellung der Ergebnisse mittels Geographischer Informationssysteme (GIS) zusammensetzen. Klar wird, dass auch in diesem Zusammenhang die Kommunikations- und Öffentlichkeitsarbeit sowie Führungen je nach beobachteter Spezies und Rahmenbedingungen eine große Rolle spielen können.

Netzwerkarbeit wie zum Beispiel die Pflege und der Ausbau der Kontakte zu Kommune, Landkreis, Tourismusakteuren, Naturschutzvereinen und -verbänden sowie den nächsthöheren Behörden und dem zuständigen Ministerium ist ebenfalls sehr relevant. Die Eruierung von Fördermöglichkeiten für Projekte, beispielsweise durch EU-Fördermittel sowie nationale und internationale Partnerschaften und Sponsoringfragen, sind hier noch zu nennen. Darüber hinaus gibt es regionale und überregionale Schutzgebietskooperationen und die Beteiligung an Umwelt- und Naturschutzprojekten.

Zahlreiche Forschungsaufgaben können auch zur Nationalparkarbeit zählen, wie Analyse von Fernerkundungsdaten oder Informationen aus GIS und Fachinformationssystemen im Hinblick auf das Ökosystem, Bearbeitung von hydrologischen und klimatologischen Fragestellungen sowie Klimafolgenforschung, auch das bereits angesprochene Monitoring von Tier- und Pflanzenarten sowie die

Pflege gefährdeter Standorte oder einzelner Arten gehören hier dazu. Oft besteht eine enge Zusammenarbeit mit den Lehrstühlen entsprechender Universitäten oder Forschungseinrichtungen.

Management und Planungsaufgaben und weitere organisatorische Tätigkeiten sind ebenfalls Bestandteil der Nationalparkverwaltung. Dies sind Stellungnahmen an Behörden und Verbände, Rechtsfragen, Budget- und Rechnungswesen, Fahrzeug- und Liegenschaftsmanagement, Instandhaltung von Infrastruktur und Verwaltungs- und Personalangelegenheiten. Personalplanung und -führung sind besonders wichtig, da ein Nationalparkteam üblicherweise nicht nur aus Festangestellten, sondern auch aus Absolvierenden des Freiwilligen Ökologischen Jahres, des Bundesfreiwilligendienstes oder Praktikantinnen und Praktikanten besteht. Daneben werden zum Beispiel ehrenamtliche Natur- oder Waldführende ausgebildet.

In der Gesamtschau des Aufgaben- und Arbeitsprofils wird sehr deutlich, welche Berufsprofile hier gefragt sind. Je nach Lage und ökologischen Rahmenbedingungen sind dies naturverbundene, engagierte Menschen, denen Nachhaltigkeit und Naturschutz am Herzen liegen und die oft einen naturwissenschaftlichen Hintergrund mitbringen. So arbeiten in Nationalparks oft Absolvierende der Biologie, der Forstwissenschaften, der Geographie oder der Natur- und Landschaftspflege. Wie auch bei den weiteren geographischen Berufsfeldern, die wir betrachten werden, sind diese Teams oft heterogen, das heißt, ganz unterschiedliche Ausbildungsrichtungen und Werdegänge kommen hier zusammen. In einem größeren Nationalpark arbeiten zwischen 100 und 200 Mitarbeitende in den verschiedenen beschriebenen Bereichen.

Lassen Sie uns als Nächstes exemplarisch in einen weiteren sehr naturbezogenen Bereich schauen, den Hochwasserschutz, und an diesem Beispiel betrachten, welche Tätigkeitsfelder in diesem speziellen, sehr geographieaffinen Feld der Wasserwirtschaft zu nennen sind.

Neben dem Schutz des Wassers als Lebensgrundlage hat die Verwaltung auch die Aufgabe, durch ein vorausschauendes Risikomanagement sowohl Mensch als auch Natur vor den Gefahren von Naturereignissen wie Hochwasser zu schützen. Dieser Bereich wird immer wichtiger, nicht nur, weil sich durch bauliche Veränderungen früherer Wasserläufe und unterschiedlichste Nutzung von Gewässern Überflutungsgefahrenlagen verstärkt haben, sondern auch, weil für extreme Hochwasserereignisse als Folgen des Klimawandels beispielsweise Siedlungsgebiete oder auch Gewerbeansiedlungen immer stärker in den Fokus geraten.

Als Arbeitgeber sind unter anderem Wasserwirtschaftsämter sowie die übergeordneten fachlichen Stellen, also die Landesämter für Umwelt, zu nennen. Hier werden Hochwasserschutzprogramme initiiert und umgesetzt. Diese beinhalten Maßnahmen des natürlichen Rückhalts sowie des technischen Hochwasserschutzes. Der natürliche Rückhalt kann bei Fließgewässern dadurch verbessert werden, dass zum Beispiel Flussläufe wieder renaturiert oder landwirtschaftliche Nutzungen auf umliegenden Flächen so umgestellt werden, dass die Versickerungsfähigkeit der Böden wieder zunimmt. Im Rahmen des technischen Hochwasserschutzes wird versucht, diese Maßnahmen zu ergänzen, indem Wasserrückhaltebecken gebaut werden, Deiche und Mauern eine schnellere Durchleitung ermöglichen oder im

Hochwasserfall Umleitungen der Wassermassen möglich sind. Durch den Aus-
bau von Flutpoldern, also unbesiedelten Wasserrückhalteräumen, die bei großen
Hochwasserereignissen gesteuert geflutet werden können, ist es möglich, absolute
Spitzen für unterliegende Regionen zu mindern.

Auch ist es wichtig, durch rechtliche Maßnahmen die entsprechenden Über-
schwemmungsflächen an Gewässern freizuhalten, also zu sichern, das heißt,
Bebauungen dort zu untersagen. Der Vermeidung von Hochwasserschäden kommt
ebenfalls eine große Bedeutung zu, hier sind die Behörden gefragt, über mögliche
Anpassungen in der Bauweise zu informieren sowie die Abläufe für den Ernstfall
zu optimieren, also entsprechende Hochwasserwarn- und nachrichtendienste zu
etablieren. Aber auch Dokumentationsaufgaben und Instandsetzungen nach Hochwasserereignissen sind hier zu nennen.

Für all diese Tätigkeiten erschließt sich die Notwenigkeit eines ausgeprägten
räumlichen Denkens sowie fachübergreifender Betrachtungsweisen wie bei den
Themen Siedlung, Landwirtschaft, Bauen oder Naturschutz, die auch hier im
Kontext zu betrachten sind.

Datenerhebung, -auswertung und -analyse naturwissenschaftlicher Messdaten
spielen eine wichtige Rolle ebenso wie deren Nutzbarmachung und Visualisierung
mit unterschiedlichen GIS-Anwendungen. Als Beispiel seien hier Modellierungen
von Abflussverhalten von Flusssystemen nach Starkregenereignissen oder
Szenarien des Wasseranstiegs durch den Klimawandel angeführt. Die Auswertung
von Fernerkundungsdaten zählen ebenso dazu. Die Hochwassergefahren- und
Hochwasserrisikokarten sind wichtige Arbeitsgrundlagen für die Abschätzung
möglicher Schadenszenarien besonders für Wohn- und Industriegebiete. Diese
Datenauswertungen und Kartenwerke helfen nicht nur den Wasserwirtschafts-
ämtern bei der Planung entsprechender Hochwasserschutzmaßnahmen, sondern
bieten für Städte und Gemeinden, aber auch für Einzelpersonen wichtige Hilfestellung für die Planung entsprechender Schutzmaßnahmen.

Im Rahmen von Raumordnungsverfahren der Landesplanungsbehörde zu Vorhaben, deren raumbedeutsame Umweltauswirkungen geprüft werden, sind fachliche Stellungnahmen abzugeben, also entsprechende Belange der Wasserwirtschaft
und des Hochwasserschutzes einzubringen und zu belegen. Bei der Erstellung
von Hochwasserrisikoplänen durch die Landesumweltämter werden in einem auf-
wendigen Beteiligungsverfahren alle Behörden und Institutionen einbezogen, die
zur Reduktion des Hochwasserrisikos beitragen können, dabei werden unterschiedlichste Fachbereiche und Verwaltungsebenen angesprochen. Solche Pläne werden
selbstverständlich über Bundesländergrenzen hinweg und auch international
erstellt, man denke einfach an die Flussläufe von beispielsweise Donau und Rhein,
die dies automatisch erfordern. Besondere gesetzliche Vorschriften im Wasserwirt-
schaftsgesetz schreiben weiterhin die Durchführung von strategischen Umwelt-
prüfungen vor, die bei Planerstellung von Regionalplänen, Bauleitplänen, vielen
anderen und eben auch den Hochwasserrisikoplänen durchzuführen sind.

Dies alles zeigt die starke Vernetzung und Kontextualisierung dieser Arbeitsfelder und somit hohe Relevanz für Geographinnen und Geographen. Dazu
kommt, dass weiterhin nicht nur Datenauswertung und kartographische
Visualisierungen sehr wichtig sind, sondern in den geschilderten Verfahren und

bei der Umsetzung von Schutzmaßnahmen Bürgerbeteiligung und Öffentlichkeitsarbeit von besonderer Bedeutung sind, um Akzeptanz für diese weitreichenden Hochwasserschutzprojekte zu schaffen.

3.2 Klimaschutz

Wenn man nach geographischen Stellen schaut, findet man zahlreiche Stellenangebote für das Klimaschutzmanagement. Auch dies zählt zu den typischen geographischen Arbeitsfeldern, die Geographin oder der Geograph ist dort an vielen Stellen kein unbekanntes Wesen mehr. Was genau ist nun unter diesem Begriff zu verstehen? Schauen wir in ein typisches Aufgabenprofil einer Klimaschutzmanagerin oder eines Klimaschutzmanagers.

Organisatorisch ist dieses Arbeitsfeld meist dem Umweltamt oder dem Fachbereich Umwelt und Klima der Kommune zugeordnet. Oft findet man eine Klimaschutzleitstelle als Organisationsbegriff, wenn man sich entsprechende Strukturen anschaut.

Zentrale Idee einer solchen Einrichtung ist es, die Projekte und Ideen der Kommune in Klimaschutz- und Nachhaltigkeitsfragen zu koordinieren und eine ganzheitliche, lokale Klimaschutzstrategie zu entwickeln.

Ein konkretes Beispiel für solche spannenden Aufgaben und Projekte wäre das Initiieren und Etablieren einer Klimaschutzallianz ortsansässiger Unternehmen. Diese werden gewonnen, um sich an verschiedenen Zielen zum Klimaschutz auf lokaler Ebene auszurichten, also zum Beispiel die Reduktion der CO_2-Emissionen voranzutreiben, andere Ressourcen zu sparen oder beim Recycling und Umweltschutz neue Wege zu gehen. Maßnahmen des betrieblichen Umweltschutzes können beispielsweise sein, auf Ökostrom umzustellen und Stromeinsparungen voranzutreiben, den Rohstoffverbrauch bei Materialien zu senken und die Wiederverwertungsquote zu erhöhen, Innovationen in der Kreislaufwirtschaft zu fördern oder nachhaltige Einkaufsstrategien zu verfolgen. Hier ist Überzeugungsarbeit gefragt. Es gilt, sowohl die städtischen Eigenbetriebe im Bereich Verkehr, Energie, Wasser vielleicht sogar als Aushängeschilder mit ins Boot zu holen als auch vom kleinen Unternehmen über den Mittelstand bis hin zur Großindustrie geeignete Ansprechpersonen und Mitstreitende zu gewinnen, die sich der Sache engagiert verschreiben.

Ein weiterer wichtiger Aspekt der Arbeit ist die Netzwerkfunktion einer solchen Klimaschutzstelle. Engagement in lokalen, landesweiten, aber auch internationalen Initiativen soll die Zusammenarbeit und den Erfahrungsaustausch zwischen den Städten oder Gebietskörperschaften zu diesem Thema verbessern. Wer sich für das Thema Klimaschutz als Arbeitsfeld interessiert, schaue doch einmal bei solchen Netzwerken vorbei, zum Beispiel beim ICLEI Local Governments for Sustainability – einem weltweiten Zusammenschluss von Städten, Gemeinden und Landkreisen für Nachhaltigkeit und Umweltschutz, oder beim Klima-Bündnis (Climate Alliance), einem ebenfalls internationalen Verbund von Städten, Gemeinden und weiteren Akteuren mit Hauptsitz in Frankfurt, die sich anhand von lokalen Maßnahmen für einen nachhaltigen Klimaschutz einsetzen.

Darüber hinaus gibt es weitere Verbände, Vereine und Organisationen mit ähnlichen Nachhaltigkeits- und Klimaschutzzielen sowie Konferenzen und Veranstaltungen, die ebenfalls zum Thema Netzwerkarbeit einzuordnen sind. Auch die Zusammenarbeit mit den Landesregierungen, der Bundes- und der EU-Ebene ist hier natürlich zu nennen.

Ein weiteres, wichtiges Aufgabenfeld ist die Energie- und Effizienzberatung. Hier steht eine neutrale Beratung zum Beispiel bei Altbausanierungen, Dämmungsmöglichkeiten, Energieeinsparung beim Heizen, klimafreundlichem Neubau oder Stromsparen im Mittelpunkt. Aufgabe einer solchen Beratungsstelle ist es, über unterschiedliche Fördermittel zu informieren und auch eine koordinierende Funktion im Feld der sich ständig verändernden neuen Energieeinsparungsmöglichkeiten zu sein, also Interessierte zu weiteren Fachpersonen lotsen zu können.

Aber auch Klimafolgenanpassung zählt zu den zentralen Handlungsfeldern des städtischen Klimaschutzes. Auf steigende Temperaturen, Hitzewellen oder andere extreme Naturereignisse müssen sich Städte und Kommunen vorbereiten. Hierzu ist wiederum eine Aktivierung und Sensibilisierung verschiedener Akteure im lokalen Kontext sowie intensive Öffentlichkeitsarbeit notwendig, denken Sie an Gesundheitsthemen oder auch die Infrastruktur und Mobilität der Zukunft sowie beispielsweise das Berücksichtigen von Überschwemmungsrisiken für innerstädtische Lagen in Gewässernähe. Aufgrund topographischer und anderer Unterschiede variieren diese Themen natürlich stark: Hamburg beispielsweise als Hafenstadt muss sich sowohl gegen Hochwasserlagen aus der Nordsee, aber auch mit den Überschwemmungsgefahren der Elbe auseinandersetzen, Städte in kontinentaleren Lagen haben natürlich andere klimatische Herausforderungen auf ihrer Agenda. Ein ganz konkretes Beispiel der Klimafolgenanpassung in den Maßnahmenkatalogen vieler Städte in unterschiedlichen geographischen Situationen ist die Dachbegrünung auf Gebäuden, die nicht nur optische, sondern auch stadtklimatische und sogar finanzielle Vorteile bietet. Durch Grünflächen auf den Dächern kann die Luft gereinigt und gesäubert sowie die thermische Aufladung des Objekts reduziert werden, und eine deutliche Retention des Regenwassers entlastet gerade bei Starkregenereignissen die Abwassersysteme und natürlich auch die Kasse der Eigentümerin oder des Eigentümers.

Zusammenfassend lässt sich sagen, dass es sich bei Klimaschutzstellen aufgrund der Verzahnung physisch-geographischer Aspekte mit humangeographischen Fragestellungen sowie einem starken Anteil von Kommunikations-, Netzwerk- und Öffentlichkeitsarbeitsaspekten um ein sehr abwechslungsreiches Arbeitsfeld handelt. Den Entwicklungen des Klimageschehens zufolge und der immer bewussteren Wahrnehmung dieses Themas in der Bevölkerung entsprechend ist dies zudem ein sehr zukunftsträchtiges geographisches Arbeitsfeld. Durch die geographischen Unterschiede der jeweiligen Räume sind Strategien und Ansätze sehr differenziert, aber nirgendwo mehr wegzudenken, was sich in der lokalen Projektgestaltung, aber auch in der internationalen Vernetzung manifestiert.

3.3 Gutachtenerstellung im Bereich Boden, Wasser und Altlasten

Wenn man sich den Bereich der Boden- und hydrologischen Gutachten ansieht, stellt man fest, dass hier einerseits Gutachterbüros in einer geographischen Laufbahn gegründet wurden und sich andererseits Geographinnen und Geographen natürlich auch in größeren Büros in Anstellung befinden.

Die Angebotsspektren sind wie immer vielseitig. Geotechnische Büros erbringen eine Vielzahl von unterschiedlichen Leistungen. Dazu gehören beispielsweise Baugrund- und Bodengutachten nach den entsprechenden DIN-Normen, Druck- und Tragfähigkeitsgutachten von Untergründen, Versickerungsgutachten anhand der Ermittlung der Bodendurchlässigkeit oder Altlastenuntersuchungen.

Baugrunderkundungen und entsprechende Gutachten sind in vielen Situationen wichtig, nicht nur bei Großprojekten im Hochbau oder im Straßen- und Brückenbau, sondern bis hin zum Grundstückserwerb im privaten Bereich. Stellt sich nach einem Grundstückskauf heraus, dass das Grundstück mit Altlasten belastet ist, können sich schnell zusätzliche Kosten einstellen. Ein Austausch des Bodens, die Entsorgung desselben, anspruchsvollere Fundamentgründungen oder Sicherungen bei Hanglage sind hier zu nennen. Standsicherheitsnachweise und Setzungsberechnungen können für die Vermeidung von späteren Schäden am Bau, wie zum Beispiel Rissbildungen in Wänden, von erheblicher Bedeutung sein.

Nach einer möglichen Altlastenerfassung und -analyse schließen sich weitere Dienstleistungen an, beispielsweise ein Konzept zur Beseitigung der entsprechenden Stoffe in Abstimmung mit den zuständigen Behörden und die Vermittlung von Fachfirmen. In diesem Kontext sei die besondere Bedeutung entsprechender Gutachten bei der Planung von neuen Nutzungen, zum Beispiel Wohn- und Gewerbegebieten sowie Naherholungsflächen auf früher militärisch genutzten Konversionsflächen zu nennen, aber auch früheren Gleis- und Bahnarealen, die neuen Nutzungen übergeben werden, wie zum Beispiel am ehemaligen Eutritzscher Freiladebahnhof in Leipzig, beim Projekt Neue Mitte Altona in Hamburg, am Glückstein-Quartier in Mannheim oder auch im Frankfurter Europaviertel.

Im Rahmen der hydrogeologischen Gutachtenerstellung können Boden- und Grundwasseruntersuchungen durchgeführt werden, Versickerung, Retention und Regenwassernutzung betrachtet werden. Schmutzwasserbehandlung, Schadengutachten nach Unfällen mit wassergefährdenden Stoffen oder die Planung und Koordination von Arbeiten wie der Schadstoffentfernung aus Uferbereichen von Fließgewässern sind typische Aufgabengebiete.

Neben Modellierungen und Messungen kommen unterschiedlichste Arbeitsmethoden zum Einsatz: Analyse von Datenmaterial, Bohrungen, bodenphysikalische Labormethoden, geotechnische Laborversuche und natürlich verschiedenste GIS-Techniken, um Ergebnisse darzustellen und nutzbar zu machen, wie zum Beispiel beim Riskmapping im Altlastenbereich oder für die Darstellung von Wassereinzugsgebieten.

An dieser Stelle erinnern Sie sich vielleicht an Ferdinand, der sich hier fragt, wer neben den Büros der Privatwirtschaft das entsprechende Pendant auf öffentlicher Seite ist und findet die Themen Wasser und Boden natürlich bei den entsprechenden Umweltämtern auf Landesebene. Er ist inspiriert von Informationen zu Bodenschutz, von bodenkundlichen Auskunftskartenwerken, Wasserkreislauf, den vielfältigen Aufgaben rund um Seen und Fließgewässer und vielem mehr. Er erfreut sich einmal mehr an einem Aha-Effekt, erinnert sich an die vertikale und horizontale Suchstrategie und ist überrascht von den vielen Möglichkeiten in einem ihm früher fast unbekannten Arbeitsfeld (Abb. 3.2).

3.4   Energiewirtschaft, Stromtrassen, Windkraft

Auch im Energiesektor finden sich zahlreiche attraktive Arbeitsmöglichkeiten für Geographinnen und Geographen. Im Rahmen der Energiewende ist auch das Thema erneuerbare Energien in aller Munde, aber wo genau sind diese Arbeitsfelder?

Die großen Energieunternehmen sind in den Bereichen Strom- und Erdgasversorgung mit fossilen Energieträgern, aber auch im Betrieb und Rückbau der Atomkraftwerke sowie in den erneuerbaren Energien wie der Solar-, Wind- und Wasserkraft und Biomasseverwertung tätig. Weitere immer bedeutender werdende Felder sind die E-Mobilität, intelligente Energiesysteme und natürlich der überregionale und internationale Netzausbau. Außerdem ist der Bereich Telekommunikation oft im Leistungsprofil enthalten.

Sie sind als Netzbetreiber mit dafür verantwortlich, die Netze bedarfsgerecht und zukunftsfähig auszubauen und somit zur Versorgungssicherheit im Land beizutragen. Der Ausbau der erneuerbaren Energien stellt viele neue Herausforderungen an die vorhandenen Infrastrukturen zur Versorgung aller Regionen mit elektrischer Energie. Dabei bewirkt die Tatsache, dass der Ort der Energieerzeugung oft weit weg vom Ort des Energieverbrauchs ist, dass neue, leistungsfähige Energietrassen geplant und realisiert werden müssen. Netzausbauprojekte, in denen sie als Vorhabenträger entsprechende Trassenverläufe von Fernleitungen vorschlagen, durchlaufen Planfeststellungsverfahren, in die die Öffentlichkeit frühzeitig eingebunden ist. Das Bundesministerium für Wirtschaft und Energie sowie die entsprechenden Landesministerien und -stellen sind durch Bürgerdialoge und andere Kommunikationsmaßnahmen bestrebt, Planungs- und Genehmigungsprozesse möglichst transparent zu gestalten.

Auf regionaler Ebene werden Elektrizitätsversorgung sowie Telekommunikationsleistungen häufig durch regionale Energieversorger oder Stadtwerke realisiert, die oft auch die Wasserver- und entsorgung sowie den öffentlichen Nahverkehr betreiben.

Schauen wir im Folgenden exemplarisch in einem Windkraftunternehmen auf typisch geographische Arbeitsprofile: In der Projektentwicklung geht es darum, zunächst im Rahmen von Potenzialanalysen Erhebungen durchzuführen und verschiedenste Aspekte der Machbarkeit zu prüfen. Im Rahmen der Flächenakquise wird geprüft, welche Standorte einerseits aufgrund ihrer Windhöffigkeit geeignet sind. Weiterhin ist natürlich die Rechtslage zu prüfen, also wo der Bau und Betrieb von Windkraftanlagen rechtlich überhaupt zulässig ist, dabei sind beispielsweise die Abstandsregelungen zur Wohnbebauung oder die Nichtzulässigkeit in Nationalparks und Naturschutzgebieten zu nennen.

Abb. 3.2 Ferdinand prüft die Wassergüte

Zur genauen Prüfung der Standorteignung werden Karten und Daten ausgewertet sowie zusätzliche Windmessungen durchgeführt und möglichst exakte Werte zu Windgeschwindigkeit und -richtung erhoben, um daraus Ertragsberechnungen abzuleiten. Ebenso sind Gutachten zu den Schallimmissionen, zum Schattenwurf und zu Artenschutzaspekten im Hinblick auf das Vorkommen oder eine mögliche Beeinträchtigung geschützter Tier- und Pflanzenarten am intendierten Standort anzufertigen.

Ebenso wichtig ist es aber auch, mit Grundstückseigentümerinnen und Grundstückseigentümern ins Gespräch zu kommen und diese für die Möglichkeiten einer solchen Nutzung ihrer Flächen auch als Einnahmequelle begeistern zu können. Dabei sind Kommunikation und Öffentlichkeitsarbeit entscheidend, es gilt sowohl bei Landwirtinnen und Landwirten, Anwohnenden, Behörden als auch weiteren öffentlichen Stellen frühzeitig um Akzeptanz zu werben.

Soll eine Anlage oder ein Windpark dann gebaut werden, ist die Auswahl des genauen Anlagentyps wichtig, da die Ergebnisse der Windpotenzialanalysen, der Gutachten und der Wirtschaftlichkeitsberechnungen hier verschiedene Entscheidungen zulassen, die mit unterschiedlichen Investitionssummen, Instandhaltungskosten und Ertragsmöglichkeiten aufwarten. Bei größeren Windparks ist auch die Anordnung im Raum festzulegen, das sogenannte Parklayout, sowie für die entsprechende aufwendige Netzinfrastruktur zu sorgen.

In der Genehmigungsphase, die weitestgehend im Bundesimmissionsschutzgesetz geregelt ist, werden je nach Größe des Windenergieanlagenparks im förmlichen Verfahren mit Öffentlichkeitsbeteiligung, anders als im sogenannten vereinfachten Verfahren, alle relevanten Planungsunterlagen öffentlich ausgelegt sowie den beteiligten Fachbehörden und Verbänden zugestellt. Zusätzlich muss bei größeren Windparks eine Umweltverträglichkeitsprüfung durchgeführt werden.

In der weiteren Planungsphase und bei der Realisierung sind ebenfalls zahlreiche raumbezogene Aspekte zu beachten: Aufstellflächen für Maschinen und Kräne, Zuwegungen, Bau der Kabeltrassen zum nächsten Netzanschlusspunkt. Nach Fertigstellung sowie erfolgreichen behördlichen Abnahmen erfolgt dann die betriebsfertige Übergabe.

Für Versiegelungen, gefällte Bäume oder andere Eingriffe in die Natur müssen Ausgleichsmaßnahmen geplant und umgesetzt werden. Diese Vorgabe wird beispielsweise im Rahmen von Neuanpflanzungen, dem Anlegen von Lebensräumen für bestimmte Tierarten oder der Entsiegelung von früher versiegelten Flächen erfüllt. Diese Natur- und Artenschutzmaßnahmen sind überaus relevant für die langfristige Akzeptanz von Windenergieprojekten in der Bevölkerung.

Aber auch die langfristige Betriebsführung gehört oft zur Angebotspalette eines Windkraftunternehmens. Dabei sind im technischen Betrieb verschiedene Leistungen wie Instandhaltung, Entstörung, Überprüfungen oder Reportings und im kaufmännischen Bereich zum Beispiel die wirtschaftliche Betriebsführung, also Verträge, Investitionsplanung oder Repoweringüberlegungen, anzuführen.

Repowering spielt für viele Windparks eine immer wichtiger werdende Rolle, weil immer mehr Anlagen in die Jahre kommen und über Ersatz durch neue, leistungsstärkere Windräder nachgedacht werden kann. Hier startet dann der beschriebene Prozess ab der Standortfindung von Neuem.

Nun ist offensichtlich, wo die geographischen Arbeitsfelder in der Windkraft liegen. In dieser Branche finden sich schon seit Langem zahlreiche Geographinnen und Geographen, auch wird in Stellenanzeigen explizit nach ihnen gesucht. In der Energiebranche arbeiten sie zusammen mit Fachleuten aus dem Bereich der Ingenieurswissenschaften, Umweltwissenschaften, Landschaftsplanung, Betriebswirtschaft, Rechtswissenschaften oder anderen Themenfeldern in sehr heterogenen Teams.

Die oben beschriebenen Projektabschnitte gelten natürlich mit kleinen Abweichungen auch für die Errichtung von Solarparks, für Wasserkraftprojekte oder andere Projekte im Feld der erneuerbaren Energien.

Weitere geographische Arbeitsfelder liegen in der Kommunikation und Öffentlichkeitsarbeit der Energieunternehmen sowie im Bereich Sponsoring und Nachhaltigkeit.

3.5 Landwirtschaft, ländlicher Raum und Verbraucherschutz

Die Landwirtschaft als seit jeher charakterisierender Wirtschaftszweig im ländlichen Raum erfüllt viele wichtige Funktionen in der Gesellschaft. Mit unterschiedlichsten Produktionsweisen stellt sie die Nahrungsmittelversorgung sicher und sorgt für Pflege und Erhalt der Kulturlandschaften. Bei einem genaueren Blick fallen am Beispiel der Landwirtschaft und ihrer Funktionsweisen viele Raumkonflikte auf. In den anfänglichen Jahrzehnten des vergangenen Jahrhunderts wurden diese durch die Industrialisierung der Landwirtschaft natürlich immer deutlicher.

Die Ausweitung der Ackerbau- und Weideflächen für die heutige Landwirtschaft beruht unter anderem auf der Abholzung großer Waldflächen und ging somit zu Lasten anderer Ökosysteme und deren Artenvielfalt. Die Mechanisierung, die Züchtung von ertragsstarken Sorten, der Einsatz von Kunstdünger und die Entwicklung von chemischen Schädlingsbekämpfungsmitteln sorgten für vorher nicht gekannte Effizienzsteigerungen, blieben aber nicht ohne Folgen. Der Wegfall vieler Arbeitsplätze durch den Einsatz von Traktoren und Erntemaschinen, die höhere Anfälligkeit von Monokulturen für Schädlinge, die Überdüngung von Böden und Gewässern oder auch ein höherer Energieverbrauch zeigen dies exemplarisch. Aber auch die wirtschaftliche Nutzung der Wälder hat das Bild dieser Ökosysteme stark verändert, nicht ohne Folgen blieben auch hier zu starke Ausrichtungen der forstlichen Nutzungen im Rahmen von Monokulturen.

Neben den intensiven Produktionsweisen der industriellen Landwirtschaft hat auch die industrielle Tierhaltung große Auswirkung auf Flächenverbrauch für Weideland und Futtermittelproduktion. Weithin bekannt ist auch deren Beitrag zum Klimawandel. In diesem Kontext kommt dem Verbraucherschutz mit seinem Informationscharakter eine hohe Relevanz zu, wenn es um Themen wie Lebensmittelsicherheit oder Standards, Siegel und Zulassungen beim Öko-Landbau geht.

Auch Marketingaspekte werden in der Vermarktung der Produkte des regionalen Anbaus immer wichtiger, und moderne Technologien ermöglichen im satellitengestützten Präzisionsackerbau mit unterschiedlichster Datenerfassung und -auswertung eine noch exaktere Bewirtschaftung landwirtschaftlicher Flächen.

Aus den oben beschriebenen, weithin bekannten Rahmenbedingungen ergeben sich zahlreiche interdisziplinäre Handlungsfelder: Dem weiteren Zugrundegehen landwirtschaftlicher Betriebe soll entgegengewirkt werden, um die Kulturlandschaftspflege und die Vielfalt in der landwirtschaftlichen Erzeugung zu erhalten und zu stärken. Der Zerstörung der Böden soll Einhalt geboten werden und diese rekultiviert werden, dem Absinken des Grundwasserspiegels in Bewässerungsgebieten ebenfalls und auch die Eingriffe in die früher natürlichen Lebensräume und deren Auswirkungen auf die Biodiversität sind nur aufwendig in eine nachhaltigere Richtung zu lenken.

Geographinnen und Geographen befassen sich global, auf EU- als auch auf nationaler und regionaler Ebene beispielsweise mit Agrarumweltmaßnahmen in Projekten, die Landwirtinnen und Landwirten andere Anreize als die Ertragsoptimierung auf ihren Flächen bieten sollen. So soll eine nachhaltigere Landwirtschaft beispielsweise dadurch entstehen, dass Flächen für eine ökologische Bewirtschaftung ohne Pestizide verpachtet werden oder Rückzugsräume für Pflanzen und Tiere vorgesehen werden, um dem Verlust von Ökosystemen und Biotopen entgegenzuwirken.

Weitere geographische Arbeitsfelder können in der Naturschutzberatung für Landwirtschaftsbetriebe, in Projekten zur biologischen Vielfalt, in Mobilitätslösungen für den ländlichen Raum, beim Thema Digitalisierung oder auch in der Dorfentwicklung sein.

Hier geht es darum, die Lebensqualität im vom demographischen Wandel gekennzeichneten ländlichen Raum zu erhalten und aufzuwerten, um diesen als wichtiges Pendant zu den Ballungsräumen zu stabilisieren. Zahlreiche Projekte sind denkbar. Oft ist der Erhalt oder die Revitalisierung von Dorfkernen wichtige Aufgabe, wobei ungenutzte Bausubstanz, leere Hallen und Höfe oder innerörtliche Baulücken für neue Nutzungen aktiviert werden. Dabei sollen Infrastrukturen für ein aktives Dorfleben, also für den sozialen Zusammenhalt, erhalten und gestaltet werden. Dies umfasst Begegnungsmöglichkeiten für Vereinsaktivitäten, Kommunikationsplätze und Treffpunkte oder Möglichkeiten zur sportlichen Betätigung von Jugendlichen wie Skaten oder Inlinefahren sowie Spielplätze einzurichten. Weitere Projekte der Dorferneuerung sind die Wiederbelebung einer lokalen Nahversorgungsinfrastruktur, die Etablierung von altersgerechtem Wohnen, aber beispielsweise auch die Renaturierung von Fließgewässern sowie weitere Hochwasserschutzmaßnahmen oder viele Energieversorgungsprojekte.

Um solche Prozesse in Gang zu bringen, braucht es multiperspektivisches Denken, Kreativität, Visionen und vor allem Kommunikationstalent. Geographische Tätigkeiten in der Dorferneuerung sind geprägt von Moderation in Ideenworkshops, Arbeit in Arbeitskreisen, Informationsveranstaltungen, Einzelgesprächen und auch der Zusammenarbeit mit vielen öffentlichen Stellen und Verbänden. Entscheidend ist dabei ein entsprechendes Geschick für das Verstehen und

Wertschätzen unterschiedlicher Lebensgeschichten. So kann in neuen Prozessen Akzeptanz geschaffen werden für zukünftige Entwürfe eines Dorflebens, das eine generationenübergreifende Idee verfolgt und den ländlichen Raum vom vormals vom landwirtschaftlichen und demographischen Strukturwandel geprägten Ort zum revitalisierten Raum mit hoher Lebensqualität abseits der großen Städte werden lässt.

Arbeitgeber sind im Bereich Landwirtschaft, ländlicher Raum und Verbraucherschutz die politischen Akteure beispielsweise der Agrarpolitik auf EU-, Bundes- und Landesebene. Um dies konkret zu machen, recherchiert Ferdinand auf den Seiten der Europäischen Kommission und findet verschiedene Institutionen, die sich mit der europäischen Landwirtschaftspolitik und den ländlichen Räumen auseinandersetzen. Auf nationaler Ebene landet er im Bundesministerium für Ernährung und Landwirtschaft mit den entsprechenden Organisationseinheiten und im Bundesland bei den Landesbehörden, die zum Beispiel für Landwirtschaft, Ernährung und Forsten zuständig zeichnen. Wieder recherchiert er weiter und findet dabei die Ämter für Ländliche Entwicklung und viele weitere Institutionen und Arbeitgeber aus dem übergeordneten Themenkreis. So funktioniert auch hier die sowohl vertikale als auch horizontale Suchstrategie, was ihn als immer erfahreneren Geographiestudenten nicht mehr verwundert. Bei der Dorfentwicklung und Gemeindeentwicklung schließt sich für ihn die vertikale Suche auf Landkreisebene und bei den Kommunen.

Viele benachbarte Fachbereiche sind ebenfalls geographische Arbeitgeber, sei es im bereits angesprochenen Bereich Hochwasserschutz oder bei den Naturschutzverbänden, im Arten- und Biotopenschutz, im Landschaftsschutz oder in weiteren Bereichen. Bei Ferdinands Recherche in der Fläche fällt ihm auf, dass die Revitalisierung der ländlichen Räume selbstverständlich auch im Ausland, je nach regionalen Disparitäten zum Beispiel im Alpenraum, ein zentrales Thema ist.

3.6   Planung, Stadtplanung und Raumordnung

Die planenden Disziplinen gehören seit ihren Ursprüngen zu den Kernbereichen der angewandten Geographie, basieren sie doch auf Abwägungsprozessen aufgrund von exakten Kartenwerken, die helfen, räumliche Entwicklungen nach bestimmten Kriterien und Vorgaben zu steuern und zu gestalten. Im folgenden Kapitel machen wir drei Ausflüge: einen in ein privates Planungsbüro, einen weiteren in die Stadtplanungsabteilung einer Großstadt und einen dritten in die behördliche Arbeit im Bereich Raumordnung und Landesentwicklung.

Private Planungsbüros sind gekennzeichnet durch das Zusammenarbeiten von ganz unterschiedlichen Fachleuten aus verschiedenen Studienrichtungen wie Geographie, Ingenieurwesen, Landschaftsplanung und -architektur, Umweltwissenschaften, Biologie, Ökologie, Rechtswissenschaften und weiteren Fächern. Sie erstellen für Kommunen oder Verwaltungsgemeinschaften anfallende Planungsarbeiten wie Bauleitplanungen, Flächennutzungspläne, Entwürfe, Gutachten oder andere Aufgaben, weil diese beispielsweise aufgrund ihrer überschaubaren Größe nicht über die entsprechende personelle und fachliche Ausstattung und Expertise verfügen, um diese selbst durchzuführen.

Beispielsweise werden im Rahmen der Aufstellung eines Bebauungsplans verschiedene Entwicklungsziele verfolgt, wie zum Beispiel die Schaffung neuer Wohnflächen mit hoher Lebensqualität, sozialer Begegnungsmöglichkeiten wie Quartiers- und Spielplätzen, die Schaffung von Grün- und Erholungsflächen und vielen anderen Nutzungsmöglichkeiten. Hierfür sind unterschiedlichste, interdisziplinäre Arbeiten zu leisten: Planung und Gestaltung von attraktiven Bebauungsensembles, schalltechnische Untersuchungen aufgrund benachbarter Straßen oder anderer bestehender baulicher Nutzungsformen, möglicherweise entsprechende Integration von Lärmschutzmaßnahmen, Berücksichtigung der Artenschutzbestimmungen durch Schutz bestimmter Tier- und Pflanzenpopulationen, Niederschlagswasserbeseitigung durch verschiedene Versickerungsanlagen und Regenwasser-Retentionsflächen oder die Anbindung an die öffentliche Verkehrsinfrastruktur. Je nach Lage und Projekt kann aber auch die Reduktion möglicher schädlicher Einflüsse auf die umgebende Bebauung wichtig sein, denken Sie beispielsweise an unterschiedlichste Arten von Gewerbe- oder Verkehrslärm bei der Erweiterung eines Industrieareals. Zusätzlich kann die Berücksichtigung von Denkmalschutzaspekten oder die Schaffung von Ausgleichsflächen, zum Beispiel einer Aufforstung im Rahmen der naturschutzrechtlichen Eingriffs-/Ausgleichsbilanzierungen, eine wichtige Rolle spielen.

Bei der Vielfalt der zu berücksichtigenden planerischen Einzelaspekte und Herausforderungen und deren Konformitätsprüfung zu rechtlichen und landesplanerischen Regelwerken ist offensichtlich, dass fachübergreifendes Denken und das Denken in Zusammenhängen im humboldtschen Sinne wichtige Voraussetzung für eine ganzheitliche und nachhaltige Zukunftsgestaltung sind.

Ähnlich sieht es in der Stadtplanung aus. Wo liegen nun genau die Unterschiede? Erinnern Sie sich an die Grundzüge des geographischen Arbeitsmarktes. Hier haben wir herausgefunden, dass viele im Raum notwendige Aufgaben entweder in öffentlicher Hand oder von privaten Anbietern bearbeitet werden. Am Planungsbereich ist dieser Sachverhalt deutlich abzulesen. Gerade im ländlichen Raum, wo kleine Kommunen vor der Aufstellung eines vorhabenbezogenen Bebauungsplans stehen, werden diese regelmäßig ein privates Planungsbüro beauftragen, um von der Erfahrung und Verfahrenskenntnis dieses Dienstleisters zu profitieren. Eine größere Kommune und erst recht eine Großstadt mit mehreren Hunderttausend Einwohnenden verfügen über ein eigenes Stadtplanungsamt, das genau auf solche Stadtentwicklungsthemen spezialisiert ist und über die entsprechenden eigenen Fachleute verfügt, um einzelne dieser Verfahrensschritte selbst zu übernehmen.

Schauen wir uns die konkreten Aufgaben einer Geographin oder eines Geographen in einem Stadtplanungsamt an. Werden hier neue Wohn- oder Gewerbegebiete ausgewiesen, findet dies natürlich in einer anderen Skalierung statt als auf dem Land in einer kleinen Gemeinde.

In großen Wohnbauprojekten entstehen mehrere Tausend Wohnungen in verschiedenen Bauabschnitten, um den angespannten Wohnungsmarkt in den

Verdichtungsräumen zu entlasten, also neue Stadtteile. Aber auch innerstädtische Nachverdichtungsprojekte sind hier zu nennen, die auf einer früher industriell genutzten Fläche neuen Wohnraum entstehen lassen. Oder die Umwandlung, also Konversion vorheriger Verkehrs- oder Militärflächen zu neuen, oft in besten Wohnlagen gelegenen urbanen Quartieren.

Zu den wichtigsten Aufgaben eines Stadtplanungsamtes gehört die Aufstellung eines integrierten Stadtentwicklungskonzeptes. In diesem werden Orientierungsrahmen gesetzt, städtebauliche Entwicklungsziele und Maßnahmen festgelegt und konkrete Leitlinien für beispielsweise Wirtschaft, Verkehr, Soziales, Bildung, Gesundheitsschutz, Ökologie und weitere Felder dokumentiert. Sie stellen somit die fachliche Grundlage für alle Projekte von der Stadtteilsanierung bis hin zur Nachverdichtung dar, um eine hohe Lebensqualität in den urbanen Räumen von morgen sicherzustellen. So setzt die Stadtplanung den Rahmen für die Bauleitplanung und andere kommunale Planungsentscheidungen.

Dabei sind neben den bereits beim Planungsbüro besprochenen Aspekten viele Punkte zu beachten. Aufgrund der viel höheren Siedlungsdichte spielen hier Nahversorgungsaspekte, die Mischung aus Wohnen und Arbeiten, die Planung einer Verkehrsinfrastruktur für eine Mobilität der Zukunft, Bildungs- und Betreuungseinrichtungen, die ein modernes Zusammenleben aller Generationen ermöglichen, Grün- und Freizeitflächen zur Optimierung des Stadtklimas, aber auch für eine funktionierende Naherholung, die Berücksichtigung von Pendlerströmen, Ver- und Entsorgungsinfrastruktur und Fragen des Immissionsschutzrechts, also Schallschutz, wichtige Rollen. Oft werden neue Stadtteile zunächst in städtebaulichen Entwürfen geplant, die von Architektur- und Planungsbüros, der Stadtverwaltung, der Wohnbauwirtschaft und weiteren Akteuren teilweise mit beachtlicher Bürgerbeteiligung entwickelt werden. So können vor der Erstellung des Bebauungsplans einheitliche Qualitäts- und Gestaltungsstandards als Rahmen für ein neues Stadtquartier definiert werden, die dann sowohl für die Stadt als auch für andere Grundstückskäuferinnen und Grundstückskäufer gelten und ein ansprechendes, abgewogenes neues Bebauungsbild gewährleisten. In städtebaulichen Wettbewerben können unterschiedliche Konzepte und Entwürfe zur zukünftigen, hochwertigen und nachhaltigen Gestaltung innerstädtischer Räume betrachtet und abgewogen werden. Anschließend folgen die üblichen Planerstellungsschritte und weitere Projektphasen, in denen die Stadtplanung als ganzheitlich handelnde Stelle der öffentlichen Verwaltung die Verantwortung für die Umsetzung der integrierten Stadtentwicklungskonzepte übernimmt.

Eine weitere wichtige Aufgabe der Stadtplanung ist die Durchführung der Öffentlichkeitsbeteiligung in Planungsverfahren. Planungsunterlagen werden während der Beteiligungsphase den Bürgerinnen und Bürgern zur Einsicht ausgelegt, sodass diese im dafür vorgesehenen Verfahren Einfluss auf die Planung nehmen können. Einwände und Stellungnahmen können vorgebracht werden und mit in die Abwägung durch den Stadtrat einfließen.

Aber auch ganz praktische Fragen zählen zur vielseitigen Arbeit im Stadtplanungsamt. Wie kann die Neugestaltung der Fußgängerzone erfolgen, welche Stadtmöbel, also Bänke, andere Sitzgelegenheiten oder Fahrradständer werden aufgestellt, um die Aufenthaltsqualität und Verweildauer zu erhöhen? Welche Folgen hat der demographische Wandel für unsere Stadt? Neben klassischen Arbeitsdisziplinen wie Vermessung und Kartographie, Statistik, Stadtentwicklung und Wohnen werden viele Projekte unter Federführung oder Beteiligung der Stadtplanung durchgeführt. Beispielsweise ein Radwegekonzept, Bedarfsanalysen für Einzelhandel und Gewerbe und entsprechende Entwicklungskonzepte, Energiesparprojekte, Umweltschutzinitiativen und andere zukunftsrelevante Fragen.

Die Stadtplanung arbeitet aber natürlich nicht im luftleeren Raum, sondern eingebettet in übergeordnete Rechtsnormen und Vorschriften der Raumordnung sowie der Landes- und Regionalplanung. Dies ist der dritte Bereich, dem wir uns in diesem Kapitel widmen wollen und blicken dabei auf die Instrumente der entsprechenden Landesbehörden. Die Raumordnung und Landesplanung findet sich organisatorisch oft in den Ministerien für Wirtschaft, Landwirtschaft, Infrastruktur, Verkehr oder in anderen Landesbehörden und setzt den Rahmen für die Fachplanungen und die nachgeordneten Regionalplanungen.

Die Raumordnung und Landesplanung mit all ihren Instrumenten ist dabei typischer und klassischer Arbeitgeber für Geographinnen und Geographen auf allen vertikalen Ebenen. Warum ist das so? An den Raum und seine Ressourcen werden viele unterschiedliche Anforderungen gestellt, vom Flughafen bis zum Wohngebiet, von der Landwirtschaft bis zum Naturschutz, von Klimaschutz und Erholung bis hin zu Versorgung und Hochwasserschutz, er ist jedoch naturgemäß begrenzt, und es bedarf somit einer koordinierenden Stelle, die analysiert und erhebt, integriert und abwägt und eine ganzheitliche räumliche Entwicklung entlang der gesetzlichen Vorgaben und Leitlinien für die nachgeordneten Gebietskategorien individuell planbar macht.

Auf der Landesebene werden beispielsweise die Landesentwicklungsprogramme erstellt. In diesen rechtlich verbindlichen Regelwerken legen die Bundesländer die Grundzüge der überörtlichen räumlichen Entwicklung und Ordnung fachübergreifend fest. Mit diesem Planungsinstrument sollen so räumliche Unterschiede möglichst ausgeglichen werden und gleichwertige Lebens- und Arbeitsbedingungen in allen Landesteilen geschaffen werden.

Weitere verbindliche Instrumente sind Regionalpläne, die sich aus den Landesentwicklungsprogrammen ableiten und von den regionalen Planungsverbänden erstellt werden. Wo sind Windkraftanlagen überhaupt zulässig? Wo dürfen Bodenschätze abgebaut werden, welche Flächen stehen für Siedlungsneubau zur Verfügung und welche sind dem Naturschutz gewidmet? Dabei bestehen die Programme und Pläne jeweils aus einem Karten- und einem erläuternden Textteil, wie wir es auch von den anderen Planungsebenen kennen.

In Raumordnungsverfahren wird unter Einbezug aller vom Einzelvorhaben tangierten Fachbehörden und Akteure vorab geprüft, ob ein raumbezogenes Projekt wie zum Beispiel eine Straße oder ein Einkaufszentrum aufgrund seiner möglichen überörtlichen Auswirkungen in nachfolgenden Genehmigungsverfahren überhaupt zulässig und somit realisierbar ist.

Weitere Instrumente sind das Regionalmanagement, auf das an späterer Stelle noch eingegangen wird, das Regionalmarketing zur Stärkung der Wahrnehmung der einzelnen Regionen sowohl nach innen im Hinblick auf die regionale Identität als auch nach außen, also in Bezug auf die Präsentation der Region im nationalen und internationalen Wettbewerb.

Darüber hinaus gibt es weitere, regional unterschiedliche Entwicklungskonzepte und andere fachübergreifende Planungsinstrumente. Raumordnungsberichte werden erstellt oder landesplanerische Stellungnahmen zu einzelnen Bebauungsplänen abgegeben, um zu prüfen, ob diese den Zielen der Landes- und Regionalpläne entsprechen.

Bei allen diesen Aufgaben stehen überfachliches, vernetztes Denken und eine Koordinations- und Vermittlungsfunktion ganz oben auf der Liste der entscheidenden Erfolgsfaktoren. Gilt es doch, gleichsam unterschiedlichste raumbezogene Belange unter einen Hut zu bringen und dies in für alle nachvollziehbaren, rechtlich überprüfbaren Verfahrensschritten. Vielfach steht der Bürgerdialog dabei an wichtiger Stelle, hat man erkannt, dass diese Transparenz und Beteiligung für eine Akzeptanzsteigerung bei Vorhaben und zur Vermeidung von Fehlplanungen unerlässlich ist.

Die Raumordnung und Landesplanung bietet somit sowohl inhaltlich als auch methodisch ein urgeographisches und gleichsam hochaktuelles Arbeitsfeld, wenn wir nur an erneuerbare Energien oder viele andere aktuelle Themen denken.

3.7 Wirtschaftsförderung

Die Wirtschaftsförderung ist zweifelsohne einer der beliebtesten geographischen Arbeitsfelder, gerade beim Berufseinstieg, aber auch in der langfristigen Perspektive. Dies ist wenig überraschend, kommen hier doch zwei wichtige Kriterien zusammen: Die Tätigkeiten sind einerseits sehr vielfältig, korrespondieren gut mit der geographischen Ausbildung und bieten unterschiedlichste Spezialisierungsmöglichkeiten. Zudem lässt sich dieses Arbeitsprofil wie kaum ein anderes in der Vertikalen und in der Horizontalen finden. Von der europäischen Ebene bis in die kleine Gemeinde, im Stadtstaat im Norden wie im Flächenland im Süden. Darüber hinaus gibt es oft mehrere Akteure im Raum, die sich um ähnliche Wirtschaftsförderungsthemen kümmern, seien es die öffentlichen Gebietskörperschaften, die Industrie- und Handelskammern oder Branchenverbände.

Wie der Name schon vermuten lässt, ist die Wirtschaftsförderung ein Instrument der regionalen Strukturpolitik, wirtschaftliche Aktivität soll gefördert werden, Arbeitsplätze sollen gesichert und geschaffen und ein insgesamt attraktives Ansiedlungsklima für Betriebe etabliert werden. Es gibt allein auf der kommunalen Ebene verschiedene Organisationsformen: In kleinen Gemeinden kümmert sich die Bürgermeisterin oder der Bürgermeister selbst um diese Themen, in einer Stadt mit 30.000 Einwohnern ist es oft eine Abteilung in der Stadtverwaltung mit 2–3 Stellen und in einer Großstadt mit mehreren Hunderttausend Einwohnenden sind es Teams von 10–15 Mitarbeitenden, die dann wiederum nach Aufgaben funktional gegliedert sind. Weiterhin gibt es auch regionale Wirtschaftsförderungsgesellschaften, die beispielsweise als GmbH organisiert sein können und in deren

Gesellschafterstruktur mehrere Gemeinden, der Landkreis, ein Regionalflughafen, Banken und andere Institutionen vertreten sein können.

Werfen wir also einen genauen Blick auf dieses vielversprechende Arbeitsfeld, für das man regelmäßig ausgeschriebene Stellen findet. Was sind die wichtigsten Tätigkeiten, welches Arbeitsprofil hat eine Geographin oder ein Geograph in der Wirtschaftsförderung?

Zentrale Aufgabe ist es, Rahmenbedingungen für ein gesundes Wirtschaftsklima im entsprechenden Raum zu schaffen und zu erhalten. Bestehende Unternehmen sollen möglichst ideale Arbeitsbedingungen vorfinden, um sich am Standort wohlzufühlen. Dazu zählen viele Aspekte. Ein guter und direkter Draht in die Verwaltung, eine genehmigungsfreundliche Kulisse bei Veränderungswünschen wie zum Beispiel einem Neubau, möglichst attraktive Lebens- und Arbeitsbedingungen für Fachkräfte, auf die der Betrieb vielleicht dringend angewiesen ist und die er mühsam akquirieren muss. Also wird eine Wirtschaftsförderin oder ein Wirtschaftsförderer durch regelmäßige Firmenbesuche versuchen, das Ohr nah an den regionalen Unternehmen zu haben und diesen zu signalisieren, als Ansprechperson und Lotsin oder Lotse in der Stadtverwaltung gerne da zu sein. Sie oder er wird Wünsche und Anregungen der Unternehmen aufnehmen und entsprechende Angebote speziell für sie entwickeln. Dies könnte zum Beispiel eine Veranstaltung zu neuen Förderkrediten sein oder ein Businesslunch, zu dem sich monatlich regionale Unternehmerinnen und Unternehmer, vielleicht sogar aus einer bestimmten Branche treffen und Erfahrungen austauschen sowie Synergieeffekte ankurbeln können.

Neben der eben beschriebenen Bestandspflege ist die Akquise von neuen Unternehmen für den Standort wichtig, es gilt, Investoren anzuwerben. Bestimmt sind Sie auch schon oft bei Fahrten durchs Land an entstehenden Gewerbegebieten vorbeigefahren oder haben große Holzaufsteller mit Angeboten für Gewerbeflächen auf einem Acker gesehen. Um Steuereinnahmen zu generieren, ist jede Kommune darauf bedacht, einen stabilen Bestand an Unternehmen vorweisen zu können und neue dazuzugewinnen. In Zusammenarbeit mit dem Amt für Liegenschaften, sofern es sich um Flächen im kommunalen Eigentum handelt, oder als Vermittler anderer Grundstücke verfolgen Wirtschaftsförderungen mit Marketingmaßnahmen dieses Ziel. Dies kann in Form einer Imagekampagne im Internet, teilweise aber auch in Fernsehen, Radio und in Printmedien erfolgen. Andererseits sind auch Messeauftritte auf überregionalen und internationalen Standort- oder Leitmessen möglich. Zusätzlich können Artikel und Anzeigen in Fachzeitschriften zu dieser Aufmerksamkeit beitragen. In der nachfolgenden Investorenberatung werden Informationen zu Standortvorteilen in Form von beispielsweise Fördermitteln für Innovationen oder regionalstatistische Zahlen bereitgehalten.

Eine weitere Säule zu Schaffung eines munteren Gewerbebestands ist die Existenzgründungsförderung. Verschiedene Beratungsangebote zu Finanzierungs- und Fördermöglichkeiten, betriebswirtschaftlichen und rechtlichen Aspekten, aber auch Marketing- oder Patentüberlegungen zählen hier dazu. Typische Umsetzungsinstrumente sind Existenzgründungszentren, die von der Kommune beispielsweise in früheren, freigewordenen Büroflächen eines lokalen Unternehmens, in leerstehenden Gebäuden auf einem vormals militärisch genutzten Flugplatz oder in anderen, kleinräumig und unkompliziert organisierbaren Immobilien eingerichtet werden. Hierbei handelt es sich um teilweise bezuschusste Gewerbeimmobilien, die von Gründerinnen und Gründern auch im kleinen Rahmen, also zum Beispiel mit ein bis zwei Räumen angemietet werden können. So werden Fixkosten überschaubar gehalten und Einstiegshürden reduziert, was jedem Businessplan entgegenkommt. Zusätzlich besteht im Gründerzentrum häufig die Möglichkeit, falls gewünscht, kostengünstig einen Besprechungsraum anzumieten, auf ein Gemeinschaftssekretariat zuzugreifen oder bei guter Geschäftsentwicklung entsprechende Räumlichkeiten im gleichen Objekt dazuzumieten. Neben dieser materiellen und organisatorischen Unterstützung werden Existenzgründungsrunden organisiert, zu denen Referierende aus für die Jungunternehmerinnen und Jungunternehmer spannenden Bereichen eingeladen und somit der Erfahrungsaustausch und das persönliche Networking unterstützt werden. Weitere Angebote der Wirtschaftsförderung könnten gemeinsame Messeauftritte mit mehreren Unternehmen des Gründungszentrums auf Technologie- oder Innovationsmessen sein, die ansonsten bei einem einzelnen Messestand den Budgetrahmen eines jungen Unternehmens sprengen könnten. Oft werden solche Projekte auch vom Bundesland initiiert und unterstützt, sodass sich mehrere innovative Unternehmen aus verschiedenen Regionen eines Bundeslandes gemeinsam präsentieren können. Also gilt es für die Wirtschaftsförderung, in diesem konkreten Beispiel die Gründungsunternehmen darauf anzusprechen, für die Projektidee zu werben, diese bei der Vorbereitung und Umsetzung des Messeauftritts zu unterstützen und wo nötig, mit Improvisationstalent zu jonglieren, sollten sich kleinere Unwägbarkeiten ergeben.

Zum allgemeinen Standortmarketing zählt zum Beispiel, ein viertel- oder halbjährliches Wirtschaftsjournal herauszubringen, das mit redaktionellen Beiträgen über Unternehmen, Innovationen, Projekte aus Stadt und Region informiert und zu einer regionalen Identitätsbildung im Wirtschaftsraum beiträgt. Hierfür gibt es entsprechende Agenturen und Redaktionsbüros, die solche Publikationen erstellen und auch die notwendigen Werbeanzeigen akquirieren. Überhaupt ist es wichtig, eine aktive und lebhafte Presse- und Öffentlichkeitsarbeit zu gestalten, da je nach Finanzierung der Wirtschaftsförderung die Gesellschafter, aber auch die Öffentlichkeit fragen, wofür die finanziellen Mittel verwendet werden und welche Projekte auf Resonanz stoßen und die Region nach vorne bringen. Also gilt es, Presseartikel zu schreiben und diese in der Lokalpresse und darüber hinaus zu platzieren.

Natürlich gehört in diesem Kontext auch ein moderner Internetauftritt, ein einheitliches Erscheinungsbild und eine Präsenz in den sozialen Medien und entsprechenden Netzwerkplattformen der Wirtschaft dazu. Um die Außenwahrnehmung zu optimieren, wird üblicherweise mit einer externen Werbeagentur zusammengearbeitet.

Ein weiteres wichtiges politisches Handlungsfeld ist in vielen Regionen der Fachkräftemangel. So wird die Wirtschaftsförderung diesbezüglich ebenfalls in vielen Feldern tätig. Dies können Schnuppertage sein, an denen Schulen in die Unternehmen eingeladen werden und über Ausbildungsberufe informiert wird. Aber auch hier gibt es die Möglichkeit, sich gemeinsam mit einstellenden Unternehmen als attraktive Region auf Hochschulmessen zu präsentieren oder in entsprechenden Medien zu werben.

So ist der Wirtschaftsförderungsalltag geprägt von einer kaum zu beschreibenden Vielfalt. Moderation von Workshops mit Unternehmen, Angebotseinholung beim Messebauunternehmen, Schreiben von Presseartikeln, Verwaltung von Mietverträgen des Existenzgründungszentrums, Führen von Beratungsgesprächen zu unterschiedlichsten Fördermitteln, Gestaltung des Internetauftritts und der Social-Media-Präsenz, Durchführung von Unternehmensbesuchen, Networking auf vielen Anlässen und Ebenen, Organisation von Vortragsveranstaltungen und vieles mehr. Ergänzt werden diese Aufgabenprofile von der Notwendigkeit, Projekte auf den Raum und die lokalen Strukturen maßzuschneidern und dabei politische Rahmenbedingungen sowie regionale Mentalitäten nicht aus dem Blick zu verlieren, sondern vielmehr geschickt zu berücksichtigen.

Zusätzlich ist auch in diesem geographischen Berufsfeld ein ganzheitlicher Ansatz im Aufgabenverständnis essenziell: Um Unternehmen zu halten und anzusiedeln und somit Arbeitsplätze zu sichern, ist es heute wichtiger denn je, auch die entsprechenden Rahmenbedingungen über die Arbeit hinaus anbieten zu können: optimale Kinderbetreuung, vielseitige Bildungsangebote, bezahlbarer und attraktiver Wohnraum, kulturelle Angebote, Freizeitgestaltungsmöglichkeiten, gute Verkehrsinfrastruktur – all dies sind Themen, die nicht nur sektoral gesehen werden können, sondern in deren Verknüpfung erst ihren Charme entfalten. Sie sind wichtige Standortentscheidungen für Unternehmen und Arbeitnehmerinnen und Arbeitnehmer gleichermaßen geworden und erfordern somit eine Koordinations- und Kommunikationsfunktion der Wirtschaftsförderung.

Ferdinand freut sich, weil er sofort losrecherchiert und mehrere Stellenanzeigen aufgetan hat. Auch bei seiner Recherche in unterschiedlichen Wirtschaftsförderungen begegnen ihm zahlreiche Geographinnen und Geographen. Er schaut sich an, wie sich die Bundesrepublik Deutschland und andere Länder international präsentieren und stöbert sich durch die Investitionsplattformen einiger Bundesländer. Aber auch gerade die Aufgabenprofile kleinerer Wirtschaftsförderungsstellen in überschaubaren Städten reizen ihn, weil er richtigerweise vermutet, in einem sehr kleinen Team für noch mehr ganz unterschiedliche Tätigkeiten zuständig zu sein.

3.8   Tourismusmarketing und Reiseveranstalter

Auch die Tourismusbranche bietet vielfältige Beschäftigungsmöglichkeiten für Geographinnen und Geographen. Werfen wir einerseits einen Blick auf das Tourismus- oder Destinationsmarketing und andererseits auf die Tätigkeit bei Reiseveranstaltern.

Im klassischen Destinationsmarketing sollen Reiseziele, also Städte, Regionen oder Länder vermarktet werden, also deren Bekanntheitsgrad soll gesteigert werden, um höhere Besuchs- und Übernachtungszahlen zu generieren. Je nach regionalen Voraussetzungen trägt der Tourismus als Wirtschaftszweig mit den entsprechenden Sekundäreffekten entscheidend zu Wohlstand und Beschäftigung in einer Region bei.

Vor der Vermarktung sind, wenn wir auf den geographischen Arbeitsmarkt blicken, die Marktforschung und die Produktentwicklung zu nennen. Schauen wir uns dies am Beispiel einer Gemeinde am bayerischen Alpenrand genauer an.

Sicherlich gibt es dort seit vielen Jahren Wanderwege, Gastronomiebetriebe, vielleicht Wellnesshotels oder andere touristische Akteure wie Gleitflugschulen oder eine Bergbahn. Es wird viele Stammgäste geben, die seit Jahren oder Jahrzehnten in diesen Urlaubsort fahren. Jede erfahrene Unternehmerin und jeder erfahrene Unternehmer weiß, dass es keine gute Idee ist, sich auf einem florierenden Produkt auszuruhen und sich zurückzulehnen, wenn man langfristig erfolgreich sein will, sondern wie wichtig es ist, strategisch in die Zukunft zu schauen. Und hier stellen sich für diesen Ferienort und alle anderen Urlaubsregionen der Welt immer spannende Fragen, die ökonomisch, sozial und ökologisch von erheblicher Bedeutung sind: Was wünschen sich und erwarten Feriengäste in den nächsten Jahren? Welche Trends wie Abenteuer-, Gesundheitstourismus oder Ähnliches gibt es? Wie wird sich das Nachfrageverhalten unserer Zielgruppen verändern? Was bedeutet der demographische Wandel für uns? Wie schaffen wir eine neue Stammkundinnen- und Stammkundengeneration für die nächsten Jahrzehnte? Wie steigern wir die Aufenthaltsqualität in unseren Orten? Wie wappnen wir uns für konjunkturelle Schwankungen? Wie steigern wir die Übernachtungsdauern? Wie beteiligen wir uns an der Mobilität der Zukunft? Was bedeutet Umwelt- und Naturschutz für uns? Welche Herausforderungen bringt der Klimawandel ganz konkret für unsere Feriengemeinde? Bestimmt fallen Ihnen noch viele weitere Fragen aus dem geographischen Kontext ein.

Um die Zukunftsfähigkeit einer Gemeinde, eines touristischen Produkts zu steigern, bietet sich ein systematisches Vorgehen an. Die Tourismus- und Freizeitforschung befasst sich mit vielen dieser Zukunftsfragen. Fachliteratur und Branchenzeitschriften stehen zur Verfügung, intensives Networking und Erfahrungsaustausch spielen in der Tourismusbranche ebenfalls eine wichtige Rolle. Gästebefragungen sowie Workshops und enge Zusammenarbeit mit den touristischen Akteuren vor Ort, also der Hoteldirektorin, dem Restaurantinhaber, dem Skiliftbetreiber oder der Campingplatzbesitzerin, aber auch der Lokalpolitik und den Bürgerinnen und Bürgern, sind essenziell. Die Verbindung von vielseitigem, interdisziplinärem Erfahrungswissen und aktuellem Know-how sowie der touristischen Markt- und Zukunftsforschung sind für Geographinnen und Geographen gleichermaßen spannend wie inspirierend.

So können Marktforschungsaspekte idealerweise in eine Produktentwicklung münden, aus der ein neues touristisches Produkt entsteht, wie zum Beispiel ein neu ausgeschilderter, mit interaktiven Infostationen ausgestatteter Radwanderweg, der für Natur- und Artenschutzthemen in der Region sensibilisiert und verschiedene touristische Akteure miteinbezieht.

Neben diesen beiden wichtigen Handlungsfeldern steht die Kommunikationspolitik im Zentrum der Aktivitäten unseres Tourismusverbands oder der entsprechenden Abteilung der Gemeindeverwaltung. Also: Mit welcher Botschaft und auf welchen Wegen erreichen wir unsere Zielgruppen am besten? Welche Kampagnen starten wir?

Dafür sind je nach Destination, Quellmarkt oder Zielgruppenzusammensetzung viele Fragestellungen in ganz unterschiedlicher Art zu berücksichtigen. Wie bewerben wir unsere Destination mit allen Angebotsbausteinen und beteiligten touristischen Akteuren im Internet? Welche Medienkanäle bespielen wir? Wie können wir Journalistinnen und Journalisten in unsere Region einladen, um Reiseberichte und Presseartikel in entsprechenden Reisemedien zu platzieren? Ebenso ist zu überlegen, ob das Ziel in Form einer sogenannten Roadshow Reisebüromitarbeitenden, die Kundenberatung durchführen und Reisen in diese Region anbieten, im Rahmen von einer Veranstaltung mit Lokalkolorit, also vielleicht heimischen Schmankerln und Musik, ans Herz gelegt werden soll.

Üblicherweise wird eine große Palette an Printprodukten konzipiert, wie ein allgemeiner Destinationsguide, ein Gastgeberverzeichnis, Flyer zu Sehenswürdigkeiten, saisonalen Veranstaltungen wie Märkten oder Events oder Wander- und Freizeitkarten. Außerdem sind Entscheidungen zu treffen, auf welchen Messen sich die Region präsentieren will, wo in Eigenregie und wo an einem Gemeinschaftsstand oder durch Vertretung der übergeordneten Tourismusverbände, die überregional für das Bundesland und international für Deutschland als attraktives Reiseziel werben.

Weitere Arbeitsfelder sind neben der persönlichen Gästeberatung in den Informationsstellen auch die Zimmervermittlung, das Veranstaltungsmanagement, die Organisation und Durchführung von Stadtführungen sowie der Tagungs- und Kongressbereich. Zusammenfassend lässt sich sagen, dass auch dieses Arbeitsfeld durch sehr starke Interaktion und Vernetzung mit den benachbarten Disziplinen des öffentlichen Lebens, der Politik und der Bevölkerung geprägt ist. Wer im Tourismus erfolgreich sein will, sollte Freude an der Dienstleistung und am persönlichen Kontakt haben und Kreativität sowie Lust am Gestalten mitbringen.

Dies gilt natürlich in gleichem Maße für ein handverlesenes und selteneres, aber mit der geographischen Ausbildung ebenfalls hochkompatibles Arbeitsfeld: der Arbeit bei einem Reiseveranstalter. Hier gibt es zahlreiche Absolvierende der Geographie, die sich mit eigenen Ideen selbstständig gemacht und Unternehmen gegründet haben. Kleine und teilweise sehr spezialisierte Reiseanbieter komplettieren den Markt neben den großen Playern und bieten tolle Betätigungsfelder für Geographinnen und Geographen. Dies kann bei einem Reiseveranstalter für Nordlandreisen sein, der im oberen Preissegment anspruchsvolle, geführte Wanderreisen anbietet. Andere Anbieter bieten Abenteuerreisen mit anspruchsvollen sportlichen Betätigungsmöglichkeiten. Wieder andere sind auf Reisen spezialisiert, die gesellschaftliche, religiöse oder historische Fokusthemen verfolgen. Die Arbeit kann in der Reiseveranstaltungsbranche konzeptionell, also in Marktforschung, Produktentwicklung oder in der Kommunikation sein, aber auch im Vertrieb, im Qualitätsmanagement oder in der Vor-Ort-Durchführung einer solchen Reise. Dies ist für viele Geographinnen und Geographen ein attraktives Berufsprofil, da es eine profunde Allgemeinbildung, das Vernetzen vieler Fachgebiete von Geologie, Glazialgeomorphologie, Vulkanismus, Klimatologie, Vegetationsgeographie, Wirtschaftsgeographie, Stadtgeographie und vielen weiteren mit einer aktiven Reisetätigkeit und Kundenorientierung verbindet.

Hier fragt sich Ferdinand plötzlich, ob es nicht ein schwieriges Unterfangen ist, sich für einen Arbeitsmarkt zu interessieren, der so speziell ist. Wo man auf den ersten Blick kaum Stellenanzeigen findet. Anderseits findet er die Idee unglaublich toll, für ein paar Jahre in Nordeuropa oder Südamerika zu arbeiten, viele Leute und die Welt kennen zu lernen.

Er kommt relativ schnell darauf, dass jede Idee, jedes erfolgreiche Unternehmen von einer Person stammt oder gegründet wurde, die auch am Anfang jung war, noch nicht genau wusste, ob alles so klappt wie geplant, aber es ja doch irgendwie geschafft hat. Was könnte also ratsam sein? Er fragt sich, was diese Menschen wohl am Anfang ihrer Laufbahn getan haben? Ob sie bei ihren Überlegungen immer gleich gedacht haben: „Das klappt ja eh nicht, das machen ja andere schon" und es gar nicht erst probiert haben? Ferdinand lacht und wundert sich über sich selber. Ihm wird klar, dass es für eine gelungene Zukunft Mut und Selbstvertrauen braucht und natürlich das richtige Werkzeug, um loszulegen am Markt der Möglichkeiten (Abb. 3.3). So wie es für eine Schraube einen Schraubenzieher braucht, für die Wohnung den Staubsauger oder für den Garten den Rasenmäher. Ohne Ausrüstung wäre das alles schwieriger, mit derselben jedoch wenig angsteinflößend. Also freut sich Ferdinand auf den Werkzeug- und Strategieteil des Buches und liest freudig weiter.

3.9 Stadt- und Citymarketing

Stadt- oder Citymarketing ist auf der kommunalen Ebene neben Wirtschaftsförderung und Tourismus der Dritte im Bunde, wenn es um Strukturpolitik und Arbeitsplatzsicherung vor Ort geht. Idee des Stadtmarketings ist es, die Attraktivität das Standortes zu erhöhen, Werbung für eine Stadt zu betreiben und somit ein Image aufzubauen, das sowohl nach innen wirken soll, also identitätsstärkend, als auch nach außen, also anziehend und umsatzfördernd.

Das Citymarketing hat sich zur Aufgabe gemacht, die Stadt als Einzelhandels-, Gastronomie-, Veranstaltungs- und auch Kulturstandort zu stärken. Die Zusammenarbeit der Einzelhandelsunternehmen, Gastronomiebetriebe, Kulturschaffenden und interessierten Bürgerinnen und Bürger untereinander, aber auch die Interaktion mit den entsprechenden wichtigen Stellen der Stadt soll verbessert werden, um für alle Menschen in der Innenstadt die Aufenthalts- und somit Lebensqualität zu steigern. Dies ist insofern wichtig, als die Innenstädte in den vergangenen Jahrzehnten einem spürbaren Strukturwandel unterworfen waren, der unterschiedliche Ursachen wie Veränderungen im Konsum- und Einkaufsverhalten, dem Entstehen von Shopping- und Erlebniscentern und anderen Entwicklungen hat. Die Organisationsform, in der Citymarketing stattfindet, kann dabei variieren: Oft wird ein Verein gegründet, in dem sich Vertreterinnen und Vertreter aus Einzelhandel, Hotellerie und Gastronomie, Industrie und Handwerk, Kultur sowie weitere Akteure zusammenschließen. Es kann aber auch in Form einer eigens dazu gegründeten GmbH oder in anderen Formaten institutionalisiert werden.

Mögliche Projekte sind vielseitig und richten sich natürlich an den regionalen und lokalen Rahmenbedingungen aus. Einzelhandelsfördernde Maßnahmen sind zum Beispiel Gutscheinaktionen, die zum Besuch mehrerer Geschäfte in der Stadt einladen sollen, Erleichterungen oder Vergünstigung beim Parken in der Innenstadt oder die Erstellung und Distribution von Einkaufsführern, die vielleicht auch in Verbindung mit einem entsprechenden Stadtplan Hinweise zu Einkaufsmöglichkeiten in der Innenstadt liefern.

Abb. 3.3 Ferdinand mit der Idee eines Werkzeugkoffers

Im gastronomischen Bereich werden ebenfalls Folder oder Guides erstellt, die Besuchenden wie Einheimischen zum Beispiel in Verbindung mit einem Stadtrundgang die Einkehrmöglichkeiten ans Herz legen wollen. Themenmärkte wie ein Mittelalter- oder Handwerkermarkt mit Ständen und Verpflegungsangeboten sind ebenfalls typische Projekte bis hin zu Events und Veranstaltungen aus dem Musik-, Kultur- oder Sportbereich. Hier können Festivals, Konzerte oder Sportevents viele gewünschte regionalökonomische Effekte auslösen.

Weiterhin gibt es Tage der offenen Tür in Unternehmen und öffentlichen Einrichtungen, bei denen der Öffentlichkeit die wirtschaftliche Bedeutung der einzelnen Akteure, Arbeitsfelder oder auch deren Attraktivität als Arbeitgeber vorgestellt werden können. Viele weitere Projekte sind denkbar und bekannt, Mobilitätsaktionen wie gemeinsame Fahrradausflüge oder Vergünstigungskarten für Einkäufe, Kultur- und Freizeitangebote zählen ebenfalls zu beliebten Ideen.

Die Arbeit im Citymarketing ist vom Ansporn und Ziel geprägt, neben großen Einzelhandelszentren in innenstadtnaher Lage und weiteren Herausforderungen für den innerstätischen Einzelhandel den klassischen Stadtbummel weiterhin attraktiv zu gestalten und Kaufkraft in die Innenstadt zu lenken. Dazu zählt in wichtigem Maße Netzwerk-, Koordinations- und Innovationsarbeit. Was ist darunter zu verstehen?

Eine Citymanagerin oder ein Citymanager schafft Strukturen, um mit allen Akteuren der Innenstadt in Verbindung sein zu können. Das können neben digitalen Formaten natürlich Netzwerktreffen, Arbeitskreise oder Workshops sein. Leitbilder werden entwickelt, gegebenenfalls Studien und Untersuchungen beauftragt, Maßnahmen und Projekte gemeinsam geplant und durchgeführt. In das Aufgabenfeld fallen zum Beispiel aber auch Projekte zur Verbesserung der Aufenthaltsqualität in Fußgängerbereichen, beispielsweise neue Stadtmöblierungsideen. Weiterhin hat sie oder er das Ohr nah am Einzelhandel und sieht sich als Kontaktperson mit gewisser Koordinationsfunktion zwischen Wirtschaft, Handel, Gastronomie, Kultur und Sport und den damit befassten öffentlichen Stellen und Vereinen. Sie oder er ist Kommunikationsexpertin oder Kommunikationsexperte und hat Freude am Marketing, versteht sie oder er sich doch als Dienstleistungsstelle für die lokale Wirtschaft und die Bürgerinnen und Bürger. In dieser Funktion blickt sie oder er über den Tellerrand und ist sehr gut informiert über Aktivitäten und Projekte anderer Kommunen und beteiligt sich rege am Erfahrungsaustausch.

3.10   Kultur und Soziales, Quartiersmanagement

Aufgrund der interdisziplinären Ausbildung der Geographie, die auch viele zentrale humanistische Aspekte beinhaltet, ist es durchaus zutreffend und relevant, auch einmal abseits der klassischen geographischen Arbeitsfelder über den Tellerrand zu schauen und sich im Sinne eines angestrebten Einklangs von wirtschaftlichen, ökologischen und sozialen Belangen mit der Stadtgeographie in den heutigen urbanen Ballungsräumen zu befassen.

Das kulturelle Leben ist äußerst facettenreich und in dieser Eigenschaft wichtiges Bindemittel einer modernen Gesellschaft. Ausstellungen, Museen,

Konzerte, Theaterevents, vielleicht auch auf Freilichtbühnen, und andere Anlässe folgen nicht nur einem Bildungsauftrag, sondern erfüllen eine wichtige Funktion im Sinne einer anspruchsvollen Freizeitkultur, die zur Betrachtung historischer Zusammenhänge, zur Diskussion von Gesellschaftsentwürfen, politischen Fragen, Zukunftsfragen und somit natürlich auch zur Reflexion des eigenen Verhaltens einlädt. Darüber hinaus geht es ja nicht nur bei Musikveranstaltungen, Festivals oder anderen sozialen Events um das Miteinander. Kontakte zu knüpfen, zu pflegen und freie Zeit gemeinsam zu genießen, sind sicherlich wichtige Funktionen einer ausgewogenen Lebensqualität.

Aus diesem Ansatz heraus ergeben sich zahlreiche attraktive Arbeitsfelder in der Veranstaltungsorganisation in Kunst und Kultur. Geographinnen und Geographen mit dem Blick fürs Ganze und Freude an der Organisation können diese Stärken beispielsweise in einer Agentur für Eventmanagement einbringen oder sich in der Ausstellungskonzeption von naturwissenschaftlichen, umweltbezogenen oder erlebnispädagogischen Angeboten einbringen. Dabei kann der Bogen weit gespannt sein, von Musikfestivals bis hin zum Organisationsteam einer nächsten Landesgartenschau.

Aber auch im Bereich Sozialpolitik und Quartiersmanagement finden sich typische geographische Stellen. In der Stadtteilentwicklung gilt es, wirtschaftliche, soziale und weitere gesellschaftliche Prozesse in Stadtteilen mit zu lenken und zu steuern, um Ungleichgewichte abzumildern und diesen vorzubeugen. Durch unterschiedliche Beliebtheitswerte verschiedener Stadtteile, die in Fragen der Lage, der Naherholungsmöglichkeiten, der Architektur und Bausubstanz, aber auch der Versorgungs- und Bildungsinfrastruktur begründet sein können, entwickeln sich Stadtteile sehr unterschiedlich, was sich deutlich an den Immobilienpreisen ablesen lässt und zu einer schwächeren oder stärkeren Polarisierung innerhalb eines Stadtraums führen kann. So ergeben sich Mechanismen der Segregation, bestimmte Stadtteile erfreuen sich großer Beliebtheit, Immobilienpreise steigen, es bildet sich eine starke Nachfrage bei einkommensstarken Bevölkerungsschichten, andererseits werden Investitionen in Stadtteilen, die weniger nachgefragt sind, nicht ausreichend getätigt, und verschiedene, die dortige Lebens- und Aufenthaltsqualität beeinträchtigende Herausforderungen zeigen sich.

Im Quartiersmanagement sollen städtebauliche Förderungen gelenkt und gesteuert werden und Bürgerbeteiligung und soziales Engagement auf Stadtteilebene unterstützt werden. Organisatorisch findet sich dieses Instrument oft in kommunaler Trägerschaft in Verbindung mit Akteuren aus Wohnungsbau, Sozialverbänden, lokalen Vereinen oder anderen Bereichen. In einem Quartiersbüro im Stadtteil besteht die Möglichkeit für Bürgerinnen und Bürger, sich über die Aktivitäten und Angebote der Stadtteilentwicklung vor Ort zu informieren. So kann Interesse geweckt und die Bereitschaft gesteigert werden, sich im Rahmen von Projekten zu engagieren. Auf diese Weise kann ein Stadtteilzentrum entstehen, also ein Treffpunkt für Gespräche, Ideen, Netzwerken und Freizeitgestaltung.

Konkrete Aufgaben in diesem Arbeitsbereich sind neben der Information die Aktivierung und Einbindung verschiedener stadtteilrelevanter Akteure sowie die Wahrnehmung einer grundsätzlichen, bürgernahen Koordinationsfunktion im

Stadtteil. Die Konzeption und Durchführung von Veranstaltungen, Arbeitskreisen und Workshops, um lokale Akteure und Bewohnende im Stadtteil zu gewinnen, ist sicher eines der wichtigsten Beteiligungsinstrumente. Projektideen wie Verschönerungsmaßnahmen von Straßen und Plätzen, Schaffung von Begegnungsstätten für alle Altersgruppen oder Initiativen zur Verbesserung des sozialen Miteinanders initiieren, Vorschläge aufgreifen und deren Umsetzung unterstützen sowie eine intensive Presse- und Öffentlichkeitsarbeit für diese Aktivitäten und Projekte zählen ebenso dazu. Dies kann beispielsweise durch die Einführung einer Stadtteilzeitung oder mit Flyern geschehen, selbstverständlich im Kontext einer Präsenz im Internet und in den sozialen Medien. Die Einbindung der Bevölkerung kann auch durch Befragungen, Stadtteilfeste oder andere Maßnahmen gefördert werden. Administrative Tätigkeiten gehören natürlich ebenfalls zum Arbeitsprofil, also die Einbindung der Aktivitäten in die bestehenden städtischen Verwaltungsstrukturen durch Teilnahme an Besprechungen und Sitzungen, die Bearbeitung von Fördermittelanträgen, die Dokumentation und Evaluation von Projektfortschritten.

Die Vernetzung von Akteuren aus Gewerbe, Gastronomie, Schulen, Verwaltung und vielen anderen Lebensbereichen bietet viele Chancen. Quartiersmanagement kann in den Stadtteil hinein identitätssteigernd wirken und neuen, kreativen und produktiven Zusammenhalt fördern, aber auch nach außen die Attraktivität des Stadtteils in der öffentlichen Wahrnehmung steigern und somit eine harmonischere und nachhaltigere, weil ausgewogenere Stadtentwicklung unterstützen.

3.11 Regionalmanagement

Nachdem wir nun die drei Bereiche Wirtschaftsförderung, Tourismusmarketing und Citymarketing sowie den Kultur- und Sozialbereich mit dem Quartiersmanagement angesehen haben, die in den Städten eine wichtige Ausstattung im strukturpolitischen Handlungsrahmen darstellen, blicken wir in den ländlichen Raum, in die Landkreise und kreisfreien Städte abseits und in der Umgebung der Ballungszentren und sehen, dass es dort ein Instrument gibt, das die Raumordnung und Landesplanung zur Stärkung der regionalen Wettbewerbsfähigkeit initiiert hat, das Regionalmanagement.

Im Rahmen von Allianzen, die sich aus mehreren Landkreisen und Kommunen, aber auch aus weiteren Akteuren wie Verbänden, Vereinen, Wirtschaftsbetrieben, Handwerk, Wissenschaft und Privatpersonen zusammensetzen können, sollen Stärken einer Region hervorgehoben und ausgebaut, Schwächen gemeinsam angegangen und durch Initiativen und Projekte bearbeitet werden. Im Sinne des Ziels der Schaffung gleichwertiger Lebensbedingungen gilt es, durch fachübergreifende Netzwerkaktivitäten zusammenzuführen, zu initiieren, zu moderieren, zu verbinden und somit Projekte in den Teilräumen auf den Weg zu bringen, die ganzheitlich geprägt sind, also wirtschaftliche, soziokulturelle, bildungspolitische, ökologische Aspekte und andere mehr vereinen und somit die regionale Identität stärken. Organisatorisch sind die Stellen für Regionalmanagement oft beim

Landratsamt oder einer Kommune angesiedelt oder in anderer Organisationsform institutionalisiert, finanziert wird dieses Instrument üblicherweise aus Fördermitteln der verschiedenen Ebenen von EU über den Bund bis zur Landesebene.

Die Projekte des Regionalmanagements variieren je nach räumlichen Disparitäten und Herausforderungen. Zentrale Aufgaben können die Entwicklung einer gemeinsamen regionalen Marke, die Ausbildung von Netzwerken und Kooperationen in Wirtschaft, Kultur, Bildung und anderen Gesellschaftsbereichen, die Förderung von Existenzgründungen oder die Initiierung von touristischen Produktideen und einer gemeinsamen Vermarktung im Sinne eines Destinationsmanagements und -marketings sein. Aber auch Maßnahmen zur Akquise von Fach- und Führungskräften für die regionale Wirtschaft zählen dazu, genauso wie die überregionale Vernetzung und Zusammenarbeit mit benachbarten Landkreisen. Infrastrukturelle Aspekte wie die Verbesserung der Erreichbarkeit von Ortschaften in der Region oder die Förderung von modernen, zukunftsweisenden Mobilitätsformen nicht nur, aber auch bei der Berücksichtigung von Pendlerströmen sind ebenfalls Projekte des Regionalmanagements. Generationenübergreifendes Zusammenleben und Arbeiten ist ebenfalls oft ein zentrales Anliegen, sind doch die gewachsenen Strukturen im ländlichen Raum andere, werden durch Zuzug von jungen Familien ergänzt und bewegen sich natürlich und nicht zuletzt in einem durch strukturellen Wandel geprägten Rahmen, wenn wir an die Veränderungen und Herausforderungen in der Landwirtschaft denken. Aber auch die Vermarktung regionaler landwirtschaftlicher Produkte gehört klassischerweise zum Regionalmanagement.

All diese Projekte verfolgen das Ziel, zur Erhaltung und Attraktivitätssteigerung des ländlichen Raumes als wichtigem Siedlungsraum neben den urbanen Räumen beizutragen. Hervorzuheben ist hierbei, dass der starke Netzwerkcharakter des Regionalmanagements als fachübergreifendem Instrument auch von der Nutzung zahlreicher partizipativer Verfahren lebt und somit die Bürgerbeteiligung in Form von Informationsveranstaltungen, Arbeitskreisen, Workshops, Netzwerktreffen, Aktionstagen, Befragungen oder anderen Dialogmöglichkeiten einen hohen Stellenwert hat.

Auch die digitale Transformation ist ein spannendes Aufgaben- und Projektfeld für das Regionalmanagement. Die Verbesserung der digitalen Infrastruktur, die Vernetzung von Pionierunternehmen im Bereich New Work und die Schaffung von möglichst guten Arbeitsbedingungen sind hier zu nennen. Zwar hat der ländliche Raum mit großen Herausforderungen beispielsweise beim Thema Netzabdeckung zu tun, kann aber auch viele Trümpfe ausspielen, die ihn von der Großstadt unterscheiden. Dieses hochspannende Thema kann ich nur jeder und jedem zur weiteren Recherche empfehlen, da es aus meiner Sicht entscheidend für die Lebenszufriedenheit ist, in welchem Kontext und in welcher Umgebung, sowohl sozial als auch räumlich, man arbeitet.

So sind Verkehrsanbindung, Innenstadtlagen oder Flughafennähe nach wie vor oft sicherlich wichtige Standortfaktoren. Ich bin aber fest davon überzeugt, dass die Zukunft der Arbeit in vielen Fällen zusätzlich immer mehr aus Inspiration gebaut sein wird. Und hier haben unsere ländlichen Räume ein unerschöpfliches Potenzial zu bieten. Was kann modernes Arbeiten hier bedeuten?

Ein gemeinsamer Spaziergang in der Mittagspause in der Natur, auf dem man neue Projektideen diskutiert. Eine Fahrradrunde nach der Arbeit, bei der man neuen Mitarbeitenden die Highlights der Region zeigt und wirkliche Willkommenskultur lebt. Eine Besprechung auf der Dachterrasse, wenn einem am Schreibtisch die zündenden Ideen einfach nicht kommen und alle gerne an die frische Luft wollen. Ein Wandertag, an dem jeweils ein Teammitglied seine Lieblingsrunde in der Region vorstellen kann oder die Einkehr in eine schöne Gartenwirtschaft, mit der sich die Führungskraft für die tollen Leistungen des Teams bedanken möchte. Vielleicht sind es auch moderne und flexible Büromöbel, Gesprächsmöglichkeiten oder einfach inspirierende Ausblicke in die Landschaft, wie der Blick auf die wunderschöne Alpenkette, der glücklicherweise aus meinem Augsburger Büro möglich ist.

Jeder ist ein gutes Stück weit seines Glückes Schmied bei der Suche nach einem erfüllenden Arbeitssetting. Wertschätzende und inspirierende Kolleginnen und Kollegen und Vorgesetzte sind hier neben modernen Visionen sicher entscheidend. Doch wie findet man so etwas beim Berufseinstieg heraus, wenn man schlicht aufgrund des jungen Alters noch nicht über die entsprechende Kommunikations-erfahrung verfügt? Ich möchte Sie an dieser Stelle auf das Kap. 6.8 aufmerksam machen und Sie dort einladen, Fragen zu erarbeiten, die Ihnen helfen, den richtigen Arbeitsmatch für einen gelungenen Start zu finden. Es wird sich lohnen, denn Arbeit soll Spaß machen und Sinn stiften, als Unternehmer war und ist mir das immer Voraussetzung, und ich kann es Ihnen nur wärmstens empfehlen!

3.12   Verkehr und Mobilität, Logistik

Die Raumbedeutsamkeit des Verkehrssektors liegt auf der Hand: Menschen und Waren sind nicht erst seit der Globalisierung ständig rund um den Globus unter-wegs. Dabei sind öffentliche Stellen mit Planungs- und Genehmigungsverfahren befasst, und Verkehrsunternehmen gestalten die Mobilität in allen Farben und Formen.

Schauen wir in diesem Kapitel auf die Vielzahl von Arbeitgeber und Beschäftigungsmöglichkeiten, die es in diesem Jobsektor für Geographinnen und Geographen gibt.

Im Luftverkehr sind sowohl Airlines als auch Flughafenbetreiber als Arbeit-geber zu nennen. In den Luftfahrtgesellschaften sind zentrale Arbeitsfelder die Marktforschung, Streckenplanung, Strategieentwicklung und die Zusammen-arbeit in Bündnissen und Allianzen, aber auch die Bereiche Marketing und Ver-trieb, Prozessoptimierung und Consulting spielen bei großen Airlines eine wichtige Rolle. Die Zusammenarbeit mit den Marktpartnern wie Flughäfen, Tourismusdestinationen, Logistikunternehmen, aber auch Behörden spielt sich naturgemäß in einem sehr internationalen Umfeld ab.

Die Flughafenbetreiber sind heutzutage oft große, weltumspannende Unter-nehmen, die ihr Know-how aus dem Betrieb eines Flughafens durch teil-weise weltweite Aufkäufe in Wert setzen und bei Planung und Bau sowie beim

Betrieb von Flughäfen tätig sind. Flughafenneubau oder Kapazitätserweiterungen erfordern umfangreiche Planungs- und Genehmigungsverfahren, hier seien als Stichworte nur Bedarfs- und Marktanalysen, Raumordnungs- und Planfeststellungsverfahren, die darin enthaltene Umweltverträglichkeitsprüfung oder ökologische Ausgleichsmaßnahmen und viele andere stark geographisch ausgerichtete Aufgaben genannt. In diesen Planungsverfahren steht die Möglichkeit der Bürgerbeteiligung an wichtiger Stelle. Im Rahmen der Auslegung der Planungsunterlagen können interessierte oder betroffene Bürgerinnen und Bürger ihre Bedenken vortragen und sich so in den Prozess mit einbringen, die Träger öffentlicher Belange werden zur Abgabe ihrer Stellungnahmen aufgefordert. Aber auch im laufenden Betrieb bieten die großen Flughafenbetreiber spannende Aufgabenfelder mit Geographiebezug wie die Unternehmensentwicklung oder das Nachbarschaftsmanagement, was zum Beispiel aus Lärm- und Schallschutzfragen, Luftqualitätsthemen, Flugrouteninformationen und einem agilen Bürgerdialog besteht. Im Kontext der Öffentlichkeitsarbeit und der Positionierung als wichtigem regionalen Arbeitgeber und Wirtschaftsfaktor finden oft viele weitere Aktivitäten wie Sponsoring von Sportevents, Unterstützung von Veranstaltungen und Vereinen oder Naturschutzmaßnahmen statt.

Aber auch bei den Verkehrsträgern am Boden finden sich viele geographische Betätigungsfelder. Bei der Bahn im Fern- und Regionalverkehr als auch bei kleineren, teilweise regionalen Eisenbahngesellschaften sind typische Aufgaben ebenfalls die Marktforschung, die Produktentwicklung, Marketing und Vertrieb, Kundenzufriedenheitsthemen und die Angebotsverknüpfung mit den anderen touristischen Dienstleistern. Die Wiederaufnahme des Betriebs auf stillgelegten Streckenabschnitten oder aber auch die Stilllegung derselben in anderen Räumen zählen ebenfalls dazu. Auch Infrastrukturbereiche wie die Instandhaltung des Streckennetzes, der Bau von neuen Bahntrassen mit allen oben besprochenen Planungs- und Genehmigungsverfahren und Bürgerbeteiligung sowie zahlreiche Maßnahmen im Umweltschutz spielen eine große Rolle. Daneben sind der Aus- und Umbau sowie der laufende Betrieb der Bahnhofsinfrastruktur und das gesamte Immobilienmanagement wichtig, da die entsprechenden Liegenschaften im Wandel der Zeit oft nicht mehr benötigt werden. So kam und kommt es zu dem im Stadtplanungskapitel beschriebenen Sachverhalt, dass frühere Güter- und Freiladebahnhöfe mit nicht mehr genutzten Hallen und Gleisflächen für andere städtebauliche Zwecke zur Verfügung stehen. Andererseits ist der Bahnhof in großen Städten zum Einkaufs- und Erlebniszentrum geworden, was die Bandbreite der Aufgaben allein in diesem Unternehmensbereich zeigt.

Neben der Netzinfrastruktur sind natürlich Themen wie Umwelt- und Klimaschutz, Verknüpfung des Angebots mit anderen Verkehrsträgern und langfristige Stärkung der Wettbewerbsposition elementar.

Hier können wir den Bogen schlagen zum Fernbusverkehr, aber auch zu den lokalen und regionalen Verkehrsträgern. Auch dort sind die bereits genannten Prozesse der Marktforschung, Bedarfsermittlung, Vernetzung zum Beispiel bei der Fahrplangestaltung und Angebotsgestaltung sowie die Digitalisierung zu nennen.

In einem regionalen Verbund lokaler öffentlicher Nahverkehrsträger beispielsweise geht es also um Networking im wahrsten Wortsinne. Fahrplanabstimmung und -harmonisierung, Schaffung von Verbundtarifen, Gestaltung von einheitlichen Auskunftssystemen oder die Einführung von Innovationen beim Ticketing, natürlich unter Berücksichtigung der Bedürfnisse aller Kundengruppen, sind hier konkrete Aufgaben.

Die einzelnen Verkehrsunternehmen sind je nach Ballungsraum Arbeitgeber für mehrere Tausend Angestellte. Oft sind sie den Stadtwerken zugeordnet. Der Aus- und Umbau von Umsteigepunkten und Haltestellen, aber auch der Neubau von Straßenbahn- oder U-Bahnstrecken im Stadtgebiet, die Planung von Buslinien und deren räumliche sowie fahrplantechnische Verknüpfung mit dem übrigen Liniennetz sind genauso geographische Felder wie die Presse- und Öffentlichkeitsarbeit und Bürgerbeteiligung in entsprechenden Prozessen.

In Zeiten der Energiewende und der neuen digitalen Möglichkeiten ist der Ausbau der multimodalen Mobilität durch die Verkehrsträger ein wichtiges Arbeitsfeld. Am Markt existieren bereits seit einiger Zeit verschiedenste Lösungen, die sich in Zukunft sicher noch weiter verändern und entwickeln werden. Mit dem Ziel, den öffentlichen Nahverkehr moderner, digitaler und somit auch umweltfreundlicher und nachhaltiger zu machen, werden Angebote konzipiert, die es erleichtern, je nach Situation und Anforderung, flexibel verschiedene Verkehrsmittel zu nutzen. Dies kann zusätzlich zum klassischen öffentlichen Nahverkehr für eine Wegstrecke in der Innenstadt ein Mietfahrrad sein, für den Ausflug in die Umgebung die Nutzung eines Carsharing-Angebots oder überhaupt der Umstieg auf E-Mobilität im Fuhrpark. Dabei wären wir wieder bei Marktforschungs- und Infrastrukturfragen, bei operativen Aspekten wie Buchungsverhalten und Abrechnungsmöglichkeiten unter Nutzung von Apps und vielem mehr.

Beim Thema Mobilität der Zukunft wird sehr klar, dass es wichtige Kompetenz ist, Dinge interdisziplinär zu betrachten, kritisch zu hinterfragen und vor allem vernetzt zu denken, wenn es um Lösungsansätze geht. Alles oder nichts ist hier kein tragfähiges Konzept, zu differenziert sind die Ansprüche und Anforderungen der Marktteilnehmer. Wenn wir an die Schaffung der Ladeinfrastruktur für Elektroautos denken, sind dies in einer Großstadt andere Rahmenbedingungen als im ländlichen Raum. Verbesserung der Luftqualität im Ballungsraum, Effizienzsteigerung und somit mehr Umweltschutz oder aber auch Fragen der Erreichbarkeit peripherer Regionen, als dies sind ganz unterschiedliche Herausforderungen. Die Flexibilisierung, die durch die neue multimodale Mobilität gelingen kann, benötigt in unterschiedlichen Räumen ganz verschiedene Lösungsansätze. Um auf die vielfältigen, fachübergreifenden Interdependenzen aufmerksam zu werden, reicht es schon, die aktuelle klimapolitische Diskussion zu verfolgen, in einem Beispielraum Umweltparameter in Verbindung mit wirtschaftsräumlichen Aspekten und weiteren sozioökonomischen Faktoren zu betrachten und demographische Fragen mit einzubeziehen.

Neben dem Personennah- und Fernverkehr finden sich in der Logistik und im Frachtverkehr zahlreiche Arbeitsfelder. Das Sendungsaufkommen in den Frachtpostzentren eines Logistikkonzerns beispielsweise ist eine sehr variable Größe, die sich je nach regionalem Umgriff, Wirtschaftsstruktur, Zuzug oder Schließung von Unternehmen oder Betriebstätten, saisonalen und konjunkturellen Schwankungen oder Veränderungen im Konsumverhalten, Digitalisierungsgrad und vielen anderen Faktoren ständig verändert. Datenerhebung und -analyse sowie deren Visualisierung und Nutzbarmachung für die dynamische Reaktion und Gestaltung der entsprechenden Geschäftsprozesse im Bereich Standort-, Flotten-, Preis- oder Personalplanung sind dabei unerlässlich.

Abschließend seien hier die Binnenschifffahrt und die internationale Seefahrt genannt, die mit den Häfen und angeschlossenen Infrastrukturen ebenfalls einen wichtigen Raumbezug haben. Hier tut sich als immer wichtiger werdendes Arbeitsfeld wie in allen anderen Verkehrsbereichen auch Handlungsbedarf im Bereich Ressourcenschutz, Umweltschutz und Nachhaltigkeit auf. Besonderes Augenmerk liegt hier auf dem erwarteten Klimawandel und den damit verbundenen Folgen beispielsweise für die Binnenschifffahrt aufgrund von extremen Niedrigwasserständen und der dadurch stark eingeschränkten Befahrbarkeit von Flüssen in entsprechenden Jahreszeiten beziehungsweise der notwendigen Reduzierung von Zuladung. In den großen Seehäfen ergeben sich allein durch den Meeresspiegelanstieg in verschiedenen Szenarien unterschiedlichste Herausforderungen für wasser- und landseitige Strukturen. Aber auch Veränderungen im Sedimenttransport oder stärkere Sturmhochwasserereignisse werfen in diesem Kontext neue Fragen auf.

3.13   Immobilien-Research

Geographinnen und Geographen sind seit je her im Immobilienbereich tätig und haben sich diesen Markt selbstbewusst erschlossen. Dabei wird vielfach vom Research-Bereich gesprochen, das heißt, sie sondieren als Research Analyst den Immobilienmarkt, erheben und werten soziodemographische, ökonomische, politische und viele andere Variablen aus, fertigen Analysen und Gutachten an und erstellen diese von der Makro- bis zur Mikroebene.

Auch das Fondsmanagement im Immobiliensektor ist ein geographischer Arbeitsmarkt, in dem basierend auf entsprechenden Analysen An- und Verkäufe sowie Modernisierungen von Objekten getätigt werden, um langfristige Renditeziele zu realisieren.

Wie sieht die Arbeit in einem großen Immobilienberatungshaus aus? Im Research-Arbeitsfeld werden Marktstudien erarbeitet, die Investitionsentscheidungen vorbereiten und natürlich auch absichern sollen. Dabei werden grundsätzlich die Wohnimmobilien- und Gewerbeimmobilienmärkte unterschieden.

Ist ein Objekt in einem Raum, der eine lukrative Preisentwicklung verspricht? Wie haben sich Mietspiegel und Leerstände entwickelt? Wie sieht die Nachfragesituation in den unterschiedlichen Immobilienkategorien aus? Welche übergeordneten konjunkturellen Rahmenbedingungen gibt es? Wie ist die Wettbewerbssituation?

Nationale und regionale Rahmenaspekte können die grundsätzliche Situation am Immobilienmarkt, rechtliche Veränderungen zum Beispiel beim Mieterschutz,

Zinsbedingungen, die für Kreditvergaben und Kaufentscheidungen ebenso relevant sind oder Arbeitsmarkt- und Kaufkraftdaten sein. Aber denken Sie auch an demographische Variablen, die zukünftige Marktentwicklungen abschätzbar machen wie den Zuzug in die Städte und die Überalterung der Gesellschaft in einigen ländlichen Räumen. Einkommensfragen, regionalökonomische Entwicklungen, der Blick auf verschiedene Standortfaktoren wie die überregionale Verkehrsanbindung und Pendelmöglichkeiten zu Arbeitsplätzen in den Ballungsräumen sind ebenso wichtige Parameter wie Bildungsfragen, Freizeit- und Lebensqualität oder das Image eines Raums.

Wenn sich Research-Teams auf der lokalen Ebene mit Objektanalysen befassen, werden die oben genannten Fragen natürlich weiter und feiner heruntergedekliniert und analysiert. Wie nachgefragt ist Wohnen in dieser Stadt oder speziell in einem Stadtteil? Wie haben sich die Immobilienkulisse, der Arbeitsmarkt und weitere sozioökonomische Variablen vor Ort in den vergangenen Jahrzehnten dargestellt, und welche Trends sind erkennbar? Ist es ein Raum, der viele moderne Arbeitsplätze bietet und Lebensqualität für junge Zielgruppen anbieten will und kann? Oder besteht vielleicht bereits jetzt ein Überangebot an erschwinglichem Wohn- oder Gewerberaum, schlicht weil die Kommune aus verschiedenen Gründen ins Hintertreffen gelangt ist?

Auf Stadtteilebene wiederum sind es Fragen wie die generelle Zentralität, die nächste Straßenbahnhaltestelle, Parkmöglichkeiten, Einkaufs- und Naherholungsangebote oder die Lage und Verfügbarkeit von Bildungseinrichtungen für alle Altersgruppen. Aber natürlich spielen auch Lärmschutzfragen und Luftgüteaspekte ganz zentrale Rollen bei der Bewertung eines Objekts. Im Kontext mit kulturellen Angeboten, gastronomischen Einrichtungen oder architektonischen Besonderheiten ergeben sich unterschiedliche Beliebtheitswerte von Stadtquartieren, die nicht unerheblich zur Objektbewertung beitragen. So ist das Wohnen in sanierten, ansprechenden Jugendstilstraßenzügen mit altem Baumbestand wie im Leipziger Musikviertel oder in der Jasperallee in Braunschweig sicherlich ein Rahmen, der die Wertigkeit einer Immobilie abseits von Quadratmeterzahl und Verkehrserschließung beeinflusst.

Um alle diese Fragen zu beantworten, arbeiten große Immobilienhäuser oft mit eigenen Research-Teams, weil die statistische Datenlage diese Informationen nicht ausreichend wiedergibt. Dabei finden sich zahlreiche, manchmal sogar vorwiegend Geographinnen und Geographen in diesen Arbeitsgruppen, oft auch in Führungspositionen. Dies zeigt auch der Blick in Stellenzeigen, wo ausdrücklich nach Geographinnen und Geographen gesucht wird. Die Datenbeschaffung, -auswertung und Aufbereitung auch mit geographischen Informationssystemen und deren Betrachtung auf der Zeitachse erfordern eine starke analytische, aber auch interdisziplinäre Ausrichtung. Kartenmaterialien werden erstellt und Geodaten in verschiedensten Anwendungen eingesetzt. Beispielsweise gilt es, ökonomische, rechtliche, arbeitsmarktpolitische, infrastrukturelle, bildungsbezogene, soziale oder ökologische Rahmenbedingen im Zusammenhang zu sehen und in Marktmodellen und Kauf- oder Investitionsempfehlungen abzubilden. Aber auch bei Standortbesichtigungen vor Ort ist eine auf Raumbezug und Interdisziplinarität basierende geographische Denkweise hilfreich und wichtig.

Aus diesen vielfältigen Tätigkeitsfeldern erklärt sich, dass Geographinnen und Geographen diese Fähigkeiten auch in der Beratungsbranche zum Einsatz bringen. Sie erstellen im Rahmen von beispielsweise Einzelhandelsprojekten vorab Prüfungen und Gutachten zu Machbarkeiten und Rahmenbedingungen an Standorten und erarbeiten Nutzungskonzepte. Diesen Aufgaben widmen wir uns im nachfolgenden Kapitel.

3.14   Markt- und Standortforschung

Die Markt- und Standortforschung ist eine Disziplin, die wie oft am geographischen Arbeitsmarkt entweder im expandierenden Unternehmen selbst durchgeführt wird oder als Dienstleistung von externen Büros angeboten werden kann.

Blicken wir zuerst auf die Unternehmen selbst. Dabei können wir zum Beispiel auf große Filialisten wie Handelsunternehmen des täglichen Bedarfs schauen, auf Baumärkte, Einrichtungshäuser, Drogeriemarktketten, Bekleidungshäuser oder auch auf die Systemgastronomie. Sie erarbeiten in ihren Expansionsabteilungen Kriterienkataloge, die klar definieren, welche Anforderungen ein neuer Standort erfüllen muss, um für das Unternehmen attraktiv zu sein. Zusätzlich prüfen sie, welche Regionen für Neuerschließungen interessant sind und wo genau im Raum neue Standorte entstehen können. Dazu werden, ähnlich wie im eben beschriebenen Immobilien-Research, unterschiedliche Datenquellen verwendet und ausgewertet oder Marktinformationen selbst erhoben. Aktive Wettbewerbsforschung ist ebenfalls ein integraler Bestandteil dieses Prozesses.

Anforderungskriterien sind typischerweise Mindesteinwohnerzahlen einer neuen Kommune oder eines Einzugsgebiets, das beispielsweise über Anfahrtszeiten definiert sein kann, gute Sichtbarkeit der Lagen möglicherweise in der Nähe von bestehenden Handelseinrichtungen oder -agglomerationen sowie eine vorteilhafte Verkehrsanbindung, je nach Sortiment mit entsprechenden Parkmöglichkeiten. Solche Standorte zeichnen sich durch mögliche Kopplungseffekte aus, bei bestehenden Strukturen spricht man dabei von Frequenzbringern, die aus Standortforschungssicht wünschenswert und relevant sind. Dies bedeutet, dass hier bereits reger Einkaufsverkehr besteht und davon auszugehen ist, dass daraus auch für eine neue Filiale, die idealerweise die Standortstruktur sortimentsbezogen gut ergänzt, höhere Einkaufsfrequenzen zu erwarten sind.

Viele Unternehmen suchen bestehende Gewerbeimmobilien zur langfristigen Miete oder zum Kauf und forschen nach den Verfügbarkeiten bestehender Ladenlokale, zu denen sie konkrete bauliche Objektanforderungen definieren. Diese können zum Beispiel Mindestverkaufsflächen, deren Verfügbarkeit auf einem oder mehreren Geschossen, das Vorhandensein von Aufzügen, Rolltreppen oder Schaufensterfronten sein. Je nach Branche sind diese Anforderungen selbstverständlich sehr unterschiedlich. Viele Marktakteure beauftragen Handelsberatungen oder Markt- und Standortforschungsunternehmen mit der Erstellung von Gutachten oder qualifizierten Stellungnahmen, die als Entscheidungsgrundlagen für die genehmigenden Behörden relevant sein können.

In entsprechenden Gutachten werden als Standortrahmen beispielsweise Einwohnerzahlen in Einzugsgebietskategorien, die Einzelhandelskaufkraft sowie Arbeitsmarktzahlen dargestellt. Durch die Ermittlung von Haushaltsstrukturen kann man auf Wohnsituationen oder verfügbare Nettoeinkommen blicken und diese beispielsweise mit Daten zur Altersstruktur ergänzen. Interessant ist bei allen Daten natürlich der Vergleich mit anderen Gebietskategorien oder dem Bundesdurchschnitt als Referenzwert.

Auch werden klassischerweise Makro- und Mikrostandort untersucht sowie relevante Wettbewerbsstandorte eruiert und dargestellt. Hier spielt eine Rolle, in welchen Lagen und Sortimentsbereichen der Wettbewerber bislang tätig ist, um Wettbewerbsintensitäten ermitteln zu können.

Wenn wir weiter ein Einzelhandelsgroßprojekt betrachten, sind neben ökonomischen natürlich auch raumordnerische, städtebauliche und rechtliche Rahmenbedingungen im Hinblick auf die Verträglichkeit des Vorhabens zu berücksichtigen. Hier ergeben sich typischerweise unterschiedliche Interessenslagen zwischen der Ansiedlungsgemeinde und den Nachbargemeinden, wenn durch eine vermutete Kaufkraftumlenkung absatzwirtschaftliche Auswirkungen auf bestehende Versorgungseinrichtungen befürchtet werden oder Nutzen und Risiken der Vorhaben nicht klar genug erkennbar sind, um Entscheidungen treffen zu können. Oft sind Kommunen Auftraggeber von sogenannten Verträglichkeitsgutachten, die die Vorhaben auf ihre Übereinstimmung mit den Grundsätzen und Zielen der Raumordnung oder auch auf ihre städtebauliche Verträglichkeit hin überprüfen.

In Bezug auf deren Genehmigungsfähigkeit werden die landesplanerischen Vorgaben betrachtet und der eruierte Standort mit diesen in Deckung gebracht. In den Landesentwicklungsprogrammen sind beispielsweise Voraussetzungen für Flächenausweisungen geregelt, die abhängig sind von der Zentralität der Orte oder auch der Frage, ob es sich um Innenstadtlagen oder städtebauliche Randlagen handelt. Weiter gibt es sogenannte landesplanerische Abschöpfungsquoten, die im Hinblick auf die Kaufkraftabschöpfung zulässige Konzentrationen von Handelsflächen in einem Raum beschreiben.

Aber auch die Vorteile einer Neuansiedlung werden in den entsprechenden Gutachten dargestellt, diese können eine Aufwertung und somit Attraktivitätssteigerung des Einkaufsstandorts auch für das Umland, eine Frequenzerhöhung für am Standort vorhandene Betriebe, eine Abrundung und somit Ergänzung der bisherigen Einzelhandels- oder Versorgungsstruktur oder andere Synergieeffekte sein.

Insgesamt sollen Gutachten den Vorhabenträger in einer frühen Projektphase im Kontext der ökonomischen Machbarkeit, aber auch der Genehmigungsfähigkeit solcher Projekte beraten und begleiten. Analysierte Daten und Sachverhalte werden in Kartenwerken und Abbildungen aufbereitet. Notwendige Anpassungen im Projekt können vorgeschlagen werden. So ist es möglich, kostspielige Fehlplanungen oder gar falsche Investitionsentscheidungen zu vermeiden. Die entsprechenden Expansionsabteilungen der Handelsunternehmen, aber auch die Markt- und Standortforschungsbüros verfügen aufgrund der oben geschilderten Anforderungen im fachübergreifenden Kontext über einen hohen Anteil von Geographinnen und Geographen in ihren Teams.

Ferdinand findet diesen Arbeitsmarkt sehr interessant und recherchiert gleich selbst los und findet sofort einschlägige Unternehmen und dort angestellte Geographinnen und Geographen. Er ist erstaunt und begeistert, wie viele Arbeitgeber auch abseits vom Einzelhandel eine Expansionsabteilung besitzen, wie aufwendig und interdisziplinär der Prozess der Standortsuche und Genehmigung ist und welche spannenden Arbeitsfelder sich hier ergeben! (Abb. 3.4).

3.15   Statistik

Sowohl mit der vertikalen als auch mit der horizontalen Suchstrategie werden wir zahlreiche Jobs für Geographinnen und Geographen finden, die wir dem Bereich Datenerhebung, -aufbereitung und Nutzbarmachung für unterschiedlichste Zwecke zuordnen können. Angefangen von Eurostat, dem statistischen Amt der europäischen Union, über das Bundesamt für Statistik sowie die Landesämter bis hin zu kommunalen Statistikämtern oder Stabsstellen in der Stadtverwaltung finden wir dieses Arbeitsfeld flächendeckend im Raum. Diese Behörden stellen Daten nicht nur für Planungsfragen oder die Politik zur Verfügung, sondern natürlich auch für wissenschaftliche, wirtschaftliche oder private Anfragen.

Die statistischen Einrichtungen sammeln Daten zu gesellschaftlichen Themen wie Demographie, Einkommensstrukturen, dem Wohnungsmarkt, der Bildung oder der Gesundheit. Wirtschaftliche Themenfelder sind volkswirtschaftliche Kennzahlen, Preisentwicklung, Inflation und Konjunktur sowie Außenhandels- und auch Globalisierungsindikatoren.

Aber auch Fragen wie: Wie hat sich die Anzahl der landwirtschaftlichen Betriebe in Deutschland in den letzten Jahren verändert? Wie viele Tonnen Äpfel wurden letztes Jahr geerntet? Wie viele Übernachtungen gab es in Deutschland? Wie sind die Anteile des Güterverkehrs nach Verkehrsträgern, also Lastkraftwagen, Eisenbahn und Schifffahrt? werden in der amtlichen Statistik erhoben und beantwortet. Solche branchenbezogenen Informationen sind für die unterschiedlichen Wirtschaftszweige abrufbar und für raumbezogene Analysen relevant.

Im Kontext von wirtschaftlichen Entscheidungen sind beispielsweise Infrastruktur- und Erschließungsfragen, Bevölkerungs-, aber auch Arbeitsmarktdaten besonders wichtig. Wie haben sich die Lohnnebenkosten in den letzten Jahren entwickelt? Wie sehen Real- und Nominallohnindizes aus?

Auf Länderebene werden entsprechend der jeweiligen Verwaltungsgliederung statistische Informationen auch zu den nachgeordneten Gebietskategorien erhoben und bereitgestellt. Die Statistischen Ämter der Kommunen stellen Daten und Informationen zur kommunalen Erhebungsebene bereit, die wichtige Planungsgrundlage für Wirtschaft und Lokalpolitik sind. Einwohnerzahlen, Bevölkerungsentwicklung, Pendlersalden, Bildungseinrichtungen, Bautätigkeit, Verkehr, aber auch Umweltfragen wie Immissionsdaten oder abfallwirtschaftliche Erhebungen sowie Klimadaten sind abrufbar. Geographisch noch feiner untergliedert werden Informationen zu den einzelnen Stadtteilen bereitgestellt: Wie ist die Altersstruktur im jeweiligen Stadtteil? Welche Bodennutzungsarten gibt es, also wie viele Gebäude-, Frei-, Verkehrs-, Erholungs- oder Landwirtschaftsflächen, um

Abb. 3.4 Ferdinand bei der Standortsuche

nur einige Kategorien zu nennen? Welche Einrichtungen der Gesundheitsver-
sorgung oder Bildungseinrichtungen nach Schularten gegliedert gibt es? Aber auch
Kultur- oder Tourismuseinrichtungen werden mit ihren entsprechenden Kennzahlen erhoben, ebenso wie stadtteilbezogene Daten zu Verkehr oder Arbeitsmarkt.

Geographinnen und Geographen sind aufgrund der im Studium trainierten analytischen Denk- und Arbeitsweise und ihrem Umgang mit verschiedenen raumbezogenen Daten gut geeignet. Unterschiedliche Erhebungsmethoden werden
im Rahmen der Methoden der empirischen Sozialforschung trainiert, und Datenbeschaffung, Auswertung sowie kritische Interpretation sind für Geographinnen
und Geographen keine Fremdwörter. Bei der Betrachtung der oben exemplarisch
geschilderten Aufgabenbereiche der öffentlichen Statistik wird sofort klar, dass
praktisch alle Erhebungsbereiche raumrelevant und somit essenziell für öffentliche
und private Vorhaben der Zukunftsgestaltung sind.

Weiterhin ist in diesem Arbeitsfeld die Betrachtung raumbedeutsamer
Informationen auf der Zeitachse entscheidend und spannend, die Geographinnen
und Geographen im Sinne einer prozesshaften Analyse sowohl aus physisch-geographischen Zusammenhängen beispielsweise der Geomorphologie oder Klimatologie, aber auch der Humangeographie, wenn wir an Stadtteilentwicklungen oder
wirtschaftsräumliche Untersuchungen denken, bestens vertraut ist.

Abschließend spricht für diese Arbeitsfelder die Arbeit mit unterschiedlichen
Softwareanwendungen zur Erhebung, Auswertung und Analyse der Daten sowie
die Erstellung von thematischen Karten, Graphiken und anderen Visualisierungen.

3.16 Geographische Informationssysteme und Fernerkundung

Die Erhebung, Verarbeitung und Visualisierung von raumbezogenen Daten bietet
viele Anwendungsbereiche. Schauen wir uns zuerst ganz typisch in einem GIS-
Büro um, das seiner Kundschaft unterschiedliche Lösungen rund um die Erfassung
und Nutzung raumbezogener Daten anbietet.

Zunächst werden die Erhebung, Auswertung und Visualisierung unterschiedlicher
raumbezogener Daten angeboten. Dies können Sichtbarkeitsanalysen im Raum,
zum Beispiel für Energie- und andere Bauprojekte sein, aber auch Modellierungen
für den Hochwasserschutz, Lärmkartierungen, Luftgütemessungen, Visualisierung
von Verkehrsströmen oder weiteren Themenfeldern. Kartenerstellungen basierend
auf amtlichen Geodaten können je nach Auftrag in verschiedene Richtungen gehen:
von Wanderkarten über Fahrradkarten bis hin zu Stadtplänen mit bestimmten,
gewünschten thematischen Ausrichtungen. In einem individuellen Geodatenportal
können so von Bürgerinnen und Bürgern je nach Interesse Daten zu Einrichtungen
des öffentlichen Lebens abgefragt werden, aber auch die Verwaltung kann in Bezug
auf die Bauleitplanung beispielsweise mit fachbezogenen Abrufen arbeiten.

Dabei fungieren entsprechende Büros oft auch als Berater in allen Geodaten-
fragen, bieten zusätzlich Support und Schulungen für die Anwendungen im Soft-
und Hardwarebereich an. Sie beraten zu möglichen Web-GIS-Lösungen und der
Implementierung von mobilen Apps, die beispielsweise im Außendienst, in der

Land- und Forstwirtschaft oder im Verkehrsinfrastruktursektor zur Anwendung kommen. Consulting im Datenmanagement befasst sich unter anderem mit der Migration von kundenseitigen Bestandsdaten in neue Geodatenarchitekturen, weitere Aufgabenbereiche sind hier dezentrale Datenverwaltung, individuelle Zugriffsrechte oder Qualitätssicherung in webbasierten Auskunftssystemen.

Bei den großen Seehäfen, Flughäfen, Kommunen oder auch Verkehrs- und Logistikunternehmen bearbeiten eigene GIS- und Kartographie-Fachabteilungen ähnliche Fragen der Geodatenerhebung, -architektur und -anwendung in ihren Organisationen. Diese Daten werden für Planungszwecke, Zukunftsszenarien, zur Bürgerinformation oder zur Analyse raumbezogener Veränderungsprozesse benötigt. Im Geodatenservice einer Großstadt können Bürgerinnen und Bürger beispielsweise Plan- und Kartenauszüge, Geodaten oder auch Farbluftbilder in digitaler oder analoger Form einsehen und erhalten.

Bei der Bundeswehr stellt der eigene Geoinformationsdienst die entsprechenden Geoinformationen für unterschiedlichste Aufgaben bereit, dies können beispielsweise Gelände- und Flugwetterinformationen für Hilfs- und Rettungseinsätze sein.

Natürlich kommen auch die Hersteller der entsprechenden Software als Arbeitgeber infrage. Hier spielen im Bereich Mapping, Navigation und Analyse viele zukunftsrelevante Themen eine Rolle, um räumliche Sachverhalte sichtbar zu machen. Intelligente Softwarelösungen sollen nicht nur Unternehmen dabei unterstützen, leichter den richtigen Standort zu finden, sondern auch bei der optimalen Routenplanung oder aber auch im internationalen Supply Chain Management. Smart Cities oder die Digitalisierung im ländlichen Raum, Klimaschutz und Klimafolgenanpassung sind weitere Stichworte für die Nutzung zukünftiger Softwareprodukte. Auch in der Land- und Forstwirtschaft werden GIS-Anwendungen immer wichtiger und können im Kontext der Nachhaltigkeit zum Ressourcenschutz und zur Umweltfreundlichkeit dieser Wirtschaftszweige beitragen. GIS-Softwareanwendungen kommen selbstverständlich auch im Risk Assessment zum Einsatz, dies werden wir im Kap. 3.17 detaillierter betrachten.

Konkrete Anwendungsfelder der Fernerkundung, deren Charme und große Bedeutung in der berührungsfreien Erhebung und synoptischen Interpretation liegt, sind zum Beispiel die Entdeckung von biotischen oder abiotischen Schäden in Forstbeständen oder die Erfassung von Landnutzungsdaten. Ein weiterer Vorteil der aus Luftbildern oder Satellitenaufnahmen gewonnen Informationen und Geodaten ist, dass sie auch in bisher datentechnisch wenig erschlossenen Ländern oder Regionen kostengünstig erhoben und ausgewertet werden können, wenn wir zum Beispiel an die tropischen Regenwälder denken.

Aber neben Fragen der Waldinventur oder Ökologie sind auch ganz andere Anwendungsbereiche vorhanden, hier seien als Inspiration nur geomorphologische Aspekte der Erosionsdynamik, Desertifikation oder andere in der physischen Geographie untersuchte Phänomene wie hydrogeographische Fragestellungen genannt.

Im Bereich Katastrophenschutz spielt die Fernerkundung ebenfalls eine wichtige Rolle. Großflächige Naturkatastrophen wie Waldbrände, Vulkanausbrüche oder auch vom Menschen verursachte Umweltschäden können teilweise verhindert, analysiert und ausgewertet werden.

Nicht zuletzt kommt der klimatologischen Fernerkundung in der heutigen Zeit eine erhebliche Bedeutung zu. Die im Rahmen des Klimawandels eintretenden Veränderungen auf der Erdoberfläche können so auf der Zeitachse betrachtet und interpretiert werden und notwendige Daten für politische Handlungsempfehlungen und Maßnahmen liefern. Ob die Fernerkundung sich mit urbanen Räumen befasst, in der Bodenkunde und den Landnutzungsformen oder im Umweltmonitoring zum Einsatz kommt – die Arbeitsbereiche und deren Nutzen sind äußerst vielfältig und zukunftsrelevant.

3.17 Versicherungen, Naturgefahrenassessment

Die Betätigungsfelder in der Versicherungswirtschaft sind vielfältig und herausfordernd. Rückversicherungsgesellschaften erarbeiten Risikoeinschätzungen und -bewertungen zu Naturgefahren, um darauf aufbauend Versicherungsprodukte anbieten zu können.

Vorteilhafterweise befinden sich mehrere dieser großen Rückversicherungen mit ihrem Hauptsitz in Deutschland. Aufgrund der internationalen Verflechtungen des Marktes ist die Arbeitssprache in diesem Bereich oft Englisch.

Die Risk-Management-Teams, also die Naturgefahrenabteilungen, sind meistens sehr heterogen zusammengesetzt. Geographinnen und Geographen arbeiten hier mit Fachleuten aus der Meteorologie, Ozeanographie, Geophysik, Geologie und anderen Naturwissenschaften zusammen. Dies macht die Arbeit in einer Versicherung unglaublich spannend, da die Themen nicht nur sowohl physisch-geographisch als auch humangeographisch sind, sondern auch sehr gesellschafts- und zukunftsrelevant. So befassen sich die Rückversicherungen längst mit unterschiedlichsten Szenarien des Klimawandels und den möglichen Auswirkungen auf Landwirtschaft, Wirtschaft, Siedlung und viele weitere Lebensbereiche.

Was sind also konkrete Themenfelder und Arbeitsbereiche für Geographinnen und Geographen in einer Rückversicherung? Sie sind meist mit Naturgefahren, die hauptsächlich hydrologischer, klimatologischer, meteorologischer oder geologischer Natur sein können, befasst: Starkregenereignisse und Überschwemmungen, Stürme wie Hurrikane und Taifune, Dürren, Waldbrände, Vulkanausbrüche oder auch Erdbeben mit deren möglichen Folgen wie Tsunamis oder Unterwassererdrutschen gehören zu extremen Schadenereignissen.

Beim genaueren Blick auf diese Naturkatastrophen können wir die Palette des geographischen Arbeitens unter die Lupe nehmen. Natürlich steht die exakte Betrachtung bisheriger Schadenereignisse auf der Zeitachse in einem speziellen Raum im Zentrum einer Risikoeinschätzung. Dabei spielt es kaum eine Rolle, um welche Ereigniskategorie es sich handelt, da dies überall wichtig ist, sei es ein Vulkanausbruch, ein Hochwasser oder eine extreme Trockenzeit. Wann sind welche Naturkatastrophen aufgetreten? In welchem Ausmaß? Welche Folgen hatten sie? Häufen sich entsprechende Ereignisse? Dazu ist bestehendes Datenmaterial auszuwerten, oder es sind weitere Daten zu erheben sowie in den Kontext einer globalen Entwicklung zu setzen. Aus der genauen Analyse bisheriger Ereignisse können unterschiedlichste Kartenwerke erstellt und Risikobewertungen abgeleitet werden, die für die Konzeption individueller Versicherungsprodukte notwendige Grundlage sind. Mit entsprechender Software können Versicherer Risikoindizes für bestimme Naturgefahrenkategorien erheben und darstellen und somit eine Gesamtrisikobewertung für eine Adresse im Raum erleichtern. Darüber hinaus spielen diese auch eine ganz entscheidende Rolle für die Resilienzsteigerung in den betroffenen Gebieten.

So kann beispielsweise bei einem Bebauungsgebiet nicht nur gebietsbezogen, sondern bauplatzgenau dargestellt werden, welche Überschwemmungsrisiken aufgrund einer Senkenlage hier bestehen. Auf diese Weise kann eine Risikoeinordnung für den Abschluss einer entsprechenden Versicherung erfolgen. Auch können entsprechende Schutzvorkehrungen aus diesen Analysen resultieren, wie zum Beispiel bauliche Konstruktionen, die das Durchfließen des Wassers unter einem Gebäude im Starkregenfall erlauben oder besondere Baumaßnahmen bei der Unterkellerung.

Die Betätigungsfelder dieser großen Versicherungsgesellschaften und somit der geographischen Arbeitsplätze sind weltweit. Uns allen fallen große Naturkatastrophen rund um den Erdball ein. Dabei ist eine Häufung bestimmter Schadenereignisse festzustellen. Die großen Versicherer beobachten und dokumentieren die weltweiten Naturkatastrophen mit entsprechender Akribie. Die Marktabdeckung mit Versicherungspolicen ist sehr unterschiedlich, dies betrifft auch die Maßnahmen, die in einem Katastrophengebiet nach einem Schadenereignis getroffen werden. Naturgefahren sind je nach Versicherungsgrad und wirtschaftlichen Möglichkeiten oft gefolgt von Investitionen zur Schadenabwehr, somit soll die Resilienz dieser Gebiete gegenüber möglichen weiteren Naturereignissen gesteigert werden. Auch die Planung und Evaluation solcher Vorkehrungen sind oft geographisches Terrain: Welche Vorsichtsmaßnahmen beim Wiederaufbau nach einem Erdbeben hatten welche Erfolge? Wo sind nach Hochwasserlagen bei Neuausweisungen von Baugebieten Sicherheitsflächen freizuhalten? Welche Lawinenverbauungen könnten notwendig sein, um bisherige Siedlungsflächen zu sichern? Wie kann Schlammlawinen vorgebeugt werden, welche Murgangbarrieren sind notwendig, oder wo können diese durch Schutzwälle umgeleitet werden? Wo sind Flutpolder sinnvoll, welche Deichverstärkungen im Küstenschutz sind nötig?

Ein besonderer Arbeitsschwerpunkt der Naturkatastrophenteams, der alle bisherigen Überlegungen ergänzt, ist die Forschung zum Klimawandel. Versicherungsanbieter befassen sich seit vielen Jahrzehnten mit diesem Thema und verfügen über entsprechende Datenlagen für die komplexe Zusammenschau der einzelnen Ereignisse. Aus dieser genauen Betrachtung und Bewertung werden zukünftige Risikopotenziale ermittelt, die sich je nach Naturgefahr und deren verschiedenen Dimensionen wie Dauer oder Intensität verändern können. Ein konkretes Beispielthema sind hier Ernteausfälle aufgrund von Hitzewellen und Dürreperioden. Eine ganzheitliche geographische Perspektive ist notwendig, um weitere Implikationen zu betrachten: Welche Auswirkungen hat die intensive

Bewässerung von landwirtschaftlichen Flächen auf Grundwasserstände und Wasserqualität? Wie werden sich Waldbrandrisiken verändern? Was bedeuten Ernteausfälle für die weltweite Versorgungslage mit landwirtschaftlichen Gütern? Welche Auswirkungen haben Trockenperioden für den Schädlingsbefall in der Land- und Forstwirtschaft?

Die Geographin und der Geograph sind in der Versicherungsbranche somit keine unbekannten Wesen. Aufgrund der weltweit großen regionalen Disparitäten sowohl bei den Risikokategorien als auch bei den Abdeckungsquoten mit Versicherungsprodukten und der hohen Zukunftsrelevanz des Themas Naturkatastrophen lohnt sich hier der Berufseinstieg besonders für Geographinnen und Geographen, die Freude am Umgang mit Daten in einem internationalen Arbeitsumfeld haben.

3.18   Entwicklungszusammenarbeit, NGOs

Die Entwicklungszusammenarbeit als ganzheitlicher, nachhaltiger Ansatz zum Abbau der weltweiten Ungleichheiten war schon immer für Geographinnen und Geographen attraktiv. Sie hat die Aufgabe, durch internationale Kooperationen Armutsbekämpfung zu betreiben, zur Wahrung der Menschenrechte und Förderung der Demokratie beizutragen und somit auch Krisenprävention zu ermöglichen. Weitere Ziele sind, zu einem nachhaltigen Wirtschaften beizutragen und eine klimafreundliche Umweltpolitik zu unterstützen.

Neben der übergeordneten Entwicklungspolitik der Europäischen Union wird die internationale Zusammenarbeit auf nationaler Ebene durch das entsprechende Bundesministerium gesteuert und verantwortet. Zur Umsetzung der konkreten Projekte kooperiert es mit der GIZ, der Deutschen Gesellschaft für internationale Zusammenarbeit oder der KfW Entwicklungsbank.

Um welche Art von Projekten kann es sich dabei handeln? Zunächst kann man finanzielle Unterstützung in Form von Krediten oder Zuschüssen und personelle Zusammenarbeit unterscheiden, also vor allem in Form von Know-how-Transfer. Oft sind die Projekte vielschichtig, das heißt, sie bestehen aus unterschiedlichen Kombinationen technischer, finanzieller und personeller Aspekte und sollen Entwicklungen in verschiedenen Bereichen anstoßen und verstetigen.

Die Palette der möglichen Kooperationsfelder reicht alleine in der wirtschaftlichen Zusammenarbeit von der grundsätzlichen Unterstützung internationaler Wirtschaftsbeziehungen über die Förderung einer nachhaltigen Wirtschaftsentwicklung in Fragen der Energieversorgung, der faireren Lieferketten, der Tourismusförderung bis hin zur Arbeitsmarktpolitik.

Armutsbekämpfung verfolgt aber viele weitere Ansätze: Durch bessere Bildungsmöglichkeiten schon im Schulalter, Geschlechtergerechtigkeit, moderne Ausbildungsberufe, die Nutzung der digitalen Möglichkeiten und die Schaffung moderner Berufsperspektiven sollen junge Menschen darin unterstützt werden, sich ein selbstständiges und unabhängiges Leben aufbauen zu können.

In ernährungspolitischen Projekten steht eine nachhaltige und leistungsfähige lokale Landwirtschaft im Fokus, die Aspekte wie Bodenschutz, schonenden Umgang mit Wasser und Artenschutz berücksichtigt. Auch die Etablierung einer langfristig tragfähigen Waldbewirtschaftung ist wichtig, da der Wald nicht nur ökologische, sondern natürlich auch wirtschaftliche Funktionen ausfüllt.

Bei all diesen Projekten stehen heute mehr denn je der Klimaschutz und Klimafolgenanpassungsstrategien in den jeweiligen Regionen im Mittelpunkt. Gerade in den Entwicklungsländern stellen extreme Naturereignisse wie Hitzewellen, Dürreperioden, Starkregenfälle oder Erdrutsche, aber auch andere Naturgefahren wie Erdbeben die Bevölkerung vor erhebliche Herausforderungen. Auf lokaler Ebene können Informationen, technische und bauliche Prävention und andere Maßnahmen des Katastrophenschutzes helfen und die Resilienz dieser Räume stärken. Langfristig bedeutet globale Entwicklungspolitik ein Vernetzen von internationalen Aktivitäten gerade beim Klima- und Umweltschutz, um relevante Zusammenhänge im Kontext anzugehen.

Aber auch die Gesundheit und die Verbesserung der dafür notwendigen Rahmenbedingungen ist ein ganz zentrales Thema der Entwicklungszusammenarbeit. Zugang zu sauberem Trinkwasser, ausreichende sanitäre Einrichtungen, moderne und flächendeckende medizinische Versorgungsinfrastruktur oder auch das Vorhandensein von Informationsmöglichkeiten und Versicherungen sind drängende Fragen.

Weitere Projektfelder finden sich in der politischen Arbeit bei der Förderung der Rechtsstaatlichkeit, der Demokratie und generell der Chancengleichheit in vielen Ländern. Unabhängigkeit und die Möglichkeit zu selbstständigem Leben basieren zwar nicht unerheblich auf Bildungsfragen, brauchen aber auch Systeme, die diese Lebensform unterstützen. So umfasst die Entwicklungszusammenarbeit neben politischer Bildung auch die Themen Frieden und Sicherheit, Menschenrechte, Meinungsfreiheit oder auch die Finanzsystementwicklung.

Natürlich sind dies nur kleine Ausschnitte dieses ganzheitlichen Themenfeldes, die durch Fragen der Rohstoffgewinnung, der Abfallwirtschaft, der Fischerei und vieler weiterer geographierelevanter Bereiche ergänzt werden.

Neben den staatlichen Einrichtungen der Entwicklungszusammenarbeit bestehen zahlreiche NGOs (Non-Governmental Organizations), also Nichtregierungsorganisationen, die sich aus gesellschaftlichem Engagement speisen und ebenfalls Projekte der Bereiche Wirtschaft, Soziales, Menschenrechte, Bildung, Umwelt und anderen Themenkreisen initiieren und vorantreiben. Sie arbeiten nicht profitorientiert und sind meist in der Form von Vereinen, Stiftungen oder gemeinnützigen Gesellschaften organisiert. Finanziert werden diese Einrichtungen durch Spendengelder, den Erlös aus Verkäufen oder auch durch Fördermittel.

Die Nichtregierungsorganisationen versuchen einerseits die Öffentlichkeit zu informieren, andererseits auch durch Kampagnen auf sich und drängende Probleme aufmerksam zu machen. Dabei können sie im Inland, aber auch international tätig sein. Zentrale Themen sind ähnlich wie bei der staatlichen Entwicklungszusammenarbeit die Unterstützung benachteiligter Bevölkerungsgruppen, die Armutsbekämpfung, politische Bildung, Menschenrechte und

Demokratie, aber auch Chancengleichheit, die Prävention von Krankheiten und die dafür notwendige Aufklärung sowie Hilfe für Menschen in Krisenregionen und Geflüchtete. Zahlreiche Nichtregierungsorganisationen setzen sich zudem im Rahmen des Natur- und Umweltschutzes für den Erhalt der biologischen Vielfalt ein und engagieren sich, um dem Klimawandel entgegenzuwirken. Der Schutz des Regenwaldes, der Einsatz für einen ressourcenschonenden Umgang mit Flächen, Gewässern und die Luftreinhaltung, die Vermeidung von Pestiziden in der Landwirtschaft, aber auch Nachhaltigkeit in der Fischerei sind wichtige Anliegen. Der Tier- und Artenschutz spielt neben dem Umweltbereich sowohl hierzulande als auch international ebenfalls eine entscheidende Rolle. Selbstverständlich ist dies nur ein kleiner Überblick über die Arbeitsfelder der Nichtregierungsorganisationen.

Arbeitsprofile für Geographinnen und Geographen sind neben Forschungs- und Recherchetätigkeiten intensive Presse- und Öffentlichkeitsarbeit, die Organisation von Veranstaltungen, Ausstellungen und Vorträgen, die Gestaltung von Informationsmaterialien sowie die Social-Media-Arbeit. Administrative Tätigkeiten im Rahmen der Finanzierung und Verwaltung spielen ebenso eine Rolle wie die sehr relevante Arbeit in Netzwerken, um im politischen Umfeld, aber auch in den jeweiligen wirtschaftlichen, gesellschaftlichen, sozialen oder anderen Handlungsfeldern Resonanz zu erwirken. Voraussetzung für eine erfüllte Laufbahn in diesem Arbeitsfeld ist sicher eine feste Überzeugung, sich für eine gute Sache einsetzen zu wollen.

3.19   Nachhaltigkeit, Corporate Social Responsibility

Das Thema Nachhaltigkeit findet sich heutzutage in vielen Unternehmensphilosophien und auch Stellenanzeigen. Als gängiger Überbegriff hat sich Corporate Social Responsibility eingespielt, also gesellschaftliche Verantwortung, die das Unternehmen übernimmt. Hierunter sind Umwelt- und Klimaschutzthemen genauso zu verstehen wie Standards zum Schutz der Mitarbeitenden bei Arbeitssicherheit oder Gesundheitsschutz oder andere betriebliche Themen.

Im Sinne eines Sustainable Supply Chain Managements versuchen Unternehmen, ihre Wertschöpfungs- und Lieferketten verantwortungsbewusster und nachhaltiger zu organisieren und dies transparent zu machen.

Schauen wir auf konkrete Tätigkeiten in diesen Arbeitsfeldern. Nachhaltigkeit kann bedeuten, auf bestimmte Bestandteile und Chemikalien im Produktionsprozess oder in den Produkten zu verzichten. Dabei spielen mögliche Gesundheitsrisiken eine Rolle, aber auch die Abbaubarkeit von Inhaltsstoffen in der Natur.

Eine möglichst hohe Quote recycelter Kunststoffe ist ebenso ein Aspekt der Nachhaltigkeitsaktivitäten in der Industrie wie die Verwendung von neuen alternativen Materialien oder die Verarbeitung von wiederverwertbaren Kunststoffen. Rücknahmesysteme oder Pfandlösungen sind uns allen aus vielen Bereichen des täglichen Lebens vertraut.

Im Bereich der Rohstoffbeschaffung spielt nachhaltiges Wirtschaften und Handeln in Zeiten des Klimawandels ebenfalls eine immer wichtigere Rolle. Entsprechende Labels oder Zertifizierungen sind uns bei einigen landwirtschaftlichen Produkten wie Kaffee, Schokolade oder anderen bereits bekannt. Aber die Wirkzusammenhänge von Ressourcenverfügbarkeit, deren Nutzung und dem Verbraucherverhalten sind unglaublich vielfältig und die Grundlage der zukünftigen Arbeit von ganzheitlich wirtschaftenden Gesellschaften: Es geht um den Flächenverbrauch durch die Landwirtschaft aufgrund des Konsumverhaltens, Waldrodungen, Umgang mit der Ressource Wasser, Desertifikation, den Energieverbrauch und den Anstieg der Treibhausemissionen, die Verschmutzung der Weltmeere oder auch die Bedrohung der Artenvielfalt in Flora und Fauna.

So vielfältig wie die Herausforderungen sind die Lösungsansätze in den unterschiedlichen Branchen und Wirtschaftsbereichen: Reduktion des Einsatzes von Düngemitteln und Pestiziden, regionalere und bewusstere Landwirtschaft, Umstellung auf energiesparende Produktionsverfahren oder Heiztechniken sowie auf erneuerbare Energien, Senkung des Wasserverbrauchs in Produktionskreisläufen und vielen Lebensbereichen, Vermeidung von Verpackungen und Steigerung der Recyclingquote oder die Optimierung von Logistikprozessen und Transportwegen.

Nachhaltigkeitsmanagerinnen und -manager befassen sich neben Fragen des ökologischen Anbaus und ressourcenschonender Verfahren bei der Herstellung aber auch mit vielen anderen Fragen. Welche gesetzlichen Arbeitszeit- und Mitbestimmungsregelungen für Arbeitnehmerinnen und Arbeitnehmer gelten vor Ort, und hält der Zulieferbetrieb diese ein? Werden Gesundheitsschutz und Arbeitssicherheit im jeweiligen Betrieb beachtet? Ist sichergestellt, dass keine Kinderarbeit stattfindet? Sind soziale Sicherungssysteme vorhanden? Werden Tierwohlstandards eingehalten? Für diese und viele weitere Bereiche werden je nach Branche Standards definiert, die als Anforderungen an die Zulieferbetriebe gestellt werden. Auf diese Weise sollen Sustainable Supply Chains, also nachhaltige Lieferketten, etabliert und überprüfbar werden.

Dafür braucht es zahlreiche Expertinnen und Experten, die Beschaffungs- und Produktionsprozesse analysieren und Handlungsfelder identifizieren. Zusätzlich gibt es weltweite Abkommen und Bündnisse sowie die Möglichkeit einer regen Zusammenarbeit mit Regierungen, Institutionen und NGOs.

Größere Unternehmen veröffentlichen meist jährlich entsprechende Strategien und Nachhaltigkeitsberichte. In diesen wird zusammengefasst und dargestellt, welche Rolle das Thema Nachhaltigkeit im jeweiligen Unternehmen spielt und welche Handlungsfelder bearbeitet werden. Ergebnisse aus Audits sowie konkrete Projekte aus dem wirtschaftlichen, sozialen und ökologischen Themenkreis werden vorgestellt und so Mitarbeitern, Aktionären und Verbrauchern zur Verfügung gestellt. Die Nachhaltigkeitsaktivitäten und deren Kommunikation tragen somit zu einer langfristig erfolgreichen Aufstellung des Unternehmens am Markt entscheidend bei.

Es ist davon auszugehen, dass allein schon aufgrund der vielen Fragen, die mit dem Klimawandel in Verbindung stehen und der globalen gesellschaftlichen Herausforderungen das Sustainability Management weiter an Bedeutung zunehmen wird.

Ferdinand fühlt sich von diesem Geschäftsfeld aufgrund dieser hohen gesellschaftlichen Relevanz inspiriert und fragt sich, warum gerade er als angehender Geograph geeignet sein könnte? Beim Nachdenken fällt ihm seine ganzheitliche und raumbezogene Denk- und Arbeitsweise ein. Er ist es gewohnt, gesellschaftliche oder umweltbezogene Herausforderungen im Kontext zu betrachten und hat sich im Studium bereits mit einigen davon befasst. Prozesshaftes Denken ist ihm vertraut, und er weiß, dass Informationslagen dieser Art kritisch hinterfragt werden müssen. Globalisierungsfragen interessieren ihn, und er kann sich gut vorstellen, seinen Beitrag zu einem nachhaltigeren Wirtschaften nicht nur als Verbraucher, sondern vielleicht in der Nachhaltigkeitsabteilung oder der Öffentlichkeitsarbeit eines Unternehmens optimal leisten zu können. Im nächsten Schritt recherchiert Ferdinand los und findet unproblematisch Nachhaltigkeitsberichte von Unternehmen in allen für ihn besonders interessanten Branchen (Abb. 3.5).

3.20 Hochschule und Forschung

Selbstverständlich ist nach einem geographischen Studiengang auch eine Laufbahn an der Universität oder an einer außeruniversitären Forschungseinrichtung möglich.

Grundsätzlich besteht die Möglichkeit der Promotion sowie der Habilitation und somit der klassische Weg zu einem Lehrstuhl. Neben Forschungsaufgaben, Veröffentlichungen, Lehre, Kooperationen mit anderen Universitäten, der Akquisition von Fördermitteln oder auch der Organisation und Verwaltung des Lehrstuhls gilt es, den Anwendungsbezug der Geographie in der Ausbildung zu stärken und die Zukunft des Geographiestudiums mitzugestalten.

Aber auch viele weitere Berufe sind im universitären Kontext denkbar. An vielen Universitäten wurden Stellen im Bereich der Studiengangskoordination geschaffen, die als zentrale Anlaufstelle für einerseits Studierende und Interessierte, andererseits für die Fachvertretungen und natürlich die Verwaltung an der Universität dienen. Sie sind mit Aufgaben der Studiengangskonzeption, mit der Koordination der Lehrangebote innerhalb des Studiengangs, aber auch mit den Nebenfächern, mit Zulassungs- und Prüfungsmodalitäten, Studienfachberatung und Marketing und Öffentlichkeitsarbeit betraut.

Zudem stehen weitere Wege einer Laufbahn an der Universität offen: Überfachliche Einrichtung wie Career Services beraten und begleiten Studierende durch Angebote der Unterstützung im Bewerbungsprozess auf ihrem Weg von der Universität in den Beruf. Sie organisieren Kompetenzseminare und Trainings zu Rhetorik, Projektmanagement, Vorstellungsgesprächen und anderen Themenfeldern und schaffen Kontaktmöglichkeiten zwischen Studierenden und Unternehmen.

An Graduiertenschulen oder -akademien der Universitäten werden entsprechende Angebote für Promovierende konzipiert und bereitgestellt. So können diese sich weitere überfachliche Schlüsselqualifikationen wie Kommunikations- und Führungs-Know-how für den Berufseinstieg aneignen und von der Netzwerkarbeit dieser Einrichtungen profitieren.

Abb. 3.5 Ferdinand als Nachhaltigkeitsexperte

Auch die außeruniversitären Forschungseinrichtungen und Institute sind potenzielle Arbeitgeber für Geographinnen und Geographen. Die möglichen Arbeitsthemen sind dabei so vielfältig wie die Geographie selbst. Von der Polar- und Meeresforschung über die Küsten- zur Umweltforschung, von der Klimafolgenforschung zu humangeographischen Forschungsfeldern wie der Verkehrsforschung, der Demographieforschung, der Energie-und Ressourcenforschung bis hin zur fachübergreifenden Raumforschung, zu der auch die ökologische Raumentwicklung und die Stadt- und Regionalforschung zählen.

Da dem Autor neben einem chancenorientierten Blick eine realitätsbezogene Analyse der möglichen beruflichen Optionen wichtig ist, sei hier darauf hingewiesen, dass Stellen im Forschungsfeld, also sowohl an Universitäten als auch an anderen Bildungs- und Forschungseinrichtungen, oft zeitlich befristet sind und nicht immer eine langfristige Laufbahnplanung erlauben. So ist bei einem Wunsch nach einer akademischen Laufbahn sicher von Bedeutung, frühzeitig das Gespräch zu Dozierenden und Professorinnen und Professoren zu suchen, um deren biographische Erfahrungen und Einschätzungen in den Entscheidungsprozess mit einfließen zu lassen. Dazu kann zum Beispiel gehören, neben dem Verfolgen einer akademischen Laufbahn auch an einer gleichwertigen alternativen Strategie zu arbeiten.

3.21 Beratung

Zu fast allen der bislang betrachteten Arbeitsfelder gibt es Beratungsunternehmen, die Auftraggeber in Arbeitsbereichen unterstützen, in denen diesen selbst die Expertise fehlt oder die einzelne Aufgaben aus anderen Gründen extern vergeben möchten. Dabei können die Auftraggeber aus der öffentlichen Verwaltung sein, wie zum Beispiel Kommunen, Landkreise oder Ministerien oder aber aus der Privatwirtschaft, wie Einzelhandelsunternehmen, Verkehrsträger oder Energieunternehmen.

Der Bogen der beratenden Akteure lässt sich von Planungs- und Gutachterbüros über Kommunalberatungen bis hin zu Markt- und Standortforschungsanbietern, Immobilien-Researchern oder Nachhaltigkeitsberatungen spannen. In der Stadt- und Regionalberatung kann beispielsweise eine Kommune ein Beratungsunternehmen mit der Erstellung eines Einzelhandelskonzepts beauftragen, um die Stadt als attraktiven Einkaufsort erhalten, gestalten und fortentwickeln zu können.

Eine externe Vergabe einer solchen Konzepterstellung oder anderer Beratungsaufträge hat im Idealfall viele Vorteile: Das beratende Unternehmen hat den großen Vorteil, dass es „das Rad nicht neu erfinden muss", sondern im Regelfall auf einen großen Erfahrungsschatz an Referenzprojekten blicken kann und dazu auf der Zeitachse auch Resonanzen bisheriger Projekte und deren Umsetzung evaluieren kann, die in neue Beratungsaufträge dann gewinnbringend mit einfließen können. Wo sind die typischen Herausforderungen bei einer solchen Aufgabe? Wen muss ich möglichst frühzeitig beteiligen? Welche Anfängerfehler gilt es zu vermeiden? Welche Vorschläge haben sich in Kommunen mit ähnlicher

Ausgangslage bewährt? Wie sehen die rechtlichen Rahmenbedingungen aus? Was sind die Multiplikatoren für innovative Ideen in der Stadtverwaltung? Wie gestalte ich die Presse- und Öffentlichkeitsarbeit? Was kosten attraktive Stadtmöblierungen? Mit welchem zeitlichen Rahmen muss ich für die Umsetzung entsprechender Maßnahmen planen?

Beratung bedeutet in einem Satz ausgedrückt und vereinfacht die Betrachtung eines suboptimalen Ist-Zustandes, mit dem die Kundschaft unzufrieden ist sowie die Definition eines optimaleren Soll-Zustandes, der dem Kundenunternehmen ein leichteres, effizienteres, gewinnbringenderes, zukunftsfähigeres oder angenehmeres Arbeiten ermöglicht. Zusätzlich können dann natürlich ganz konkrete Maßnahmenbündel und Konzepte zur Umsetzung erstellt werden, die das Beratungsunternehmen auf Wunsch erarbeiten kann. Weiterhin ist natürlich die Begleitung bei der Umsetzung beauftragbar, das heißt, die Beratungsleistung schließt Workshops, Umfragen, Marketingmaßnahmen oder Öffentlichkeitsarbeit für den Arbeitgeber mit ein.

Beratungstätigkeiten sind in geographieaffinen Berufsfeldern natürlich sehr reizvoll, aber in der Geographie ferner liegenden Berufen nicht minder spannend. So lohnt der Blick auch zu den großen Beratungsunternehmen, die bei Prozessoptimierungen, Marktforschung, Datenarchitekturen oder Kundenzufriedenheitsthemen und in vielen weiteren Feldern des Managements und der Unternehmensführung beraten. Gerade für beratende Tätigkeit wird oft fachunabhängig rekrutiert. Was bedeutet das genau? Erinnern wir uns noch mal an die Brücke in Venedig von Kap. 2.3: Der Arbeitgeber fokussiert sich in der Personalauswahl nicht selten auf die Kompetenzen auf der sogenannten Metaebene, also den Bereich der abstrakten und vielseitig anwendbaren Skills oben auf der Brücke.

Im Beratungsbereich ist die Fähigkeit wichtig, sich schnell in neue Informationslagen einarbeiten zu können. Es gilt, projektbezogen denken und handeln zu können und ein hohes Maß an Flexibilität, sowohl inhaltlich, zeitlich als auch räumlich, also Reisebereitschaft, mitzubringen. Consultants sollten kreativ sein, das heißt Herausforderungen aus verschiedenen Blickwinkeln betrachten können, um zu tragfähigen Lösungen zu kommen. Sie sollten kommunikationsstark und kontaktfreudig sein, weil eine aktive und vertrauensvolle Kundenbeziehung in Beratungsprojekten essenziell ist. Sie sollten analytisch denken können und Daten erheben, auswerten und interpretieren können. Und sie sollten neugierig sein, unternehmerisch denken und Durchhaltevermögen an den Tag legen.

Ferdinand geht ein Licht auf. Diese Eignungsvoraussetzungen kann man natürlich nicht nur im Geographiestudium vertiefen und trainieren, sondern auch in einem Medizin-, Mathematik-, Anglistik- oder Geschichtsstudium und vielen weiteren Studiengängen. Er erinnert sich noch mal an die beiden anderen Recruitingmodelle und versteht umso besser, wie wichtig es ist zu analysieren, welche Kompetenzen im Einstellungsprozess für den zukünftigen Arbeitgeber besonders relevant sind. Dies können neben den fachlichen Aspekten natürlich und in besonderer Weise auch praktische, also angewandte und persönliche Eignungsparameter sein! Entscheidend für den beruflichen Erfolg sind neben der Wahl des Studiums also in nicht zu unterschätzendem Maße auch der eigene Enthusiasmus, Talente und Eigeninitiative!

3.22   Verlage und Zeitschriften, Wissenschaftsjournalismus

Ein weiterer klassischer Berufsweg, der Studierenden nach dem Geographiestudium offensteht, ist die Arbeit in einem Verlag oder auch einem anderen
Medienberuf. Spezielle Schulbuchverlage oder die Verlagsbranche generell, geographische Zeitschriften oder auch internationale Journals sind dabei mögliche
Arbeitgeber. Aber auch die Erstellung von fachlichen Radiobeiträgen aus dem
wissenschaftlichen Spektrum oder die konzeptionelle oder redaktionelle Tätigkeit im Bereich einer Fernsehproduktion erfordern je nach Dokumentation oder
Themenfeld einen ausgewiesenen fachlichen Hintergrund. So ist dieser auch für
eine angestrebte Ressortleitung wichtige Voraussetzung.

Dabei ist die Verlagsbranche, und dies trifft natürlich auch auf die anderen
Medien zu, in ganz unterschiedliche Aufgabenfelder gegliedert. Angefangen
von Marktforschung und Wettbewerbsrecherche sind die Programmplanung und
die Kontaktaufnahme mit möglichen Autorinnen und Autoren übliche Tätigkeiten. Fragen wie: Welche Lücken weist die Literaturlage noch auf? Was sind
neue, spannende Themen, die eine Nachfrage auslösen könnten? stehen hier im
Mittelpunkt. Die Sichtung und Prüfung eingesandter Manuskripte oder Ideen
im Hinblick auf deren Verwendbarkeit sind ebenso wichtige Arbeitsfelder wie
das Projektmanagement, also das professionelle Begleiten des Schreibprozesses
während der Bucherstellung. Im Lektorat oder Editing werden Manuskripte dann
in vielerlei Hinsicht überprüft, bevor sie in Satz und Druck, also in die Produktion
gehen. In diesem gesamten Prozess spielen viele weitere Fragen eine Rolle, wie
zum Beispiel Bildrechte, aber auch die Vermarktung, also die Werbung für neue
Publikationen in Verlagsprogrammen, auf Messen oder in Lesungen sowie die
Distribution der Veröffentlichungen über verschiedene Vertriebskanäle. Je nach
Art der Publikation kann auch die kartographische Arbeit und Visualisierung
von räumlichen Sachverhalten und Entwicklungen beispielsweise in Form von
thematischen Karten ein wichtiger Bestandteil der Arbeit sein.

Hier besteht die Möglichkeit zur Mitarbeit in großen oder kleineren Verlagen,
aber auch in Agenturen oder Projektmanagement- sowie Produktionsfirmen. Auch
sind viele Akteure in diesem Arbeitsfeld als Freelancer tätig.

Ähnlich sieht das Arbeitsprofil in Zeitschriftenverlagen oder auch in Tageszeitungen aus. Hierbei kann der berufliche Weg in den Wissenschaftsjournalismus
ein unterschiedlicher sein. Über einen Einstieg auch bei einer Lokalzeitung
können Zwischenstationen die Mitarbeit an wissenschaftlichen Themenbei-
lagen sein oder die Konzeption von Fachartikeln zu aktuellen gesellschaftlichen,
ökologischen oder weiteren Themen. Die Tätigkeit in anerkannten naturwissenschaftlichen Journalen oder die freie Mitarbeit für diese bietet die Chance, sich
mit äußerst aktuellen Fragestellungen des Klimawandels, der Globalisierung, der
Landwirtschafts- und Ernährungslage, der Entwicklungszusammenarbeit oder
mit Nachhaltigkeitsfragen zu befassen. Im humangeographischen Kontext sind
dies beispielsweise Fragen der Stadtgeographie wie die Herausforderungen am
Immobilienmarkt, Migrationsfragen, politisch-geographische Fragestellungen oder
auch die Mobilität der Zukunft und die Energiewende.

Hierbei zeigen Beispiele aus der Praxis, dass der Weg in den Wissenschafts-journalismus, aber auch in die Medienbranche allgemein, mit oder ohne Promotion möglich ist. Entscheidend für den Erfolg ist wie in den meisten Berufs-feldern vielmehr die eigene Überzeugung vom richtigen Ziel und ein leidenschaft-licher Einsatz für die Themen, die einem am Herzen liegen.

Recherchefähigkeit, sehr gute englische Sprachkenntnisse und eine Kontakt-freudigkeit, die im wissenschaftlichen Networking essenziell ist, sind ebenso wichtig wie die Neugier für aktuelle Themen und globale Herausforderungen. Dabei steht im Vordergrund, neue wissenschaftliche Erkenntnisse und Dis-kussionen für eine breitere Zielgruppe, die Öffentlichkeit, zu recherchieren, aufzu-bereiten und in spannender, aber verständlicher Art in den Kontext zu setzen und zugänglich zu machen.

3.23 Kammern und Verbände, Politik

Um die Berufsfelderkundung abzuschließen, die natürlich nie alle Berufswege beschreiben kann, weil es schlicht eine so große Auswahl an möglichen beruf-lichen Tätigkeiten gibt, wollen wir noch auf ein weiteres Feld schauen, in dem ebenfalls und mit Tradition viele Geographinnen und Geographen beschäftigt sind.

Kammern, Wirtschafts- und Interessenverbände arbeiten nicht selten auch an raumbezogenen Fragestellungen, denken wir an Infrastrukturprojekte, Handels- oder Standortfragen oder Immobilienthemen. Ideales Beispiel ist das geographische Tätigkeitsfeld in einer Industrie- und Handelskammer. Diese Körperschaften des öffentlichen Rechts fungieren als Interessenvertretungen aller gewerbetreibenden Unternehmen und befassen sich somit mit ganz unter-schiedlichen Themen, die für Unternehmen relevant sind. Geographinnen und Geographen finden sich hier besonders im Bereich der Standortpolitik, die sich aus verschiedenen Fachabteilungen zusammensetzt: Wirtschaftsförderung und Existenzgründungsberatung, Verkehr, Tourismus und Einzelhandel sind dabei zentrale Arbeitsfelder, aber auch Nachhaltigkeit, Raumordnung, Stadt-entwicklung, Umweltschutz oder der Fachkräftemangel sind Themenfelder, in denen die IHK ihren Mitgliedsunternehmen mit Informationen, Veranstaltungen oder anderweitig beratend zur Seite steht. Dabei vertreten die Industrie- und Handelskammern die Interessen der darin organisierten Unternehmen. Geo-graphische Laufbahnen starten oft in einem der raumbezogenen Themenbereiche und führen dann zu Abteilungsleitungen, Regionalgeschäftsführungen oder anderen Führungspositionen. Wer dabei ins Ausland möchte, kann sich bei den Außenhandelskammern der Vertretung von wirtschaftlichen Interessen auf inter-nationaler Ebene widmen. Meist in der Hauptstadt oder in weiteren Metropolen des jeweiligen Landes angesiedelt, unterstützen Sie die Kontaktaufnahme, Zusammenarbeit und den Austausch zwischen Unternehmen der unterschiedlichen Länder. Entsprechende Kammerstrukturen finden sich selbstverständlich auch in der Schweiz, Österreich und vielen weiteren Ländern.

Abb. 3.6 Ferdinand am Startblock

Die Interessen des Handwerks werden von den Handwerkskammern wahrgenommen, auch diese befassen sich mit Raumordnungsfragen, Standort- und Verkehrspolitik oder anderen politischen Fragen von der europäischen Ebene bis zur Kommunalpolitik. Aber auch viele andere Verbände oder Institutionen sind interessante mögliche Arbeitgeber. Branchenverbände bündeln und vertreten die Interessen eines bestimmten Wirtschaftszweiges wie der Tourismusindustrie, der Immobilienbranche oder des Einzelhandels. Berufsverbände vertreten Interessen der entsprechenden Berufsgruppen, und auch in vielen anderen, gesellschaftlich relevanten Bereichen finden sich Interessenverbände wie Automobilclubs, Umweltverbände, Verbraucherschutzinitiativen oder weitere.

Schließlich sei der Bogen zur Politik gespannt, in der es nachweislich auf die Fähigkeit ankommt, überfachlich zu denken und zu handeln und Fäden zusammenzuführen. Vom Auswärtigen Amt oder den Landesvertretungen in Brüssel zum Bundestag, vom Landtag zur Arbeit als Landrätin oder Bürgermeister qualifiziert einen das Geographiestudium sicherlich für derlei Tätigkeiten. Wer sich für solch spannende Aufgaben interessiert, wird beim Blick beispielsweise in Abgeordnetenprofile feststellen, dass solche beruflichen Laufbahnen nicht durch Wahl eines ganz bestimmten Studienfaches vorgezeichnet werden, sondern durch überfachliche Kompetenzen und den Blick für Zusammenhänge und Herausforderungen in der Gesellschaft.

Ferdinand ist überrascht, um es vorsichtig auszudrücken, von der Vielfalt an geographischen Berufsfeldern. Bei aller Vorfreude auf einige Arbeitsfelder, die es ihm besonders angetan haben, treibt ihn doch die Frage um, wie er sich in diesen Feldern selbstbewusst aufstellen soll und potenzielle Arbeitgeber davon überzeugen kann, dass er genau der Richtige für den Job ist. Er grübelt nicht lange, sondern schaut ins Inhaltsverzeichnis und ist beruhigt, dass er nur weiterlesen und üben muss, um sich für diesen Weg fit zu machen! (Abb. 3.6).

Orientierungshilfe: Wie finde ich heraus, was zu mir passt?

4

Aufgrund der vielfältigen Möglichkeiten einerseits im Studium, andererseits bei der beruflichen Orientierung stehen Geographiestudierende oder auch Berufseinsteigerinnen und Berufseinsteiger oft vor der Herausforderung, sich irgendwie in eine gewünschte Richtung vorzutasten. Da wirkliche berufliche Erfahrungen aus mehrjährigen Tätigkeiten in geographischen Berufsfeldern meist noch fehlen, gilt es, sich neben der vorangegangenen Berufsfelderkundung auch über eigene Präferenzen, Stärken und Schwächen klar zu werden und diese im beruflichen Kontext zu reflektieren.

In meiner Arbeit mit Geographiestudierenden setze ich sehr gerne folgende Reflexionsübung ein, die hilfreich ist, um auf dem individuellen Orientierungsweg hin zu einer beruflichen Laufbahn einen entscheidenden Schritt weiterzukommen. Dabei war mir bei der Konzeption der Übung wichtig, dass sie die individuellen Unterschiede der Bewerberinnen und Bewerber berücksichtigt und diese realitätsbezogen, im Kontext eigener biographischer Erfahrungen abbilden kann. Wie so oft im Leben liegt der Charme dieser Aufgabe in ihrer Einfachheit:

Ferdinand nimmt sich ein Blatt Papier und legt dieses quer vor sich auf seinen Schreibtisch. Er zeichnet in der Mitte von oben nach unten eine Linie darauf, so dass links und rechts eine etwa gleich große Spalte entsteht. Diese beiden Spalten versieht er mit Überschriften. Links schreibt er darüber: „Das hat mir gut gefallen", die rechte Spalte überschreibt er mit: „Darauf kann ich gut verzichten". Oben darüber notiert er als Übungstitel: „Was passt zu mir?"

In dieser Differenzierung auf seinem Blatt betrachtet Ferdinand ganz genau seine bisherigen praktischen Erfahrungen. Dazu zählen nicht nur sein Praktikum und seine Werkstudententätigkeit, sondern auch ein Ferienjob, den er vor Jahren als Schüler gemacht hat. Aber auch seine Tätigkeit als Trainer im Sportverein (Abb. 4.1) wertet er aus und denkt an die ein oder andere Gruppenarbeit und Lehrveranstaltung an der Universität.

Dabei fällt ihm auf, dass ihm im Praktikum im Ingenieurbüro gut gefallen hat, dass er ab und zu bei Kundenterminen dabei sein konnte. Die unkomplizierte

© Der/die Autor(en), exklusiv lizenziert durch Springer-Verlag GmbH, DE, ein Teil von Springer Nature 2021
W. Leybold, *Berufseinstieg Geographie*, https://doi.org/10.1007/978-3-662-63491-2_4

Abb. 4.1 Ferdinand beim Fußball

Zusammenarbeit, die dort aufgrund der flachen Hierarchien herrschte, hat ihm ebenfalls zugesagt. Darüber hinaus hat ihm die Vielfalt der Aufgaben sehr gefallen, von Messungen im Freiland bis hin zum Mitverfassen eines Gutachtens war aus seiner Sicht alles dabei. Nicht gefallen hat ihm jedoch, dass seine Ideen zu wenig Berücksichtigung fanden und dass er von seinem direkten Vorgesetzten wenig Rückmeldung zu seiner Arbeitsweise erhalten hat.

Bei der Reflexion seiner Werkstudententätigkeit im Planungsbüro hat Ferdinand die Teamarbeit mit den anderen Mitarbeitenden gut gefallen, weil diese aus ganz unterschiedlichen Fachrichtungen stammten und dies die Arbeit spannender machte, da er auch aus der biologischen, landschaftsplanerischen, umweltwissenschaftlichen und rechtlichen Brille auf räumliche Sachverhalte blicken und diese neu verstehen konnte. Dort hätte er sich jedoch mehr Einblicke in verschiedene Projekte gewünscht, war aber im Großen und Ganzen sehr zufrieden.

In seinem Ferienjob im Service eines Restaurants hat er auf der „Habenseite" notiert, dass er unglaublich gerne mit den Gästen in Kontakt war, diese beraten hat und es ihm leicht gefallen ist, auf deren Wünsche und Bedürfnisse einzugehen. Auch wenn der Laden brechend voll und kein Platz mehr frei war, blieb Ferdinand locker und lief geradezu zur Höchstform auf. Es machte ihm Spaß, kundenorientiert aufzutreten und sich als Mitunternehmer zu sehen, der nicht nur über das Trinkgeld der Gäste, sondern auch durch das Lob der Chefin immer wieder Bestärkung und Anerkennung für sein kundenorientiertes und dynamisches Wesen erhielt. An dieser Arbeit störten ihn jedoch die Arbeitszeiten, dauerhaft ist es für ihn keine Option, am Wochenende und abends zu arbeiten.

Beim Nachdenken über seine Tätigkeit als Trainer der Fußballmannschaft im örtlichen Club fällt ihm auf, dass er gerne Verantwortung übernimmt. Andere mitzunehmen, einen Teamgeist zu entwickeln und Leuten Tipps für Verbesserungen zu geben, das gelänge ihm gut, sagen viele seiner Kameraden. Seit er die Trainings leitet, sind vier neue Leute zur Mannschaft dazugekommen, und sie konnte in der Regionaltabelle erfreulicherweise aufsteigen. Auch wenn ihn die organisatorische Arbeit manchmal etwas nervt, fühlt er sich dort sehr in seinem Element und möchte dieses Engagement unbedingt nach der Uni weiterführen.

Wenn Ferdinand über seine Vorlesungen und Seminare an der Universität nachdenkt, fallen ihm große Unterschiede ein. Sehr gerne geht er zu Veranstaltungen, die ihn wirklich interessieren und spannend sind. Er fragt sich, womit das zu tun haben könnte, und es fällt ihm dabei auf, dass es besonders die Seminare und Workshops sind, die in Kleingruppen stattfinden, wo Dozierende sehr angewandt und frei präsentieren und die Studierenden zur Mitarbeit einladen und ermuntern. Er merkt, dass die Haltung der Dozierenden ein Stück weit auf ihn abfärbt und er viel mehr Vorfreude auf ein Seminar verspürt, aus dem er inspiriert nach Hause geht, als auf eine Veranstaltung, die den Funken nicht so ganz zum Überspringen bringt. Auch gefällt es ihm unheimlich gut, in Lehrveranstaltungen mitzuarbeiten, Fragen zu stellen und Vorschläge zu machen.

So evaluiert Ferdinand immer weiter die ein oder andere Situation in seinem Leben. Es wird ihm klarer, was für ihn in einer Arbeitsstelle wichtig ist, wobei er sich bisher wohlgefühlt hat und wonach er somit in der Zukunft aktiv suchen sollte.

Wenn Ferdinand nun weiß, was er gerne tut und was nicht, ist es nur noch ein kleiner Schritt, daraus einen eigenen Fragenkatalog für die anstehenden Vorstellungsgespräche zu entwickeln: Dieser soll ihm helfen, vor einer Vertragsunterzeichnung möglichst genau herauszufinden, ob die angebotene Stelle überhaupt dazu geeignet ist, ihm einen Rahmen zu geben, in dem er zufrieden und schwungvoll arbeiten kann.

Er geht seine Übung nochmals durch und notiert sich Fragen zu den Hierarchien beim zukünftigen Arbeitgeber, aber auch zur Feedbackkultur. Er will nach dem Bezug zur Kundschaft fragen und nach möglichen Kundenterminen. Er wird herausfinden, ob es sich um ein heterogenes Team handelt, da ihm das so gut gefallen hat. Andererseits will er bei den Arbeitskonditionen genau hinhören, was die Arbeitszeiten angeht und ob Arbeitseinsätze am Wochenende auch dazu gehören. Er will sich erkundigen, ob mittelfristig auch die Möglichkeit besteht, in der Projektarbeit etwas Verantwortung zu übernehmen und mitzugestalten. Ihm ist klar, dass er noch keine erfahrene Führungskraft ist, aber er sehnt sich doch nach einer gewissen Dynamik und Herausforderung. Und dann denkt Ferdinand noch einmal an seine Dozierenden und nimmt sich vor, seine späteren Führungskräfte und besonders seinen Vorgesetzten im Vorstellungsgespräch möglichst gut kennenzulernen, weil es ihm wichtig ist, mit inspirierenden, mutigen Menschen mit ambitionierten Zielen zusammenzuarbeiten und von diesen lernen zu können. Um hier die richtigen Fragen zu stellen, liest er an späterer Stelle im Abschn. 6.8 noch genauer nach.

Nun ist für ihn schon deutlich klarer, nach welchen Aspekten er in einer zukünftigen Beschäftigung schauen sollte, um eine langfristige Arbeitszufriedenheit erlangen zu können. Ferdinand wird immer zuversichtlicher, weil er versteht, dass es genauso in seiner wie in der Verantwortung des Arbeitgebers liegt, herauszufinden, ob beide Seiten optimal zusammenpassen oder nicht.

Bei der Entscheidung, ob man den Berufseinstieg nach dem Bachelor oder nach dem Master plant oder vielleicht noch eine Promotion anschließt, empfehle ich ebenfalls, zu eruieren, was einem persönlich am besten liegt. Selbstverständlich ist es in vielen Berufsfeldern möglich, nach dem Bachelor direkt einzusteigen. Andererseits sammelt man während der Zeit des Masters weitere wichtige Erfahrungen in verschiedenen Aspekten und fokussiert sich auf einen spezielleren Fachbereich. Während einer Promotionserstellung trainiert man natürlich noch viel intensiver sehr selbstständiges Arbeiten, Koordinations- und Kooperationsfähigkeit, wissenschaftliche Denk- und Arbeitsweise, Ausdrucks- und Argumentationsvermögen und viele andere wichtige Stärken.

Aus meiner Sicht ist es jedoch auf jedem Weg entscheidend, dass Sie Initiative zeigen. Und das fällt am leichtesten, wenn man etwas tut, was einem liegt, an dem man authentisches Interesse hat. Somit ist meine Empfehlung, auf seine Interessen und Überzeugungen zu hören und so weit zu studieren oder eine wissenschaftliche Laufbahn zu verfolgen, wie es einem zusagt. Was Sie tun, muss Sie ansprechen und Ihnen Freude machen, dann spricht vieles dafür, dass Sie darin erfolgreich sind. Dies kann eine sehr angewandte Laufbahn nach einem Direkteinstieg nach dem Bachelorabschluss sein, eine sehr selbstständige Tätigkeit nach dem Master oder aber auch ein relativ zügiger Einstieg in eine Führungsposition nach abgeschlossener Promotion. Ich rate immer dazu, sich nicht vorher unnötig festlegen zu lassen. Fundament für beruflichen Erfolg können ganz unterschiedliche Bildungsbiographien sein. Viel wichtiger als eine bestimmte fachliche Ausrichtung ist meines Erachtens, was Sie auf diesem Weg gelernt haben, mit welchen inspirierenden Menschen Sie zusammengearbeitet haben, was Sie antreibt und begeistert und welche Ziele Sie haben.

Übungsbox

- Legen Sie sich ein Blatt an, das Sie mit der Überschrift „Was passt zu mir?" versehen und erstellen Sie durch eine Linie in der Mitte zwei Spalten. Überschreiben Sie die linke mit „Das hat mir gut gefallen" und die rechte mit „Darauf kann ich verzichten".
- Blicken Sie in die Vergangenheit, versetzen sich in die unterschiedlichen Arbeitserfahrungen zurück, die Sie schon durchlaufen haben, und differenzieren und erheben Sie möglichst genau die unterschiedlichen Aspekte der Arbeit. Tragen Sie diese in die jeweils passende Spalte ein, um Ihr Arbeitsverhalten und Ihre Präferenzen so evaluieren und beleuchten zu können.
- Aus dieser Betrachtung Ihrer Erfahrungen und Erlebnisse können Sie nun Fragen ableiten, die Ihnen im Vorstellungsgespräch, aber auch bei der Jobsuche generell, wichtige Orientierung geben können. Wenn Sie herausgefunden haben, was Ihnen Freude macht und wonach Sie suchen, sind Sie auf den beruflichen Matchingprozess gut vorbereitet!

Das Alleinstellungsmerkmal der geographischen Ausbildung

Von Alleinstellungsmerkmal spricht man im Marketing, wenn es darum geht, in welcher Form sich ein Angebot vom Wettbewerb abhebt. Inwieweit ist es einzigartig, was ist daran besonders?

Da wir beim Geographiestudium oft darauf stoßen, dass andere Gesprächsteilnehmende sich noch kein konkretes Bild über Aufbau und Vorzüge desselben gemacht haben, ist es wenig verwunderlich, dass diese Analyse natürlich auch auf die damit verbundenen Lerneffekte und Stärken zutrifft. Wir benötigen also eine viel ausführliche Fokussierung auf die Dinge und Fähigkeiten, die man im Geographiestudium lernt und die später in der Arbeitswelt von großer Bedeutung sind. Somit sollten wir uns mit unseren geographischen Stärken befassen, also der zentralen Frage nachgehen: „Was können Geographinnen und Geographen besonders gut, was zeichnet uns aus?".

Hierbei ist eine Vorüberlegung wichtig: Entscheidend ist der Mensch mit seinem gesamten Wesen, seinen Erfahrungen und Möglichkeiten. Es wäre also falsch, beim Alleinstellungsmerkmal nur auf Eigenschaften zu schauen, die uns Geographinnen und Geographen vom Wettbewerb abheben. Diese sind sicherlich wichtig, aber nicht umfänglich. So wie die vier Räder eines Autos dieses zwar im Regelfall nicht vom Wettbewerber unterscheiden, deren Wichtigkeit für die Funktion aber ja niemand infrage stellen würde. Also werden wir im Folgenden den Blick sehr fokussiert auf Stärken richten, die uns mit der Geographie ganz besonders auszeichnen, aber auch auf solche Eigenschaften sehen, die uns zwar nicht speziell charakterisieren, die wir aber gerade im geographischen Lebenslauf trainiert haben, darin ganz konkret belegen können und die uns im späteren Arbeiten sehr von Nutzen sein können.

Ich freue mich auf die folgenden Unterkapitel. In meinen Workshops entstehen hier Aha-Effekte und viele schöne Überraschungen, weil das Geographiestudium nachweislich unglaublich viele Bezüge zum Denken und Handeln in der Arbeitswelt bietet, die man während des Studiums oft noch gar nicht wahrnimmt. Natürlich war mir schon im Studium klar, dass die Vielseitigkeit ein Vorteil sein könnte,

W. Leybold, *Berufseinstieg Geographie*, https://doi.org/10.1007/978-3-662-63491-2_5

aber Einwände wie: „In der Geographie macht man ja von allem ein bisschen was, aber nichts richtig." fand ich frustrierend und wenig qualifiziert, allerdings fehlte mir die berufliche und rhetorische Erfahrung, diese gekonnt zu widerlegen. In meinen ersten Berufsjahren und später beim Einstieg in die Unternehmensberatung wurde mir nach und nach immer bewusster, welche tollen Stärken ich mir im Geographiestudium erarbeitet hatte, die ich noch gar nicht als solche in Wert gesetzt hatte. Mich selbst begeistert es jedes Mal aufs Neue, wenn ich mit Studierenden an der Identifikation dieser Stärken für den geographischen Berufseinstieg arbeite, weil ich davon überzeugt bin, dass es eine gute Idee ist, diese Schätze frühzeitig zu heben und mit der Perspektive des Arbeitgebers in den Kontext zu setzen. An dieser Stelle sei noch einmal an die Zielgruppenanalyse zu Beginn dieses Buches erinnert, wo wir festgestellt haben, dass es sicherlich eine gute Idee ist, bei einer Kommunikationsstrategie von Anfang an darauf zu achten, dass diese mit der Zielgruppe, also dem Arbeitgeber, resoniert. Eigeninitiative, ganzheitliches Argumentieren aus Studium, Anwendung und Freizeit sowie das Übersetzen der Kompetenzen in die Sprachwelt des Arbeitgebers im Sinne der Brücke in Venedig werden hier relevant sein.

Schließlich werden wir uns bei der Identifikation der geographischen Stärken immer gleich konkrete Beispiele, also Belege, überlegen. Dies trägt einerseits zum Verständnis und der Glaubwürdigkeit bei, andererseits können wir uns hier in der Erhebungsphase bereits an die richtige Kommunikationstechnik mit dem Arbeitgeber gewöhnen: das Argumentieren mit biographiebezogenen Beispielen. Dieses bietet viele Vorteile, auf die wir in den späteren Kapiteln noch zu sprechen kommen. Ein ganz entscheidender Punkt ist jedoch, dass wir somit nachprüfbar und einzigartig geographisch argumentieren und nicht in den Verdacht geraten, Behauptungen aufzustellen, die zwar schön klingen, aber nicht an der Realität geprüft sind. Also legen wir los!

Übungsbox

- Überlegen Sie sich beim Lesen der folgenden Unterkapitel, wo Sie schon mit diesen geographischen Stärken in Berührung gekommen sind. Nehmen Sie sich dafür die nötige Zeit! Bei manchen der Stärken wird Ihnen das vermutlich leichter fallen als bei anderen, das ist ganz normal. Vielleicht sind auch Themen dabei, an die Sie so noch nie gedacht haben. Sehen Sie es als argumentatives Warmlaufen, das wir benötigen, um eine selbstbewusste Kommunikation als Geographin oder Geograph aufzubauen!

5.1 Interdisziplinäres Denken

Schon in meinem Studium wurde oft von der entscheidenden geographischen Stärke gesprochen, interdisziplinär denken zu können. Wenn wir im Sinne der Venedig-Brücke unserer Zielgruppenanalyse auf der studentischen Kommunikationsseite stehen bleiben und zum zukünftigen Arbeitgeber sagen, wir seien interdisziplinär ausgebildet, wird dieser vielleicht unschlüssig schauen und fragen: „Und welche Vorteile bringt Ihnen dies in der Arbeit?"

Somit ist wichtig, dass wir uns eine überzeugende Übersetzung erarbeiten, wir können uns gleich ans Werk machen und diese Fähigkeit auf die Metaebene, die Sprachebene des Arbeitgebers im Recruiting, abstrahieren: Die Vielfalt der Fächer, die man im geographischen Studium belegt, ist nicht nur zahlenmäßig, sondern auch im Hinblick auf die Bandbreite bemerkenswert. So kann man sich mit der Vegetationsgeographie aller Breiten, mit glazialgeomorphologischen Fragestellungen, mit Pflanzenbestimmung, Küstenschutz, Abflussmodellierung von Fließgewässern, landschaftsökologischen und klimarelevanten Zusammenhängen befassen und gleichzeitig wirtschaftsgeographische Aspekte, Infrastruktur-, Mobilitäts- und Energiethemen mit Fragen der Demographie, Urbanisierung oder Raumordnung betrachten. Diese Vielseitigkeit wird ergänzt durch Fächer beispielsweise aus dem wirtschafts-, rechts-, sozial- oder naturwissenschaftlichen Spektrum und kann hier nur als kleiner, exemplarischer Einblick fungieren.

Was bringt uns Geographinnen und Geographen diese beeindruckende Vielfalt? Zunächst ist das Denken in Zusammenhängen sicher eine Allgemeinbildung, die im humboldtschen Sinne erstrebenswert ist, um Sachlagen verstehen und hinterfragen zu können. In Zeiten des Klimawandels, der Globalisierung, der nationalen und internationalen Fragen naturwissenschaftlicher und gesellschaftlicher Art ist es sicher essenziell, das Rüstzeug für ein selbstständiges Interpretieren von Informationen zunächst aus dem öffentlichen Leben mitzubringen. Gerade dieses Betrachten von Zusammenhängen lässt uns die eine oder andere Statistik, Erklärung von politischen Akteuren oder Information kritischer und mündiger hinterfragen.

Ein zweiter und für den Arbeitgeber wichtiger Aspekt der Interdisziplinarität wird klar, wenn wir den Begriff übersetzen. Durch das Kennenlernen verschiedener Richtungen trainieren wir natürlich auch die entscheidende Fähigkeit, Herausforderungen aus verschiedenen Perspektiven zu sehen, also uns in die Bedürfnisse der unterschiedlichen Gruppen hineinzuversetzen. Man spricht hier vom Perspektivwechselvermögen oder der Multiperspektivität. Wenn wir also im Vorstellungsgespräch berichten, dass wir an der Geographie genau diese Interdisziplinarität so schätzen, ist es wichtig und hilfreich, dass wir als Beispiel vielleicht von einem Planungsprozess erzählen, in dem individuelle, raumordnerische, wirtschaftliche, umweltbezogene, soziale, verkehrstechnische und andere Belange unter einen Hut zu bringen sind und wie dies gelingen kann. Wir könnten auch erzählen, was beim Quartiersmanagement alles zusammenspielt, von Fragen der Immobiliensituation, Bildungsinfrastruktur, Nachversorgung, Bürgerbeteiligung, Förderkulisse und vielen anderen Aspekten.

Dieses Perspektivwechselvermögen hilft uns erheblich, problemlösungsorientiert zu denken und zu handeln. Durch das Wechseln in die Perspektive anderer Beteiligter kann man flexibler, kreativer und umsetzungsorientierter vorgehen, als dies nur mit einer sektoralen Perspektive möglich wäre. Wir sind durch eine geographische Ausbildung trainiert, nicht nur im Einzelfall ganzheitlich zu

denken, sondern haben diese überfachliche Perspektive quasi in unser Grund-
konzept des Denkens in Zusammenhängen, Ursache-Wirkungs-Verknüpfungen
und Wechselwirkungen aufgenommen.

Fragt also ein Arbeitgeber frech, was er denn nun genau von dieser Inter-
disziplinarität habe, wenn er Sie einstelle, können Sie aus dem Vollen schöpfen:
Geographinnen und Geographen sind in der Lage, Projekte und Aufgaben im
Kontext anzugehen, Stakeholder und verschiedene Ansprüche von Anfang an mitein-
zubinden und wertschätzend zu berücksichtigen und somit zu ganzheitlich gedachten
Lösungen zu kommen. Wir verfügen über eine Koordinations- und Schnittstellen-
kompetenz, die uns in puncto kreative und empathische Lösungen innerhalb der
Arbeitsgruppe, aber auch in der Koordination mit anderen Teams und natürlich in
der Kundenorientierung auszeichnet. Wir sind es gewohnt, verschiedene Argumente
miteinzubeziehen, um Herausforderungen nachhaltig angehen zu können, so wie
eben auch an den Raum ganz unterschiedliche Bedürfnisse gerichtet sind.

Somit kann es kein Nachteil sein, generalistisch ausgebildet zu sein, wenn
man in der Lage ist, diese Fähigkeit für den Arbeitgeber selbstbewusst zu übersetzen und mit Beispielen zu belegen. Dafür gibt es in der Arbeitswelt viele
Belege: Gerade für anspruchsvolle Beratungstätigkeiten wird fachunabhängig
rekrutiert, man liest also in Stellenanzeigen großer Beratungsunternehmen, dass
Absolvierende aller Fachrichtungen gesucht werden. Warum ist das so? In solchen
Tätigkeiten kommt es darauf an, dass man inhaltlich flexibel ist, also sich schnell
und gerne in Neues einarbeiten kann, was aus Kundensicht relevant ist. Dass man
kommunizieren, präsentieren und zielgruppenspezifisch denken kann. Unternehmerisches Denken, Organisationstalent und eine Trittsicherheit in analytischen
Vorgehensweisen sind ebenfalls wichtig und noch viele Punkte mehr. In dieser
Variante des Rekrutierens sagt der Arbeitgeber: „Diese Metafähigkeiten kann man
in verschiedensten Studienfächern erwerben, wichtig ist nicht so sehr, wo man sie
erworben hat, sondern dass man über sie verfügt!" Erkennen Sie das Geographiestudium mit seinen vielfältigen Verknüpfungen zwischen den einzelnen Wissens-
bereichen und seiner ganzheitlichen Stärke wieder?

Ferdinand ist beruhigt, hört er doch das Argument, er sei ein Generalist, nicht
zum ersten Mal. Er überlegt sich seine Perspektivwechselsituationen aus dem
Studium, und es fallen ihm viele Beispiele ein. Es leuchtet ihm ein, dass dies eine
übergeordnete Fähigkeit im fachlichen, organisatorischen und sozialen Kontext
ist und beschließt, diese auch zu einer entscheidenden Stärke in seiner geographischen Kommunikationsstrategie zu machen!

5.2   Raumbezug

Wenn wir an das Wesen der Geographie denken, ist sie doch gekennzeichnet
vom Raum und den ganz unterschiedlichen Vorgängen, Einflüssen und Wechselwirkungen in demselben. Was bedeutet das für die ganz konkreten Fähigkeiten,
die sich Geographinnen und Geographen daraus abgeleitet für ihre späteren beruflichen Tätigkeiten erwerben?

Wir sind es gewohnt, geographischen Fragestellungen überall und jederzeit zu begegnen, sind sensibilisiert für räumliche Entwicklungen und bleiben dadurch mit dem Fach und aktuellen Fragen leicht verbunden. Beim Einkaufen im Supermarkt fallen uns Aspekte wie Sortimentsbreite und -tiefe, Herkunft und Transportwege von Gütern oder Verpackungstrends auf, beim Weg zur Arbeit sind wir inmitten der Pendlerströme, auf Dienstreisen erleben wir die Mobilität und deren Zukunftsherausforderungen immer neu. In Städten, die wir besuchen, fallen uns stadtgeographische Besonderheiten auf, und städtebauliche Projekte wecken bei uns ganzheitliche Fragen von Stadtökologie, sozialen Aspekten und Nutzungen. Immobilienpreistrends, Handelsveränderungen und deren Folgen für die Innenstädte oder logistische Fragen beim Blick auf unsere Verkehrswege können uns zu weiteren physisch-geographischen Überlegungen bringen, wenn wir die Lastschiffe auf unseren Binnenwasserstraßen sehen und über den Klimawandel nachdenken. Hochwasser- sowie Küstenschutz, anstehende dringend notwendige Veränderungen in der Waldbewirtschaftung, der Landwirtschaft und beim Flächenverbrauch sind für uns an vielen Stellen sichtbar. Globale Ernährungsfragen, Demographie und Umgang mit Ressourcen wie Energie und Wasser wecken bei uns das Denken in raumbezogenen Kategorien, nicht nur, wenn wir an große Staudämme rund um die Welt denken und daran, welche politischen, gesellschaftlichen, ökologischen, landwirtschaftlichen oder ökonomischen Folgen ein nur leichtes Öffnen oder Schließen der Abläufe im Damm hat. Fragen der erneuerbaren Energien am Beispiel von Windparks sind hochkomplex, weil so viele in Konflikt stehende Belange an den Raum gestellt werden, von der logischen Notwendigkeit, sich von fossilen Energieträgern zu lösen, bis hin zum Impuls des Individuums, die gewohnte freie Sicht in die Natur erhalten zu wollen und das Eigenheim vor Wertverlust zu schützen. Von Skigebieten in den Alpen und deren Auswirkungen für die Natur bis zu geopolitischen Fragen rund um den Globus, die uns fast jeden Abend in der aktuellen Nachrichtenlage begegnen, hilft es uns, Vorgänge, Einzelinteressen und Ansprüche im räumlichen Kontext zu sehen und zu hinterfragen.

Diese Kompetenz, Abläufe und Interessenlagen auch in der Dimension Raumbezug zu interpretieren, versetzt uns in die Lage, Ursache-Wirkungs-Zusammenhänge auch in anderen Fragestellungen mehrdimensional zu betrachten, schlicht weil wir diese differenzierte Art der Betrachtung gewöhnt sind und sie regelmäßig trainieren, wenn wir als Geographinnen und Geographen mit offenen Augen durchs Leben gehen und mit einer gewissen Neugier ausgestattet sind. So wird eine Geographin oder ein Geograph auch in einer Tätigkeit im Consulting, im Personalbereich oder in der Politik auf raumbezogene und andere Auswirkungen von Neuerungen, Strategieänderungen oder Innovationen achten und diese reflektieren, um zu nachhaltigen und ausgewogenen Empfehlungen zu kommen.

Wie können wir diese Stärke „raumbezogenes Denken" nun auf den Punkt bringen? Geographinnen und Geographen sind es gewohnt und üben täglich, Informationen nicht nur isoliert zu sehen, sondern quasi automatisch Interdependenzen zu ermitteln und evaluieren, sie denken, erfassen und agieren idealerweise in einem ganzheitlichen Kontext verschiedenster Belange.

5.3   Organisationstalent

Eine berufliche Dimension, die für Arbeitgeber in vielen unterschiedlichen Tätigkeiten als erfolgsrelevant gilt, ist ein hohes Maß an Organisationstalent. Darunter wird die Fähigkeit verstanden, Abläufe, Prioritäten, Ressourcen und Termine so zu organisieren, dass Arbeitsziele effizient und überzeugend erreicht werden können.

Das Geographiestudium bietet viele schöne Anknüpfungspunkte, um mit ganz konkreten biographischen Beispielen zu belegen, dass man gut organisieren kann. Schauen wir uns dies im Detail an. Schon die Vielfalt der Universitäten, die diesen Studiengang anbieten und die Varietät an unterschiedlichen Forschungsrichtungen des Faches machen eine profunde Recherche und Analyse der unterschiedlichen Studienmöglichkeiten vor der Einschreibung notwendig. Diese Selbstorganisation, also Informationssammlung und Entscheidungsfindung, wird im Geographiestudium selbst nicht weniger wichtig, im Gegenteil: Nicht nur die Wahl zwischen einer physisch-geographischen oder einer humangeographischen Ausrichtung, sondern auch vielfältige Vertiefungsrichtungen, Themenschwerpunkte, regionale Forschungsausrichtungen oder Zusatzqualifikationen sind wählbar. Im Masterstudium besteht dann die Möglichkeit, sich in eine ganz spezielle Richtung auszubilden. Diese vielen Wahlmöglichkeiten erfordern eine gute Orientierungsfähigkeit sowie ein überlegtes Treffen von berufsbezogenen Entscheidungen in dieser Welt der Spezialisierungen von Glazialhydrologie bis hin zur Standortforschung. Flankierend zum Hauptfach sind Nebenfächer wählbar, die von der Betriebs- und Volkswirtschaftslehre über Politikwissenschaften und Soziologie, Biologie, Geophysik, Statistik bis hin zu Raumordnung reichen. Auch diese Kombinationsmöglichkeiten unterstreichen den selbst organisierten Charakter des Studienfachs und die somit trainierte Organisationsfähigkeit.

Im Studium selbst ist Organisationstalent bei Exkursionen, Projektstudien, der Abstimmung von Referaten und Gruppenarbeiten und der Jonglage des Stundenplans zwischen den verschiedenen Fächern essenziell. Aber auch die Internationalität des Geographiestudiums und beispielsweise das Integrieren eines Auslandssemesters zeigen diese Fähigkeit. Dass dies gut gelungen ist, kann man mit dem erfolgreichen Studienabschluss, guten Noten oder einer überschaubaren Studiendauer belegen.

Organisationstalent bei Geographiestudierenden findet sich oft auch im Bereich des freiwilligen Engagements für sich und andere. Tätigkeiten in der Fachschaft können das Organisieren von Erstsemesterveranstaltungen, Vorträgen und Workshops umfassen, das Durchführen von Exkursionen und Ausflügen, das Vorbereiten von Festen und anderen sozialen Events. Aber auch ehrenamtliche Tätigkeiten im Bereich des Umweltschutzes oder in sozialen Projekten fördern die Organisationsfähigkeit genauso wie Hobbys in der Musik, im Sport oder anderswo.

Nicht zuletzt übernehmen viele Studierende Eigenverantwortung für die Mitfinanzierung ihres Studiums und arbeiten zusätzlich in geographischen Arbeitsfeldern oder auch in anderen Tätigkeitsbereichen, die ihnen nicht weniger wichtige Fertigkeiten vermitteln, nämlich sich zu engagieren, im Team zu arbeiten, Belastbarkeit zu zeigen, Kommunikationsgeschick zu trainieren, unternehmerisches Denken zu erproben und vieles mehr.

Ferdinand ist erstaunt, an wie viele dieser Punkte er anknüpfen kann (Abb. 5.1). Er versteht vom einen Kapitel zum nächsten immer besser, was es bedeutet, die

Abb. 5.1 Ferdinand als Organisationstalent

geographische Vita chancenorientiert und realitätsbezogen für die Kommunikation mit dem Arbeitgeber in Wert zu setzen. Er hätte nie gedacht, dass sein Ferienjob zeigt, dass er Verantwortung übernimmt, Umgang mit Kunden, Kollegen und Vorgesetzten trainiert, zeitliche Flexibilität und Kontaktfreudigkeit beweist und viele andere für den Arbeitgeber wichtige Dimensionen mehr. Er stellt langsam fest, wie wichtig es ist, einen differenzierten und angewandten Blick auf die eigenen Stärken zu werfen und diese ganz konkret herauszuarbeiten. Besonders fällt ihm auf, dass er, wenn er seine Argumente mit konkreten biographischen Situationen verknüpft, wirklich selbstbewusst auftreten kann. Er ist froh, weil er sich viel zu lang hat irritieren lassen von Leuten, die die beruflichen Perspektiven der Geographie und die beeindruckenden geographischen Stärken vielleicht noch nicht wirklich erkannt haben und somit eher schlechte Laune verbreiten, als zu konstruktiver Arbeit an der eigenen Zukunft inspirieren. Nun ist er fest entschlossen, seine Erfahrungen in eine geographische Strategie zu übersetzen, die keine Fragen mehr offen lässt!

5.4   Verbindung von Natur- und Gesellschaftswissenschaften

Eine weitere große Stärke und auch ein gewisses Alleinstellungsmerkmal der Geographie ist, dass sie sich an der Schnittstelle von Natur- und Gesellschaftswissenschaften befindet und diese in vielerlei Kontext verzahnt. Welche Vorteile ergeben sich daraus aber für Geographinnen und Geographen?

Durch den Aufbau des Studiums sind wir es gewohnt, uns einerseits mit ganz unterschiedlichen naturwissenschaftlichen Fragestellungen zu befassen, wenn wir an die Hydrologie, die Klimatologie, die Vegetationsgeographie, die Geomorphologie und weitere physisch-geographische Disziplinen denken. Andererseits sind Geographinnen und Geographen mit beispielsweise gesellschaftlichen, sozialen und ökonomischen Fragen befasst, in der Wirtschaftsgeographie, der Stadtplanung, der Verkehrsgeographie, der Bevölkerungsgeographie oder anderen Fachbereichen.

Der große Vorteil liegt nun darin, dass wir auf diese Weise nicht nur die Unterschiede in den Denkweisen der beiden Wissenschaften kennengelernt haben, sondern natürlich auch das Arbeiten mit sowohl naturwissenschaftlicher als auch gesellschaftswissenschaftlicher Literatur. Drittens sind uns auf diese Weise natürlich auch typische Arbeitsmethoden dieser beiden Wissenschaftsbereiche bekannt und ergänzen somit unser Portfolio.

Als Beispiel stellen wir uns für die naturwissenschaftliche Arbeit zutreffend ein Laborpraktikum vor, in dem mit chemischen oder physikalischen Methoden und anderen Messungen bestimmte Eigenschaften von Böden, Gesteinen und weiteren Proben analysiert werden. Aber auch präzise Kartierungen entsprechender räumlicher Gegebenheiten und Veränderungen, hydrogeologische Messungen, das

Nehmen von Gesteinsproben im Feld oder die Beobachtung von glazialen Prozessen im Raum zählen zum physisch-geographischen Arbeitsbereich. Klimatologische Messungen, Sedimentuntersuchungen, Erosions- und Desertifikationserhebungen oder Pflanzenbestimmungen, Auswertung von Luft- und Satellitenbildern in unterschiedlichsten Kontexten von Waldbrand bis Vulkanismus können auch nur ansatzweise die Bandbreite der naturwissenschaftlich geprägten geographischen Forschungs- und Aufgabenfelder skizzieren.

In der Anthropo- oder Humangeographie stehen durch verschiedene Geistes- und Sozialwissenschaften zum Teil andere Arbeitsmethoden auf der Agenda, wie zum Beispiel die Methoden der empirischen Sozialforschung. Das Arbeiten mit quantitativen und qualitativen Verfahren spielt in der Geographie auch nach dem Studium eine wichtige Rolle. Befragungen unter Projektbeteiligten, Experteninterviews oder unterschiedlichste partizipative Verfahren in der Bürgerbeteiligung sind nicht nur in Energieprojekten, sondern auch in der Stadtplanung, im Quartiersmanagement, im Tourismus oder im Regionalmanagement wichtige Erhebungsinstrumente. Rechtliche Kenntnisse und Verfahrensweisen zählen ebenfalls in diesen Bereich, denken wir nur an das Raumordnungs-, Umwelt- oder Europarecht. Aber auch Entscheidungs- oder Kreativitätsmethoden, Moderationskompetenz und andere Soft Skills können in diesem Fächerkanon während des Studiums trainiert werden.

Neben der Unterschiedlichkeit der Natur- und Gesellschaftswissenschaften gibt es natürlich auch viele gemeinsame Instrumente und Methoden, die künstlich aufzutrennen wenig sinnvoll erscheint. Statistische Arbeitsweisen, also die Erhebung und Erfassung von Daten, sowie deren Strukturierung und Auswertung zählen hier sicherlich dazu. Auch die entsprechenden Softwareanwendungen und Arbeitsmethoden im Bereich der geographischen Informationssysteme werden natürlich in allen Bereichen der Geographie angewandt.

Wer also die unterschiedlichen natur- und gesellschaftswissenschaftlichen Denk- und Handlungsansätze differenziert betrachtet und sich auch von der englischsprachigen Fachliteratur in entsprechenden geographischen Journals inspirieren lässt, wird sehr schnell erkennen, welche Vorteile diese Trittsicherheit in beiden Wissenschaftsbereichen bietet. Im Sinne des Perspektivwechselvermögens, das aus der Interdisziplinarität entsteht, ergibt sich eine sehr weitgefächerte Analyse- und Interpretationskompetenz, wenn es um räumliche Sachverhalte geht. Dabei wissen Geographinnen und Geographen, welche Erhebungsmethoden zur Verfügung stehen, wie diese eingesetzt werden können und welche Vor- und Nachteile sie haben. Je nach Situation kann die Geographin oder der Geograph aufgrund dieses guten Überblicks möglicherweise notwendige spezifischere Fachexpertise zusätzlich einholen und koordinieren. So kann aus dieser Bandbreite der wissenschaftlichen und methodischen Ausbildung ein nennenswerter Vorteil entstehen und genutzt werden.

5.5 · Schnelles Einarbeiten

Wenn wir in die Arbeitgeberperspektive wechseln und uns die wichtigsten Erfolgsfaktoren für eine sinnvolles und langfristiges Ausfüllen einer Stelle ansehen,
gehört es in der heutigen Zeit sicherlich dazu, über eine schnelle Auffassungsgabe
zu verfügen sowie über die geistige und kognitive Flexibilität, sich in ganz neue
und wechselnde Sachverhalte zügig einarbeiten zu können. Dies liegt sicherlich
daran, dass wir in unserer heutigen Wissensgesellschaft aufgrund der sich schnell
ändernden Rahmenbedingungen und dem hohen Aktualitätsgrad der Arbeit auf die
Fähigkeit angewiesen sind, nicht nur neue Informationen aufnehmen zu können,
sondern auch den damit verbundenen Prozess selbstständig und fast schon automatisch ausführen zu können. Was ist damit genau gemeint?

Schauen wir einmal auf das Thema Gutachtenerstellung im Einzelhandel.
Selbstverständlich ist es wichtig, dass wir uns mit typischen sozioökonomischen
Indikatoren und deren Verfügbarkeit auskennen, wenn wir an die Erstellung
eines Standortgutachtens für ein Einzelhandelsprojekt denken. Wir werden versiert in der Beschaffung und Verwendbarkeit von entsprechenden Daten sein
und übliche Strukturen in der Gutachtenerstellung beherrschen. Natürlich wird
es aber auch genauso relevant sein, sich über branchentypische Veränderungen
auf dem Laufenden zu halten, ein sich wandelndes Konsum- und Mobilitätsver-
halten der Bevölkerung im Blick zu haben, Trends im Einkaufsverhalten in puncto
Nachhaltigkeit oder bei der Anschaffung von Investitionsgütern zu beobachten
und entsprechende Implikationen für den Standort zu antizipieren. Globale
Zusammenhänge, politische Entscheidungen, Naturereignisse und gesellschaftliche Veränderungen sind hier nur einzelne Parameter, die in der Summe mit
vielen anderen Faktoren synoptisch zusammenzuführen sind.

Also liegen wir mit unserem Trainingslauf im Geographiestudium in der
Dimension „Schnelles Einarbeiten" genau richtig. Wir haben uns mit ganz unterschiedlichen Fächern befasst, von der Hydrologie bis hin zur Stadtgeographie
detektivisch verschiedenste Literatur- und Quellenlagen sondiert, mit statistischen
Daten unterschiedlichster Herkunft gearbeitet und dies am Beispiel hochaktueller,
für die Zukunft und Lebensqualität der Menschheit absolut relevanter Fragestellungen. Klimawandel, Urbanisierung, Landwirtschaft, Ernährung, Ressourcen-
fragen wie Energie oder Wasserverfügbarkeit sowie Fortbewegung sind nur
einige dieser hochdynamischen Themenfelder, die uns im Studium begegnen oder
begegnet sind, die gleichermaßen im Kontext der Geopolitik und der globalen
Perspektive auch unser Denken in Zusammenhängen gefördert haben.

Geographinnen und Geographen können also aktiv damit werben und selbstbewusst belegen, dass sie es gewohnt sind, sich schnell in Neues einzuarbeiten.
Dabei sind sie in der Lage, auf eine breite Palette biographischer Beispiele zu
verweisen, sei es im Rahmen von Vorlesungen, Referaten, Exkursionsbeiträgen,
Projektarbeiten, Prüfungsvorbereitungen, Praktika, Werkstudententätigkeiten oder
ehrenamtlichen Aufgaben. Somit können wir aus einer geographischen Vita nicht
nur unterstreichen, dass wir diese für viele heutige Berufsfelder essenzielle Fähigkeit besitzen. Wir können zeigen, dass wir sogar Freude daran haben und es nicht

als lästige Pflicht, sondern immer neue Herausforderung betrachten, die Vorgänge auf der Welt interessiert und kritisch zu betrachten und uns bewusst immer wieder neu zu mündigen Akteurinnen und Akteuren weiterzubilden.

Diese hohe Affinität zur Inspiration durch eigene Informationsbeschaffung und zum Hinterfragen von Sachverhalten im politischen, ökologischen, ökonomischen und sozialen Kontext zeichnet sicher viele Geographinnen und Geographen aus, wir können auch ganz pragmatisch von einer gewissen Neugier sprechen. Diese ist oft Motor für Forschung und angewandte geographische Arbeit und sollte auch nach außen so begründet werden, um Gesprächspartnerinnen und Gesprächspartnern einmal mehr das Wesen der Geographie und ihre hohe Praxisrelevanz zu schildern.

Auch und gerade für Tätigkeiten, die auf den ersten Blick wenig mit geographischen Fragen zu tun haben, wie eine Laufbahn in einer Unternehmensberatung, in einem Start-up oder im politischen Bereich und natürlich in vielen weiteren Arbeitsfeldern, gilt es, auf diese Stärke hinzuweisen, befindet sie sich doch ganz ausdrücklich auf der Metaebene, sprich, versetzt sie uns doch in die Lage, auch in ganz anderen Arbeitsbereichen außerordentlich davon zu profitieren.

5.6 Hoher Praxisbezug

Neben einer fachlichen Expertise und der persönlichen Eignung für eine Stelle spielt für den Arbeitgeber auch ein hoher Anwendungsbezug oder anders ausgedrückt, eine hohe Praxisorientierung eine zentrale Rolle. Wenn wir uns an das Drei-Sektoren-Modell erinnern, das wir ausführlich bei der Zielgruppenanalyse betrachtet haben, wird dies klar.

Eine besondere Stärke des Geographiestudiums ist nachweislich der hohe Praxisbezug. Aber wie können wir diesen begründen und selbstbewusst ins Feld führen?

In der geographischen Ausbildung sehen wir uns viele raumrelevante Fragen in der Theorie an, um dann dazu die Brücke zur Praxis zu schlagen. Dies kann im Rahmen von Exkursionen, Projektstudien, Semesterarbeiten oder Werkstudententätigkeiten und Praktika erfolgen, aber sich auch durch Dozierende aus der Praxis zeigen, die sich im Rahmen der geographischen Lehre einbringen.

Schauen wir uns konkrete Beispiele an: Selbstverständlich lernen wir in der Geomorphologie im Seminar die verschiedenen Prozesse im Landschaftsraum kennen. Lebhaft und relevant wird dies ergänzt, wenn wir uns dann zusätzlich im Rahmen einer Exkursion in den Alpen typische Formationen, Gesteinsaufschlüsse, glazialgeomorphologische Formen und andere spannende Zusammenhänge ansehen. Wir kommen vielleicht ins Gespräch mit Betreibenden einer Bergbahn, betrachten das Thema Murenabgänge oder Veränderung der Baumgrenze im Kontext mit dem Klimawandel. In diesen aktuellen Fragestellungen lernen wir, verschiedenste Nutzungsansprüche, von Wirtschaft und Tourismus über Energie zu Naturschutz und Ökologie, zu berücksichtigen und in eine nachhaltige Verbindung zu bringen.

In der Humangeographie befassen wir uns im Studium beispielsweise mit der Stadtgeographie, lernen verschiedene Zukunftsaspekte der Urbanisierung kennen und die Herausforderung einer sich wandelnden Nachfrage nach Wohnraum und

Mobilität. Aber auch hier wird es besonders interessant, wenn wir uns in den Raum begeben und uns aktuelle Projekte ansehen: Wie wurde bei der Neuen Mitte Altona im Hamburg geplant und umgesetzt? Welche besonderen Chancen bietet die neue Nutzung des früheren Eutritzscher Freiladebahnhofs in Leipzig? Was bedeutet innerstädtische Nachverdichtung in Hannover, wenn wir über den Klagesmarkt laufen und die innovativen Nutzungskonzepte nun in der Realität betrachten oder in Kronsberg-Süd moderne Stadtplanung ansehen können, die ökologische Aspekte frühzeitig aufgreift und interessante Lösungen präsentiert? In Gesprächen mit Fach- und Führungskräften kann offen über die Chancen, aber auch die Rahmen solcher Projekte diskutiert werden und so Geographie als zukunftsgestaltende Wissenschaft greifbar gemacht werden. Erst in den Exkursionen wird meiner Ansicht nach klar, welche Kompetenzen es in der alltäglichen geographischen Arbeit braucht, neben fachlichem Wissen ist das nicht zuletzt auch Psychologie, geht es doch oft um ganz unterschiedliche Belange und Interessen, die unter einen Hut gebracht werden wollen.

In Exkursionen wird also anhand ganz konkreter lokaler Beispielprojekte gelernt, wie wichtige Zusammenhänge grundsätzlich erkannt und mit Abstraktionsvermögen dann hilfreiche Erkenntnisse für andere zukünftige Aufgaben abgeleitet werden können.

Aber nicht nur die Exkursionen sind Beleg dafür, dass wir uns nahe an der Praxis ausbilden. Viele Studierende arbeiten in Projektseminaren direkt mit Institutionen aus dem öffentlichen Leben oder der Privatwirtschaft an aktuellen Fragestellungen. Dies können Erhebungen in Form von Befragungen oder Beobachtungen und Messungen im Feld sein, die Durchführung von Bestandsaufnahmen, die Mitarbeit bei der Erarbeitung von Konzepten und Analysen sowie die Teilnahme an Arbeitskreisen und anderen Verfahren der Gremienarbeit oder Bürgerbeteiligung.

In Praktika oder Werkstudententätigkeiten können ebenfalls ganz konkrete Kenntnisse aus dem Studium zum Einsatz gebracht werden, wenn Daten erhoben, erfasst und ausgewertet werden, mit GIS-Anwendungen gearbeitet wird oder Recherchen für Wettbewerbsanalysen durchgeführt sowie Zuarbeiten für die Gutachtenerstellung erledigt werden.

Aber auch schon in der sehr interaktiven und selbstständigen Arbeitsweise, die das Geographiestudium erfordert, liegen überzeugende Argumente, die es nur gilt, dem Arbeitgeber auch zu präsentieren: Die Arbeit in Kleingruppen, wie sie für uns Geographinnen und Geographen im Studium selbstverständlich ist, schult uns in der Teamarbeit, das Erstellen von zahlreichen Präsentationen und Referaten lässt uns sicher auftreten, das Zusammenarbeiten mit Studierenden unterschiedlichster Nachbarfachbereiche macht uns flexibel im Denken und ermöglicht uns, unkompliziert und ergebnisoffen auf neue Leute zuzugehen und nach Kooperationsmöglichkeiten Ausschau zu halten.

Oft engagieren sich Geographinnen und Geographen aus der Praxis in der Lehre und bringen so sehr aktuelles und anwendungsbezogenes Wissen aus den jeweiligen Berufsfeldern in die Ausbildung mit ein. Sie stehen den Studierenden mit Rat und Tat zur Verfügung und tragen ein gutes Stück dazu bei, die vielen möglichen Wege zu beleuchten, die einem nach dem absolvierten Studium offenstehen. Auch diese frühzeitige Verbindung von Lehre und Arbeitsmarkt ist eine Eigenschaft unseres Faches, mit der Studierende selbstbewusst dafür werben können, dass sie eine ordentliche Portion praktische Erfahrung zu bieten haben.

5.7 Aktualität der Themen

Wir Geographinnen und Geographen befassen uns mit vielen unterschiedlichen Vorgängen, die auf der Erde stattfinden. Grundlegend dafür ist der Blick auf die Genese der Landschaft und die in ihr stattfindenden Entwicklungen, denken wir nur an naturräumliche Veränderungen in den Vegetationszonen oder die Rolle von Siedlungen über die letzten Jahrhunderte.

Charakteristisch für die moderne Geographie ist mehr denn je die Befassung mit den ganz drängenden und wichtigen Fragen der Menschheit. In den letzten Jahrzehnten rückten immer mehr hochaktuelle, verknüpfte und absolut zukunftsrelevante Phänomene in den Blickpunkt der Gesellschaften. Unterschiedlich wahrgenommen ist fast überall unstrittig, dass sich in einer Welt der Zukunft Herausforderungen stellen, die neue Antworten, mutige Strategien und vor allem Anstrengung brauchen.

Diese aktuellen Themen sind in der physischen Geographie überall zu finden. Klimatologische Veränderungen wie die Erderwärmung, extreme Wetterereignisse, veränderte Meeresströmungen, Hochwassersituationen und trockenfallende Flüsse, eine Zunahme der Erosion und Desertifikation, aber auch das Abschmelzen der Polkappen und der Gletscher sowie der Meeresspiegelanstieg sind hier zu nennen. Folgen für Flora und Fauna, eine bessere Vorbereitung auf Naturkatastrophen und Natur- und Klimaschutzthemen beschäftigen uns ebenfalls in der Geographie.

Wenn wir diese Aspekte durch dringliche Themen ergänzen, mit denen sich die Humangeographie befasst, stehen Ernährungs- und Wasserversorgungsfragen, Rohstoff- und Energieversorgungsherausforderungen an. Geopolitische Fragestellungen ergeben sich allzu oft aus diesen und anderen Fragen der Allokation wichtiger Ressourcen. Aber auch Überlegungen wie: Was kann getan werden, um den Urbanisierungsdruck zu lindern? Wie können Lebensbedingungen verbessert und Wirtschaften umweltverträglicher werden? Wie können die negativen Auswirkungen der Globalisierung korrigiert werden, nachhaltige Lieferketten gefördert und Menschenrechte gestärkt werden?

International sowie im eigenen Land zeigt sich an den großen Herausforderungen der Menschheit, dass alles mit allem zusammenhängt, im besten humboldtschen Sinne. Was passiert in einer Stadt, wenn Immobilienpreise so weit steigen, dass sich immer weitere Pendlerbewegungen ergeben? Welche Herausforderungen bringt dies für die Verkehrsinfrastruktur, aber auch die Menschen? Wie kann im ländlichen Raum Attraktivität und Nahversorgung erhalten werden? Was bedeutet das für unsere älter werdende Gesellschaft? Was fällt mir in unseren Wäldern auf, und wie kann ich beim Einkaufen und in meinem alltäglichen Verhalten Akzente setzen?

Unsere breite Ausbildung, unser vernetztes Denken und nicht zuletzt unsere trainierte Fähigkeit, sich neue Themen schnell zu erschließen, diese im Kontext zu sehen und zu hinterfragen, sind wertvolle Stärken, die in fast jeder Arbeitsstelle absolut relevant sind. Eine Unterhaltung mit erfahrenen Persönlichkeiten, die vielleicht einen guten Weg ihrer Berufsvita schon gegangen sind, wird dies bestätigen und ist deshalb äußerst empfehlenswert!

5.8　Koordinationsfunktion

Die Geographie befasst sich mit unterschiedlichsten Teildisziplinen, die sich gegenseitig beeinflussen und wechselwirken. Überlegungen dazu haben wir ja bereits im Kap. 5.1 zum interdisziplinären Denken angestellt. Oft sind die verschiedenen Belange, die an einen Raum gestellt werden, nicht alle per se und nebeneinander zu erfüllen, sondern müssen quasi in einem Moderationsprozess in Einklang gebracht, eine Kompromisslösung muss erzielt werden.

In Planungen von beispielsweise überörtlich raumbedeutsamen Projekten finden genau solche Abwägungen in entsprechenden Verfahren statt. Unterschiedlichste von der Planung berührte Träger öffentlicher Belange oder auch private Personen werden aufgefordert, Stellungnahmen zum geplanten Vorhaben abzugeben, Bedenken zu äußern und diese somit in den Planungsprozess einzubringen. Hier gilt es nun, in der zuständigen Behörde, entlang der rechtlichen Gegebenheiten und Rahmenbedingungen, in einem ausbalancierten Prozess unter Einbezug möglichst aller Interessen eine vertretbare Lösung zu erarbeiten. Solche Verfahren sollen helfen, aufwendige Fehlplanungen zu vermeiden und somit für alle Beteiligten Kosten zu sparen sowie die Akzeptanz späterer Projekte in der Umsetzung zu erhöhen.

Neben den Verfahren der landesplanerischen Behörden findet eine koordinative Funktion der Geographie natürlich auch in vielen weiteren Bereichen statt. Wenn es um die Erarbeitung eines neuen Tourismuskonzeptes einer Kommune geht, wird ebenfalls erhebliches Fingerspitzengefühl gefragt sein ob der ganz unterschiedlichen und jeweils nachvollziehbaren Einzelinteressen der beteiligten touristischen Akteure. Bei der Entwicklung eines neuen städtebaulichen Konzepts gilt selbiges ebenso wie bei der Diskussion einer moderneren Angebotspolitik eines öffentlichen Verkehrsträgers, bei den Interessen der innerstädtischen Akteure in einem Citymarketingprojekt wie auch bei Fragestellungen im ländlichen Raum im Rahmen eines Regionalmanagement-Workshops.

Wer sich nun fragt, was es uns brächte, Arbeitgebern diesen Aspekt der Geographie zu erläutern und ans Herz zu legen, dem sei wieder der aufschlussreiche Weg die Stufen hinauf auf die Venedigbrücke empfohlen. Ferdinand überlegt sich, wo genau der Arbeitgeber den konkreten Vorteil dieses koordinativen Charakters der geographischen Ausbildung in Verbindung mit Anforderungen des späteren Arbeitsalltags sehen könnte.

Plötzlich fallen ihm viele Beispiele ein: In einem Meeting zu einem Projekt, in dem verschiedene Vertreterinnen und Vertreter innerbetrieblicher Abteilungen ihre Anliegen einbringen und platzieren möchten, ist es sicherlich wichtig, wertschätzend und integrierend mit verschiedenen Ansichten und Meinungen umgehen zu können (Abb. 5.2). In einer Gemeinderatssitzung, in der man für ein Planungsbüro ein Gutachten vorstellt und vorgetragene Sorgen und Einwände sicher

Abb. 5.2 Ferdinand in einem Meeting

parieren muss. In einer interkommunalen Kooperation im Tourismus, wo verschiedene Anliegen, die aus der unterschiedlichen naturräumlichen Ausstattung der Mitgliedskommunen herrühren, berücksichtigt werden sollen. In einem Naturschutzprojekt, in dem sich verschiedene Akteure mit ganz unterschiedlichen finanziellen Möglichkeiten einbringen und trotzdem alle gleichermaßen wahrgenommen und wertgeschätzt werden wollen. In einem Bürgerbeteiligungsverfahren zu einem Standort für ein Windrad oder bei anderen Planungen, die verschiedenste Anliegen auf den Plan rufen.

Ferdinand ist richtig in Schwung, weil ihm klar wird, dass das Berücksichtigen vielfältiger, sich teilweise auch widersprechender unterschiedlicher Interessen, wie wir sie aus der Geographie kennen, die beste Schule für das spätere Übernehmen einer Schnittstellenfunktion oder einer Führungsaufgabe in einer Organisation sein kann. Er ist angetan davon, wie überzeugend es ist, sich nicht nur einzureden, wo Stärken der geographischen Ausbildung liegen könnten, sondern ganz konkret und nachvollziehbar zu belegen, warum dies so ist. Umso mehr freut er sich schon auf die Arbeit mit der Kommunikationsform der biographischen Beispiele in den Kap. 6.5 und folgende, wo wir genau diese Technik als Erfolgsformel für unsere geographische Kommunikationsstrategie fortführen werden.

5.9   Methodenstärke

Ein wichtiger Herkunftsort geographischer Stärken, die in den vielseitigen Studienmöglichkeiten begründet liegen, sind sicherlich Arbeitsmethoden, die in ganz unterschiedlichen Anwendungsfeldern trainiert werden. Hierzu zählen fachnahe Arbeitstechniken wie Labormethoden der Gesteinsbestimmung, Bodenkunde oder kartographische Arbeitsmethoden. Zusätzlich finden sich GIS-Programme in einem üblichen geographischen Kompetenzkatalog. Neben dem Modellieren von verschiedenen Vorgängen und Szenarien über spezielle Visualisierungstechniken sind auch das Erstellen von Analysen und Visualisierungen übliche Trainingsergebnisse aus der Arbeit mit den geographischen Informationssystemen.

Aber auch Arbeitstechniken, die nicht nur der Geographie zugeschrieben werden, vielleicht sogar ursprünglich aus anderen Bereichen stammen, zählen zu unserem Portfolio. Zu nennen sind hier zum Beispiel die Methoden der empirischen Sozialforschung, also das Konzipieren, Erstellen, Durchführen und Auswerten von Erhebungen, sei es quantitativer oder qualitativer Art. Die Beschaffung von verwertbaren Daten und deren Bearbeitung mit statistischen Methoden aus unterschiedlichen Quellen sind uns ebenso vertraut. Außerdem sei nur der Vollständigkeit halber das sichere Beherrschen von Softwareanwendungen zum Erstellen von Dokumenten, Tabellen und Präsentationen genannt.

Im Bereich der sogenannten Soft Skills sollten wir selbstbewusst darauf hinweisen, dass wir in der Teamarbeit erfahren sind, selbstständiges Arbeiten durch Seminararbeiten und Referate gewohnt sind, Organisationstalent besitzen und leicht auf neue Menschen zugehen können. All dies sind Stärken, die sich aus einer geographischen Vita sehr gut exemplarisch ableiten lassen, nicht nur, weil nachweislich oft in kleinen Gruppen, sehr praxisnah und eigeninitiativ gearbeitet wird.

Abgerundet werden diese Methoden jeweils individuell durch Erfahrung in der Veranstaltungsorganisation, erste Führungserfahrungen aus Sport, Musik oder anderen Hobbys, vielleicht einen Rhetorik- oder Moderationskurs oder auch durch das Beherrschen von Kreativitätstechniken. Um sich einen tragfähigen Überblick über die für einen selbst zutreffenden Methoden anzueignen, sei hier die Gesamtschau der einzelnen Kompetenzkapitel (5 ff.) in der Kommunikationsform der biographischen Beispiele empfohlen.

5.10   Kritisches Hinterfragen

Die jederzeitige und ubiquitäre Verfügbarkeit von Informationen ist sicherlich eine Errungenschaft der modernen Zeit. Sie stellt uns aber auch vor große Herausforderungen, wenn wir uns ein Bild der Realität machen wollen und Informationen für Entscheidungsfindungen sammeln. Manchmal reicht ein mündiger Geist aus, um Meinungsäußerungen aus Politik, Wirtschaft und Gesellschaft kritisch in den Kontext zu setzen, allerdings wird dies bei komplexen Fragestellungen schon herausfordernder.

In der geographischen Ausbildung lernen wir, bei der Betrachtung eines Sachverhalts immer aus verschiedenen Richtungen auf die Fragestellung zu schauen. Warum ist die Immobiliensituation im urbanen Raum so angespannt? Was bedeutet der Klimawandel für die unterschiedlichen Regionen? Welche Form der Mobilität ist wirklich zukunftsweisend? Welche Aspekte sprechen für ein Windrad, und warum sorgen sich manche Menschen, wenn die erneuerbaren Energien in ihrer Nähe stattfinden sollen? Wie transparent sind politische Prozesse, warum werden Entscheidungen getroffen?

Oft ist es frappierend, wie leicht wir übersehen, dass auf einem Diagramm auf der Y-Achse nur ein oberer Abschnitt der Skala dargestellt ist und die Bewegung der Kurve, würde man den Wert vom Nullpunkt aus darstellen, viel weniger beeindruckend wäre. Manchmal hören wir Informationen, die zwar selbstbewusst vorgetragen klingen, aber eigentlich nach eigener Recherche nicht sinnvoll sind oder auch nicht den Tatsachen entsprechen. Oder für räumliche oder andere Situationen werden Erklärungsmuster angeboten, die nur eindimensional gedacht oder schlicht zu kurz gesprungen sind, weil mehrere Faktoren zu berücksichtigen sind.

Wenn wir nun Alltagsleben und Wissenschaft vergleichen, fällt uns auf, dass es immer wertvoll ist, sich zu fragen, welcher Quelle man vertraut. Schenkt man opportunistischen Vereinfachungen sein Vertrauen, wird man zwar schneller mit der eigenen Meinungsbildung vorankommen, aber um welchen Preis?

Die Geographie als Disziplin der knappen Ressource Raum, an die so viele Begehrlichkeiten gestellt werden, ist hier das beste Trainingsfeld, um zu üben, differenziert zu hinterfragen und selbstbewusst den Anspruch zu erheben, die Dinge nachvollziehen zu können. Warum steigt der Meeresspiegel an, und welche Konsequenzen wird das für die Weltbevölkerung haben? Weshalb ist es unerlässlich, über die nationalen und auch kontinentalen Grenzen hinauszuschauen und in Zusammenhängen zu denken? Wieso werden anspruchsvolle Strukturveränderungen, egal in welchen Systemen, immer wieder zurückgestellt und vermeintlich einfache Lösungsangebote gemacht, die auf schnellere Akzeptanz stoßen?

Wer hier die aktuellen Themen unserer Weltgesellschaft wirklich interessiert verfolgt, wird die Fähigkeit des kritischen Hinterfragens als zentrales Werkzeug benötigen. Aber nicht nur im globalen und politischen Kontext ist die Aufgeklärtheit wichtig, auch an einem Arbeitsplatz geht es zentral darum, professionell Informationen erheben, evaluieren und differenziert bewerten zu können. Sei es, dass in Kundenprojekten verschiedene Herausforderungen zu bewältigen sind, im Projekt von Stakeholdern, die unterschiedliche Interessen verfolgen, natürlich entsprechend kommuniziert wird, oder in der internen Abstimmung im Betrieb Anliegen mit unterschiedlichen Intentionen vorgetragen werden.

Konkrete geographische Arbeitsbeispiele finden wir in der Struktur einer Wirtschaftsförderung, die verschiedene Kommunen zu ihren Gesellschaftern zählt. Hier werden Interessenlagen im Hinblick auf die gewünschten Projekte sicherlich insofern unterschiedlich sein, als dass die eine Kommune Gewerbeflächen vermarkten möchte, die andere Bestandspflege im Vordergrund sieht, die nächste eine Konversionsfläche mit einem Gründungszentrum vermarkten und die vierte in die Akquise von Fachkräften investieren will. Auch eine Führungskraft im Stadtmarketing wird ebenso mit unterschiedlich vorgetragenen Argumenten einzelner Akteure des Einzelhandels und der Innenstadtgastronomie zu tun haben, die zu hinterfragen, einzuordnen und in den Kontext einer gemeinsamen Zielrichtung zu formulieren sind.

Unzweifelhaft kommt somit einer chancenorientierten, aber hinterfragenden Haltung eine entscheidende Bedeutung zu. Wie sind diese statistischen Angaben im Zusammenhang zu verstehen? Welche Einzelinteressen verfolgt die Person mit diesem Argument? Ist dieses Anliegen objektiv nachvollziehbar? Reichen diese Informationen für eine tragfähige Entscheidung? Fragen wie diese sollten in Entscheidungsfindungsprozesse gut ausgebildeter Fach- und Führungskräfte immer mit einfließen, verbunden mit dem Antrieb, zu langfristig sinnvollen, ausbalancierten Ergebnissen zu kommen.

5.11   Selbstständiges Arbeiten

In fast jeder Stellenanzeige wird die Dimension „selbstständiges Arbeiten" als Anforderung des Arbeitgebers zu finden sein. Was genau ist damit gemeint? Je nach Aufgabenprofil der Stelle ist es wichtig, sich im Rahmen der vorgesehenen Spielräume selbstständig bewegen zu können. Eigene Recherchen durchzuführen, Informationen als Entscheidungsgrundlagen zu sammeln, nach Erfahrungen anderer zu forschen und Best Practices als Inspiration heranzuziehen, wenn eine neue Aufgabe ansteht, zählt sicherlich dazu. Aber auch den Mut zu haben, kleinere Entscheidungen selbst zu fällen und Fragen zu aggregieren, um sie dann in einem Gespräch mit dem Vorgesetzten besprechen zu können, sind sicherlich Aspekte dieser Kompetenz, die für eine erfolgreiche Stellenausübung unabdingbar sind.

Ferdinand freut sich, weil ihm bewusst wird, dass er in seinem Geographiestudium sehr selbstständig gearbeitet hat und dafür viele nachvollziehbare

Beispiele nennen kann. Schon bei der Komposition seines Stundenplans war Selbstständigkeit gefragt. Sich einen Überblick zu verschaffen, welche Angebote bestehen, wie diese kombinierbar sind und wo entsprechende Leistungen zu erbringen sind, welche Nebenfächer zur Verfügung stehen und wie alles zeitlich unter einen Hut zu bekommen ist – all dies sind besonders in einem interdisziplinären Studium mit vielen Wahlmöglichkeiten relevante Herausforderungen. Dazu kommt, sich rechtzeitig um Laborpraktika, Projektstudium und freie Exkursionsplätze zu kümmern.

Natürlich war auch bei der Wahl von Referatsthemen, der Literaturbeschaffung und der Art der Präsentation und Visualisierung Selbstständigkeit erforderlich. Auch hier fallen Ferdinand viele Beispiele ein, die er nennen kann, um zu zeigen, dass er in der Lage ist, sich in einer zunächst unüberschaubaren und ungewohnten Situation sicher zu orientieren und in Eigenregie verwertbare und vielleicht sogar überdurchschnittlich erfreuliche Ergebnisse zu erzielen. Ihm fällt zusätzlich seine Prüfungsvorbereitung ein, wo er sich sehr strukturiert mit unterschiedlichen Medien und auch durch Gründung einer Lerngruppe initiativ und erfolgreich bewährt hat.

Neues anzugehen, sich interessiert auf unbekanntes Terrain zu begeben, ist für ihn nicht nur eine Fähigkeit, sondern sogar von besonderem Reiz. Ihm fallen Themenbeispiele aus den Natur- und Sozialwissenschaften ein, Referate, Situationen aus Praktika und vieles mehr, was zum studentischen Leben gehört, und er ist beruhigt und sehr angetan, dass er zum selbstständigen Arbeit immer genug Beeindruckendes wird sagen können!

5.12 Teamarbeit

Wer übernimmt welche Rolle im Team? Was sind die Erfolgsfaktoren einer guten Zusammenarbeit? Wie kann ein guter Informationsfluss in der Gruppe aussehen? Wie kann ich meine ganz persönlichen Stärken möglichst optimal ins Team einbringen?

Selbstverständlich ist es leicht, von sich zu behaupten, dass man in der Teamarbeit erfahren sei. Für eine tragfähige Vorbereitung auf Vorstellungsgespräche ist es unerlässlich, ganz konkrete Situationen der Interaktion mit anderen auszuwerten und hinzuschauen, welchen Beitrag man selbst geleistet hat.

Hier bietet das Geographiestudium aufgrund seiner Fächervielfalt und Kombinationsmöglichkeiten schöne Anknüpfungspunkte, um lebendig zu berichten, wie man neue soziale Situationen mitgestaltet und zum Erfolg geführt hat. Sei es, dass man an ein gemeinsam vorbereitetes Referat denkt, an eine vielleicht selbst gegründete Lerngruppe, an Exkursionen oder weitere Projekte, die im Studium oder im Team zu erledigen waren. Dabei ist es wichtig, pragmatisch zu denken und auszuwerten. Für den Arbeitgeber ist der lebensabschnittsorientierte Blick das Mittel der Wahl, er will also wissen, wie Sie in der studentischen Zusammenarbeit jeweils Ihren Platz gefunden haben.

Waren Sie eher in der Vermittlungsrolle, haben sozial integriert oder Impulse für neue Ideen gegeben? Haben Sie ein Stück weit den Prozess moderiert und immer wieder darauf geschaut, dass das Team nicht vom Thema abkommt oder sich anderweitig verläuft? Vielleicht waren Sie aber auch der Motivationsquell der Gruppe und haben durch Ihre chancenorientierte Art zur Zielorientierung beigetragen? Möglicherweise haben Sie durch Expertenwissen geglänzt und Visualisierungstalent sowie technisches Geschick eingebracht? Falls nicht, war es vielleicht Ihr Job, den Kontakt zur Kundschaft oder zu anderen Kooperationspartnern herzustellen und ertragreich zu gestalten? Oder Sie haben durch Ihre ehrliche und wertschätzende Art zu einem vertrauensvollen Miteinander beigetragen und somit eine erfolgreiche Teamarbeit erst möglich gemacht.

Was auch immer es war, meistens ist es eine Kombination von Fähigkeiten der Individuen, die Zusammenarbeit ertragreich macht. Dabei kann der Einzelne in unterschiedlichen Situationen ganz verschiedene Talente beisteuern, die natürlich in einer Selbstreflexion erst analysiert und identifiziert werden wollen. Die Bandbreite der sozialen Interaktionsmöglichkeiten vom Laborpraktikum zur Gesteinsbestimmung über ein Seminar mit Kleingruppenarbeit zur Bearbeitung von Übungsaufgaben bis hin zu einer Projektarbeit mit einer Gemeinde der Region bietet hier den richtigen Rahmen. Selbstverständlich sollten auch Erfahrungen aus Praktika, studentischen Werkverträgen oder anderen beruflichen Stationen in diese Auswertung mit einfließen, da sie die Vielfalt der Erkenntnisse nur erhöhen können.

Fragen wie: Was hat mir in der Teamarbeit den meisten Spaß gemacht? Wofür haben andere mich gelobt? Auf was bin ich stolz, wenn ich an diese Arbeitsphase denke? Wann ging es in die richtige Richtung, und was waren die Gründe dafür? Wie war die Kommunikation in der Gruppe, und in welcher Form habe ich dazu beigetragen? Welchen Platz würde ich in einem Wunschteam einnehmen? können auf jeden Fall weiterhelfen, die eigene Rolle und Erfahrung in der Zusammenarbeit mit anderen aussagekräftig zu beleuchten.

Diese differenzierte Herangehensweise bietet viele Vorteile. Neben einem wertvollen Beitrag zu einer gesunden Selbsteinschätzung hilft sie, dem Arbeitgeber klar und nachvollziehbar zu belegen, welche Arbeitsaspekte einem schon geläufig sind. Der wichtigste Grund einer solchen Vorbereitung liegt meines Erachtens jedoch darin, angetan festzustellen, dass man bei Abschluss des Studiums nicht etwa ohne jegliche Praxiserfahrung dastünde, nein, im Gegenteil, dass man auf der Metaebene, also unabhängig von der einzelnen inhaltlichen Aufgabe, einen respektablen Erfahrungsschatz zu den relevanten Erfolgsfaktoren der Teamarbeit mitbringt. Dies zu erkennen, ist aus meiner Sicht Chance und Aufgabe zugleich, aber an Reiz kaum zu überbieten, da es sich lohnt, das Staunen über die eigene geographische Stärkenliste biographisch und somit nachweisbar herauszuarbeiten.

5.13   Präsentationsvermögen und Visualisierungskompetenz

Ein wichtiger Teil des Studiums besteht darin, sich in Eigenregie Themen zu erschließen, diese aufzubereiten und im Rahmen von Referaten oder Präsentationen einem Publikum vorzustellen. Diese Kompetenz ist es, die für viele Arbeitgeber essenziell ist, da genau damit viele Arbeitsanforderungen einer späteren Stelle gemeistert werden können.

Selbstverständlich ist es nicht immer entscheidend, welches Thema im Referat genau bearbeitet wurde, aber im Sinne der Venedigbrücke wird man durch diese Trainingsläufe im Studium auf der Metaebene einiges vorweisen können. Schauen wir es uns im Detail an. Wer wie die Studierenden der Geographie selbstständig und regelmäßig Referate hält, übt sich beispielsweise darin, ein Thema so aufzubereiten, dass es für eine Zielgruppe verständlich und ansprechend ist. Sie oder er sucht sich sinnvolle Quellen und überlegt sich eine Struktur. Vielleicht werden Abbildungen erstellt und im Vortrag spontan etwas visualisiert. Ob mit Folien, Bildern, Tabellen, Filmen oder anderen Visualisierungstechniken gearbeitet wird, steht ebenfalls zur Auswahl. Auf jeden Fall aber wird sich die Person ein gutes Zeitmanagement zugelegt und freies Sprechen trainiert haben. Auch der Umgang mit Fragen oder Argumenten sollte dadurch eingeübt sein. Wer sehr viel Übung mitbringt, wird vielleicht sogar über einiges rhetorisches Handwerkszeug verfügen und Moderationsaspekte kennengelernt haben.

Warum schreiben wir uns in der Geographie diese Erfahrungen zu? Aufgrund der Fächervielfalt, der aktuellen Themen und der oft heterogenen Gruppen lebt unser Fach von der Präsentation. Der Charme der Kartographie, die Vorzüge bildhafter Darstellungen und die Möglichkeit, über geographische Themen zu diskutieren, machen unser Fach seit jeher anschaulich und lebendig. Es wäre schade, mit diesem nachweisbaren Vorteil nicht selbstbewusst umzugehen. Wo haben Sie Referate übernommen und vorgetragen? Wie haben diese zu Ihrem überzeugenden Auftreten und zu Ihrer Argumentationskompetenz beigetragen? Werten Sie Ihre ganz persönlichen Vortragssituationen aus und überlegen Sie, was Sie alles vorweisen können!

5.14   Kreativität und problemlösungsorientiertes Denken

Wichtige Einstellungskriterien sind oft Fähigkeiten, die abstrahierbar und in unterschiedlichsten Kontexten anzuwenden sind. In diesem Zusammenhang gilt die Kreativität als eine Eigenschaft, die es erlaubt, aus verschiedenen Blickwinkeln auf Herausforderungen zu blicken und nach Lösungen zu suchen. Ein oft synonym verwendeter Begriff ist das sogenannte lösungsorientierte oder problemlösungsorientierte Denken.

Dabei steht die Fähigkeit im Vordergrund, zunächst bei neuen, unbekannten Aufgaben nicht von vornherein aufzugeben, sondern sich auf einen differenzierten

Weg der Lösungssuche zu machen. Dieser basiert sicherlich auf einer ausführlichen Analyse der Ist-Situation und vergleicht diese möglicherweise mit anderen, methodisch ähnlich gelagerten Anforderungen der Vergangenheit. So kann iterativ vorgegangen werden und nach der Aufgabenanalyse im Bereich der Erfahrungen nach Lösungsansätzen geforscht werden. Weiter ist es erforderlich, bei gänzlich neuen Projekten, Schwierigkeiten oder Aufgaben nach neuen Wegen zu suchen, die probat erscheinen. Hier können verschiedene Kreativitätstechniken zum Einsatz kommen, die ein Denken abseits der ausgetretenen Pfade trainieren. Kreativität im Arbeitssinne kann somit verstanden werden als eine gewisse Freude an Herausforderungen, verbunden mit Neugier und dem Ehrgeiz, bei kniffeligen Aufgaben auch manchmal um die Ecke zu denken.

Wo tun wir dies in der Geographie? Aus meiner Sicht und Erfahrung wird diese Fertigkeit in unterschiedlichsten geographischen Arbeitsfeldern trainiert. Schauen wir uns den klassischen Planungsprozess an, in dem es gilt, miteinander in Konkurrenz stehende Bedürfnisse an den Raum zu erkennen und unter einen Hut zu bringen. Denken wir an die Innenstadtentwicklung, die sowohl in planerischer Hinsicht als auch beispielsweise beim sich wandelnden Einzelhandel nach neuen Lösungen und kreativen Konzepten zur Revitalisierung ruft. Aber auch in der Klimatologie oder Hydrologie ist genau diese Fähigkeit gefragt, wenn es um Aufnahmen von Daten in der Natur geht und Herausforderungen zu meistern sind. Auch in energiepolitischen Fragen oder in der Verkehrsgeographie reichen heute keine vorgefertigten Konzepte zur Bürgerbeteiligung mehr aus, sondern neue, innovative Lösungsansätze und Vorschläge sind gefragt.

Wer also im Studium an verschiedenen Fragestellungen der geographischen Disziplinen gelernt hat, dass es oft keine einfachen Lösungen gibt, sondern es sich lohnt, über den Tellerrand der konkreten Aufgabe hinauszuschauen und mutig Neues zu entwerfen, ist klar im Vorteil. Zeigen, dass man lösungsorientiert denkt und sich auch traut, eigene Ideen einzubringen, kann man sicherlich an vielen Beispielen. In einer studentischen Vita mögen das interessante Seminar- oder Abschlussarbeiten sein, aber auch erste berufliche Erfahrungen eignen sich, wie das Ausüben einer Stelle als wissenschaftliche Hilfskraft an der Universität oder ein Praktikum. Im Sinne des Drei-Sektoren-Modells sind aber natürlich biographische Beispiele wie ein ehrenamtliches Engagement, das Gründen einer Band oder Initiative im Sportverein genauso gut.

Wann immer etwas also ein bisschen kniffelig oder nicht nach Schema F zu bearbeiten war, spricht vieles dafür, dass es sich um einen Trainingslauf für Kreativität im Denken und vielleicht auch im Handeln gehandelt hat. Fragen Sie sich also, bei welchen Aufgaben Sie Inputs gegeben, Vorschläge gemacht oder Neues eingebracht haben. Sicherlich fallen Ihnen zahlreiche Beispiele ein!

5.15 Prozesshaftes Denken in Zusammenhängen

Diese geographische Stärke ist wirklich faszinierend, und ich werde Ihnen gerne erläutern, warum. In der Geographie betrachten wir Abfolgen auf einer Zeitachse. Wir untersuchen die mannigfaltigen Zusammenhänge zwischen Ursache und Wirkung. Wir analysieren, welche Faktoren zu welchen Auswirkungen führen und was notwendig ist, um solche Sachverhalte zu korrigieren.

Schauen wir uns einige konkrete Beispiele aus verschiedenen Unterdisziplinen an, um dies zu veranschaulichen. Wenn wir in der Hydrogeomorphologie einen Flusslauf in seiner Historie betrachten, können wir nachvollziehen, welche Folgen tektonische Veränderungen nach sich zogen, wie ein Umlaufberg entstanden ist, wie Altwasserarme das heutige Flussbett flankieren und welche Auswirkungen eine Nutzbarmachung für den Schiffsverkehr hat. Wir wissen auch, dass der Klimawandel auf ganz unterschiedliche Art und Weise das zukünftige Aussehen dieses Wasserlaufs beeinflussen wird. Flussbegradigungen haben im Kontext einer genauen Betrachtung dazu geführt, dass heutzutage immer mehr Fließgewässer wieder renaturiert werden, Ausgleichsflächen für den Hochwasserschutz und ökologische Rückzugsräume geschaffen werden.

Lassen Sie uns vom Wasser in die Wüste blicken und das prozesshafte Denken in einem ariden Raum überprüfen. Auch hier gilt es, anhand von Karten, Aufzeichnungen und Daten die Verfügbarkeit von Niederschlägen sowie Grundwasser zu ermitteln und zu analysieren, welche Faktoren über die Zeit eine Desertifikation begünstigt haben. Wir betrachten klimatologische Aspekte genauso wie Nutzungsaspekte aus der Landwirtschaft oder anderen Nutzungsformen. Aus diesen differenzierten Betrachtungen auf der Zeitachse können Ursachen, aber auch Auswirkungen und Zukunftsszenarien, die durch die Verknappung dieser wertvollen Ressource denkbar sind, diskutiert werden.

Wer nun glaubt, nur die physische Geographie sei Trainingsfeld für das prozesshafte Denken, irrt sich. Erfreulicherweise bietet die Humangeographie genauso viele Ansatzpunkte. Schauen wir uns auch hier Beispiele an.

Durch neue Einzelhandelsschwerpunkte und verändertes Einkaufsverhalten ergeben sich Veränderungen in den Innenstadtlagen. Wir blicken auf früheren Einzelhandelsbesatz, Einzugsgebiete, Verfügbarkeiten von Waren und Dienstleistungen auf der Zeitachse. So stellt man fest, dass es zahlreiche Faktoren gab und gibt, die zum Wandel der Innenstädte seit jeher beigetragen haben und weiter beitragen. Aufgabe einer modernen Stadtmarketing-Strategie ist es sicherlich, hier mit Konzepten gestalterisch einzugreifen. Aber auch die Raumordnung und Landesplanung, verkehrliche Aspekte, Imagefaktoren und nicht zuletzt das Verhalten der einzelnen Akteure im Raum spielen hier eine wichtige Rolle.

Ein anderes Beispiel ist die sich wandelnde Mobilität. Der Blick in die historische Verkehrsgeographie, das Auswerten verschiedenster soziodemographischer Variablen, das Betrachten veränderter ökonomischer Rahmenbedingungen sowie individueller Verhaltensweisen, die sich natürlich über die Jahrzehnte gewandelt haben, zeigt exemplarisch verschiedene Einflussgrößen.

Hier können wir den Bogen zur praktischen Fertigkeit schlagen, die in vielen Berufsfelder essenziell ist:

Wer Zusammenhänge versteht, Ursachen und Voraussetzungen differenziert betrachten kann und deren Auswirkungen auf einer zeitlichen Achse analysiert, ist in der Lage, diese Fähigkeit auch in anderen Kontexten zur Anwendung zu bringen. In Beratungsprojekten beispielsweise wird dies erfolgskritisch sein: Zunächst geht es darum, eine oft suboptimale Ausgangslage zu analysieren und zu schauen, welche Aspekte zu dieser Situation beigetragen haben. Um eine optimalere Soll-Situation zu definieren, ist eine Identifikation der Fehlerquellen und Einflussfaktoren unerlässlich, will man doch Vorschläge für verschiedene Szenarien zur Zielerreichung und deren Umsetzung machen.

Ferdinand fallen viele Beispiele aus seinem Studium ein, bei denen er geographische Fragestellungen sehr prozesshaft und im Sinne von Ursache-Wirkungs-Zusammenhängen betrachtet hat. Er kann sich gut vorstellen, auch bei einer ganz anderen betrieblichen Fragestellung so vorzugehen. Analyse des Prozesses, Betrachtung der Einflussfaktoren, Ableitung von Handlungsalternativen. Er versteht mit jedem Kapitel besser, was ihm das Geographiestudium auf der Meta-ebene gebracht hat und fühlt Vorfreude, sich Kommunikationssituationen zu stellen, in denen es darum geht, sich mit seiner Expertise zu präsentieren.

5.16 Aufgeschlossenheit

Wer Geographie studiert, interessiert sich für die Welt. Dies ist allen Teildisziplinen immanent, sie finden nicht nur zu Hause, sondern rund um den Globus statt. Sei es der Blick auf die bekannten Persönlichkeiten der Geographie, die Betrachtung eines Atlanten, eine Länderkunde oder etwas ganz anderes – niemand wird ernsthaft bezweifeln wollen, dass Geographinnen und Geographen Freude daran haben, über den Tellerrand zu schauen und dazuzulernen.

Wie Sie sicherlich vermuten, ist auch diese Fähigkeit in der heutigen Arbeitswelt von immenser Bedeutung. Und zwar nicht nur, weil die Herausforderungen der modernen Welt nur mit interdisziplinärem Denken und einer gesunden Portion Neugier zu bewerkstelligen sind, sondern weil diese eben nicht auf nationale Grenzen beschränkt, sondern grenzüberschreitend sind. Wenn wir an den Klimawandel denken, an die Energiewende, an Ernährungs-, Landwirtschafts- und Forstfragen oder an wirtschaftliche Zusammenhänge, wird sofort klar, dass internationale Kooperationen, das Beherrschen von Fremdsprachen, Interesse für andere Denk- und Herangehensweisen an gesellschaftliche, ökologische und soziale Aufgaben und andere mehr Schlüssel sein werden für tragfähige Lösungen.

Im Geographiestudium nutzen wir viele Gelegenheiten, diese ganzheitliche Betrachtung im globalen Kontext anzugehen und durchzuführen. Sei es, dass wir uns mit den naturräumlichen Gegebenheiten in Südamerika und speziell der Wüstenbildung im Hochgebirge beschäftigen, uns mit Fragen des Tourismus in Ozeanien befassen, mit der Wasserversorgung in urbanen Räumen im Südwesten der USA oder mit den Erkenntnissen des Forschungsschiffes Polarstern zur Veränderung der nordpolaren Vereisung, die an Wert für die Forschung kaum zu überbieten sind. Aber auch wirtschaftspolitische und geoökonomische Fragestellungen interessieren uns je nach Forschungs- oder Arbeitsgebiet, wenn wir herausfinden wollen, was zu Disparitäten beiträgt und wie diese zu bewältigen sein könnten. Um Urbanisierungsfragen mit all ihren Implikationen betrachten zu können, die Entwicklung der Weltbevölkerung oder politische Zusammenhänge zu verstehen, schauen wir uns auf der Welt um, sei es in der Literatur oder auf Reisen und Exkursionen.

Gerade auf Exkursionen, wo wir mit Wissenschaftlerinnen und Wissenschaftlern, politischen Akteuren, Fach- und Führungskräften ins Gespräch kommen, bieten sich ungeahnte Möglichkeiten, die eigene Aufgeschlossenheit und das Interesse an unterschiedlichen Herangehensweisen an Probleme und aktuelle Fragen zu trainieren. Nur wer daran Freude hat, wird sich für die Geographie faszinieren und selber zusätzlich reisen, Neues erfahren wollen und mit vielen Menschen Kontakte knüpfen.

Argumentativ ist es also wichtig, dass wir in Gesprächen mit zukünftigen Arbeitgebern nicht verstecken, dass wir offen sind für Informationen, wissbegierig und interessiert daran, von anderen zu lernen. Genau diese Fertigkeiten sind es nämlich unteren anderen, die uns auf der Metaebene in die Lage versetzen, im Beruf kreativ zu sein, neugierig nach immer noch besseren Lösungen und Ideen zu suchen und dabei andere als Impulsgeber mit einzubeziehen. Gerade über Alters- und Erfahrungsunterschiede hinweg und auch im internationalen Kontext ist dieses Herangehen äußerst fruchtbar, was mir viele erfahrene Führungskräfte und andere weltoffene Menschen sicherlich bestätigen werden.

An einer ausländischen Universität studiert oder diese besucht zu haben, im Ausland ein Au-pair-Jahr, einen Work-and-Travel-Aufenthalt, ein Praktikum oder einen anderen Einsatz absolviert zu haben, zählt sicherlich wie auch die Exkursionen in die äußerst berichtenswerte Kategorie. Auch mit längeren Reisen, die auf eigene Faust stattfinden, kann man dem Arbeitgeber zeigen, dass man gerne plant, Verantwortung für die Finanzierung seiner Ziele übernimmt und an diesen arbeitet, um sie zu erreichen. Man zeigt, dass man sich traut, Fremdsprachen zu sprechen und auf neue Leute zuzugehen, dass man lernfreudig ist und interessiert an der Verschiedenheit, die unsere Welt zu bieten hat. Nicht zuletzt beweist man damit seine Einsatzfähigkeit für Aufgaben im Betrieb, die eigenes Nachdenken erfordern, das Finden neuer Wege und Vorgehensweisen und auch das mutige Abwägen von Alternativen.

So gibt es aus meiner Sicht kaum ein Fach, das besser als die Geographie zeigt, wie wichtig die Weltoffenheit für den Erfolg ist und wie Erkenntnisgewinn in vielen Arbeits- und auch Lebensfragen durch die Gesamtschau und die Differenzierung möglich wird, um seinen Platz zum verantwortungsbewussten Mitgestalten in der Gesellschaft zu finden und einnehmen zu können.

5.17 Wissenschaftliches Arbeiten

Nun ist das wissenschaftliche Arbeiten sicherlich kein spezielles Alleinstellungs-merkmal eines einzelnen Faches, auch nicht der Geographie, aber im Kanon der Fähigkeiten eine Kompetenz, die nicht fehlen darf. Es ist allen Studienfächern gemeinsam und deshalb eine wichtige Stärke, wenn es darum geht, sich neue Themen selbst zu erschließen und Schriften zu verfassen.

Wir lernen im Studium, Fragestellungen mit wissenschaftlichen Methoden aktiv anzugehen. Sich in der Literaturlage zu orientieren, zu recherchieren, aber auch Daten und Informationen selbst zu erheben. Kritisches Hinterfragen von Informationslagen gehört ebenso dazu wie das richtige Zitieren oder Angeben von Quellen. Das Erstellen von Abschlussarbeiten erfordert selbstständiges Arbeiten von der Gliederung der ersten Idee über die Konzeption der Kapitel bis zur Korrektur der abschließenden Version.

Im Laufe des Studiums erarbeiten wir viele Referate, Hausarbeiten, die Bachelor- und vielleicht auch eine Masterthesis sowie möglicherweise eine Promotion. All dies sind Trainingsfelder für die oben genannten Fähigkeiten des selbstständigen Erstellens von Werken.

Es ist also sicher eine gute Vorgehensweise, auch seine Erfahrungen in der wissenschaftlichen Arbeit für den Arbeitgeber allgemeinverständlich zu über-setzen in Stärken, die für ihn nachvollziehbar und relevant sind. So wird diese Art zu arbeiten im Beruf hilfreich sein, wenn es darum geht, Informationen zu sammeln, Entscheidungen vorzubereiten, Gutachten oder Berichte zu erstellen oder Dokumentationen anzufertigen.

5.18 Projektarbeit

Nun fast angelangt in der Abrundung der verschiedenen berufsrelevanten Qualifikationen, die wir uns im Geographiestudium aneignen, wollen wir im Sinne einer Synopsis auf das Ergebnis unserer vielseitigen Fähigkeiten schauen. Die bis-lang skizzierten Arbeitskompetenzen lassen sich nämlich recht einfach auf einen Nenner bringen: Wir trainieren uns im Projektmanagement.

Wirft man einen Blick auf die Anforderungen eines modernen Projekt-managers, finden wir nicht nur Zeitmanagement, Umgang mit Ressourcen, Zielorientierung, unternehmerisches Denken und vieles mehr, sondern auch Kommunikationstalent, Sozialkompetenz, Teamorientierung und die Fähigkeit, die Dinge im Kontext zu sehen. Gerade diese Gesamtschau, dieses Integrieren von unterschiedlichen Bedürfnissen an den Raum, das Abwägen von Interessen-lagen beispielsweise in Bürgerbeteiligungsverfahren ist typisch für geographisches Arbeiten. In vielen Übungssituationen des Studiums haben wir uns diesen wert-vollen Werkzeugkoffer an Fähigkeiten erarbeitet, den wir auch als Handwerkszeug für erfolgreiches Projektmanagement bezeichnen können.

Viele Stellen, die für Absolvierende der Geographie spannend sind, bestehen aus Projektmitarbeit, Projektmanagement bis hin zu Projektleitungspositionen. Oft handelt es sich um zeitlich klar umrissene Aufgaben, die vielleicht schlicht auch aufgrund der Finanzierung in einem Rahmen ein bestimmtes Ziel verfolgen. Von der Projektplanung über alle Aspekte der Durchführungsphase bis hin zum Review werden hierfür Werkzeuge des Projektmanagements benötigt. Auch wenn man nun aus studentischer Sicht sagen möchte, es fehle aber doch an Erfahrung, sind die Grundlagen der Arbeitstechniken gelegt, verstanden und auch trainiert.

Somit möchte ich hier alle Leserinnen und Leser ermutigen, sich bewusst zu werden, dass ein selbstbewusster Blick auf dieses Handwerkszeug richtig und angeraten ist. Eine Veranstaltungsorganisation durch die Fachschaft, eine Exkursion, ein Konzeptentwurf für eine Gemeinde, das Erstellen einer wissenschaftlichen Arbeit oder auch die Projektarbeit im Praktikum sind wichtige Trainingsfelder. Die erworbenen Kompetenzen an konkreten Beispielen zum Einsatz zu bringen, bezeichnet den hohen Anwendungsbezug der Geographie und somit eine tolle Startplattform für die Projektarbeit im Beruf.

5.19 Eignung für die öffentliche Verwaltung und die Privatwirtschaft gleichermaßen

Last but not least sei ein ganz wichtiges Argument hervorgehoben, was wir aus der geographischen Ausbildung ableiten können. Die Geographie spielt sich mit all ihren Forschungsfeldern, Aufgaben und Fragestellungen sowohl im öffentlichen Kontext als auch in der Privatwirtschaft ab. Woran können wir das erkennen?

Da sich die Geographie mit den unterschiedlichen Bedürfnissen befasst, die an den Raum gestellt werden, und hier eine staatliche Ordnungs- und Koordinierungsfunktion zum Tragen kommt, sind behördliche Zuständigkeiten in vielen Fällen zutreffend. Wenn wir an die Raumordnung und Landesplanung denken und in ein Landesentwicklungsprogramm blicken, wird vielleicht deutlicher als an irgendeiner anderen Stelle, wie wichtig eine geordnete Raumentwicklung für die verschiedenen Interessen ist. Denken wir an den Bundesverkehrswegeplan, an Hochwasserrichtlinien, an Raumordnungsverfahren, Umweltverträglichkeitsprüfungen oder Bebauungspläne, überall wird klar, dass raumrelevante Faktoren von den entsprechenden Fachbehörden erhoben, gesammelt, analysiert, visualisiert, in den Fachkontext eingeordnet und in entsprechende Verfahren eingebracht werden.

Einen Übergangsbereich zur Privatwirtschaft stellen Rechtsformen dar, die zum Beispiel als GmbH die Wirtschaftsförderungsaktivitäten in einer Region übernehmen, als Tourismusgesellschaft die touristische Vermarktung oder als Verein Regionalmanagementaufgaben. Gesellschafter sind hier oft die Gemeinden oder andere Unternehmen, deren Gesellschafterstruktur wiederum aus Gebietskörperschaften besteht. Diese Eigentümerstruktur finden wir häufig auch bei anderen Infrastrukturunternehmen wie Flughäfen oder Messegesellschaften. Sie haben eine übergeordnete Funktion und sind deswegen zwar privatwirtschaftlich organisiert, aber oft in öffentlicher Hand.

Viele andere geographische Jobs sind dagegen rein dem privaten Sektor zuzuordnen. Wer in einem Bodengutachtenbüro, in einer GIS-Softwarefirma, in einem Marktforschungsunternehmen oder bei einem Reiseanbieter sein Praktikum gemacht hat, hat bereits einen Einblick in diesen Bereich des geographischen Arbeitsmarktes.

So liegt es in der Natur der Sache, dass viele Absolvierende der Geographie diesen Spannungsbogen geographischer Aufgaben von öffentlicher Hand zu Privatwirtschaft nicht nur aus der Heterogenität der Themen im Studium kennen, sondern bereits im Rahmen von Werkstudententätigkeiten, Praktika oder Studienarbeiten Behörden und Unternehmen gleichermaßen kennengelernt haben. Dies ist sicherlich hilfreich, zeigt es doch eine breitere Denk- und Arbeitsweise in vielen Feldern, wo ein rein behördlicher Blick einerseits, aber auch eine rein ökonomische Betrachtung andererseits zu kurz gesprungen wäre.

Kommunikationsstrategie

6

In diesem Kapitel wollen wir uns der spannenden Frage widmen, wie wir eine selbstbewusste Kommunikationsstrategie für das Geographiestudium, die eigenen Stärken und das persönliche Auftreten aufbauen können. Zu diesem Zweck werden wir uns zunächst genau ansehen, wie Vorstellungsgespräche ablaufen und dies in den Kontext setzen mit den grundlegenden Recruitingmodellen und dem Perspektivwechsel in die dortigen Denk-, Handlungs- und Entscheidungsmuster, die wir zu Beginn dieses Buches bei der Zielgruppenanalyse im Kap. 2 betrachtet haben. Darauf aufbauend, werden wir die einzelnen Abschnitte eines Jobinterviews, die besonders für Absolvierende eines interdisziplinären Studiengangs wie der Geographie eine Herausforderung darstellen, fokussiert angehen und uns mit konkreten Übungen darauf vorbereiten. In Kap. 5 haben wir uns ja mit unseren geographischen Stärken befasst. Diese werden wir dann ebenfalls einbetten in das Wissen um die Konstruktion und den Ablauf eines typischen Vorstellungsgesprächs und somit unsere Kommunikationsstrategie sehr anwendungsbezogen und antizipierend komponieren.

Nun arbeite ich ja seit über zehn Jahren mit Geographiestudierenden an ganz unterschiedlichen Universitäten im In- und Ausland, weil mich diese Überlegung so fasziniert. Warum ist das so?

Wenn Sie Geographie studiert haben, kennen Sie genauso gut wie meine Studierenden und ich selbst (bei mir ist es natürlich etwas länger her) die Situation auf Familienfesten oder Feiern im Freundeskreis, dass einem die Frage gestellt wird: „Du studierst doch Geologie, äh oder Geographie, richtig? Was macht man da denn eigentlich so?" oder, wenn es um die Hauptstadt eines Landes geht, wird gesagt: „Das musst Du doch wissen, Du studierst doch Geographie!". Nett sind auch Situationen, wo einem geantwortet wird: „Ja, Erdkunde hatte ich auch mal in der Schule." Oder „Als Geograph macht man ja irgendwie alles, aber doch nur an der Oberfläche."

Kurz und gut, mir gingen derlei Gespräche oft auf den Wecker, um es salopp auszudrücken, und ich fühlte mich anfangs meist in der Defensive. Man denkt fast

W. Leybold, *Berufseinstieg Geographie*, https://doi.org/10.1007/978-3-662-63491-2_6

schon: „Och, nicht schon wieder nach dem Studium gefragt werden, wie soll ich das nur rüberbringen?" und ist froh, wenn diese Herausforderung gemeistert ist.

Als ich mich im Jahr 2004 als Mitgründer und geschäftsführender Gesellschafter einer Unternehmensberatung im Bereich Personal und Organisation selbstständig gemacht hatte, begann ich, Recruiting aus ganz neuer Perspektive zu sehen. Ich lernte sehr schnell, wie im Unternehmen Personal ausgewählt wird, sprich, was für Arbeitgeber entscheidend ist. Über die Jahre kam mir eine Idee, und ich wurde immer überzeugter davon, dass sie richtig ist: Wenn es schon so ist, dass wir etwas studiert haben, was für viele Menschen nahezu ein unbekanntes Fabelwesen ist, von dem alle schon irgendetwas gehört haben, aber fast niemand wirklich weiß, was sich dahinter verbirgt, sollten wir das doch dringend kommunikativ angehen. Oder anders ausgedrückt: Die Tatsache, dass bei vielen unserer Gesprächspartner zu dem Begriff „Geographiestudium" fast schon ein Informationsvakuum besteht, sollten wir doch aktiv angehen und konstruktiv zu einem Vorteil umformen!

Wie kann das aussehen? Na, stellen Sie sich das doch ganz einfach vor. Viele Menschen wissen naturgemäß nicht, wie ein Geographiestudium aufgebaut ist und was daran besonders begeistern kann. Dies haben wir ja schon bei unserer Überlegung in Kap. 2 festgestellt.

Wenn für so viele Menschen, auch im Recruiting und der Arbeitswelt, das Geographiestudium so ein unbekanntes Wesen ist, dann liegt doch nichts näher, als dass wir für dieses Informationsvakuum Abhilfe anbieten, und zwar richtig. Wir machen aus der Herausforderung eine tolle Chance und bauen uns eine Kommunikationsstrategie, die sich gewaschen hat. Wenn schon niemand weiß, was so faszinierend am Geographiestudium ist, dann sollten wir doch diese Wissenslücke mit einer wahren und gut erzählten Geschichte füllen, die nicht nur informiert und aufklärt, sondern die inspiriert und einen beim Zuhören zu der Erkenntnis bringt: „Wow, das ist ja ein wirklich geniales Studium, das würde ich auch studieren wollen, wenn ich noch mal jung wäre!".

So eine Kommunikationsstrategie ist natürlich nicht von heute auf morgen fertig, da gibt es schon ein paar Dinge zu beachten. Mich hat dieses Thema seit dieser Idee unglaublich fasziniert, weil Arbeitgeber beim Blick auf geographische Stärken, Kompetenzen und Einstellungen sich nur verwundert die Augen reiben können, wenn man ihnen denn die Chance dazu gibt. Also lade ich Sie herzlich dazu ein, weiterzulesen und loszulegen mit Ihrer eigenen Geschichte der Geographie.

6.1 Wie sieht ein Personalauswahlprozess aus?

Um eine möglichst ganzheitliche und erfolgreiche Vorbereitung des Berufseinstiegs erarbeiten zu können, schauen wir uns zunächst an, wie ein Einstellungsprozess üblicherweise abläuft. Lassen Sie uns dabei nicht nur klassisch auf einer allgemeinen Ebene arbeiten, sondern bereits auf die Bereiche fokussieren, die speziell mit einer interdisziplinären geographischen Ausbildung besonderes Augenmerk für eine resonierende Kommunikation verdienen.

Grundsätzlich lässt sich ein typischer Einstellungsprozess in verschiedene Abschnitte gliedern. So spricht man von der Analyse der Bewerbungsunterlagen, verschiedenen Arten von Interviews sowie dem Assessment-Center. Schauen wir uns diese drei Abschnitte miteinander an, um einen Einblick zu bekommen, wie der Auswahlprozess organisiert ist und wo bewerbungsseitig Vorbereitung besonders sinnvoll ist.

6.1.1 Die Bewerbungsunterlagen

Aus meiner Erfahrung ist es sehr hilfreich, die Bewerbungsunterlagen schlicht als erste Arbeitsproben zu betrachten. Dabei sind das Anschreiben und der Lebenslauf natürlich grundsätzlich zu unterscheiden:

Im Anschreiben gilt es zu beweisen, dass man in der Lage ist, komplexe Sachverhalte zielgruppenspezifisch zusammenzufassen, zu fokussieren und maßgeschneidert darzustellen. So erklärt sich die allgemein bekannte Richtlinie, das Anschreiben solle auf eine Seite passen, fast von selbst. Würde eine Bewerberin oder ein Bewerber, um zu argumentieren, dass sie oder er strukturiert, fokussiert und zielorientiert arbeiten kann, zwei oder mehr Seiten Text benötigen, wäre das natürlich keine kongruente Kommunikationsstrategie. Neben dieser Rahmenbedingung gibt es sicher viele zielführende Konzepte, die den Aufbau eines gelungenen Anschreibens beschreiben, die in der allgemeinen Literaturlage unschwer zu finden sind.

Gut beraten ist man, wenn man sich im Anschreiben als Ziel setzt, die drei zentralen Fragen: Wer bin ich? Was kann ich? Was will ich? zu beantworten. Erstere ist als Standortbestimmung zu verstehen, an welcher Universität, in welchem Ausbildungsabschnitt und vor allem mit welcher Motivation man sich dort befindet. Näheres erarbeiten wir in den Kap. 6.2 und 7.4. Für die zweite Fragestellung empfiehlt sich eine stark biographisch orientierte Stärkenbeschreibung, die den größten Teil des Anschreibens ausmacht. Näheres zu dieser Argumentationsform besprechen wir in den Kap. 6.3 bis 6.5. Die Frage nach der individuellen Zielsetzung, also die dritte Fragestellung, entstammt ebenso dem motivationalen Kontext, und wir schauen uns diese auch im Kap. 6.2 an. Das nötige kommunikationsstrategische und rhetorische Handwerkszeug werden wir uns ausführlich im Kap. 7 erarbeiten.

Der Lebenslauf verfolgt als Arbeitsprobe naturgemäß ein ganz anderes Arbeitsziel. Mit ihm soll gezeigt werden, dass man in der Lage ist, ein Dokument in beeindruckender Klarheit und Stringenz zu organisieren und zu strukturieren. Dabei liegt der Fokus nicht nur auf der inhaltlichen Strukturierung, also beispielsweise der Einordnung der einzelnen biographischen Stationen in entsprechende Rubriken, sondern gleichermaßen auf der optischen Aufbereitung, mit der man ein nicht unerhebliches Maß an Professionalität belegen kann. Auch bei dieser Kategorie findet man in der Literatur ausreichend Empfehlungen, sodass hier der Hinweis reichen soll, den Lebenslauf idealerweise in umgekehrt chronologischer Weise aufzubauen, damit in den Rubriken die aktuellsten, im Hinblick auf die eigene Lernkurve meist auch anspruchsvollsten Informationen zuerst wahrgenommen werden. Darüber hinaus kann es eine gute Idee sein, je nach

Bewerbung auch den Lebenslauf mit Fingerspitzengefühl zu justieren, beispielsweise zur Angabe des Studiums direkt dort Interessensschwerpunkte aus selbigem
zu notieren, um den Arbeitgeber besonders darauf aufmerksam zu machen. Gerade
das Geographiestudium bietet hier fabelhafte Anknüpfungspunkte zu den Bedürfnissen des Arbeitgebers, die er ja in der Stellenausschreibung kommuniziert,
weil wir aufgrund der Vielfalt des Faches aus so unterschiedlichen Richtungen
Interessen formulieren und angeben können. Bei der Konzeption der beiden Unterlagen ist es immer ratsam, die Zielgruppe nicht aus den Augen zu verlieren. Wie
liest, denkt und entscheidet der Arbeitgeber? Im Kap. 2 haben wir uns dies in einer
Zielgruppenanalyse genau erarbeitet, die hier wertvolle Grundlage ist.

Diese beiden Arbeitsproben werden üblicherweise ergänzt durch entsprechende
Zeugnisse und Anlagen und optional ein Foto. Hier ist wie bei der Gestaltung einer
thematischen Karte die Frage zu stellen, was die Leserin oder der Leser aus den
Nachweisen erkennen soll und was sie oder ihn vielleicht unnötigerweise ablenkt.
So ist die Faustregel, dass aus Anlagen immer eine individuelle Leistung erkennbar
sein sollte, sicher eine wertvolle Hilfestellung. Universitäre Abschlüsse, qualifizierte
Arbeitszeugnisse oder Zertifikate sind sicherlich in diese Kategorie einzuordnen.
Teilnahmebescheinigungen, die keinen Rückschluss erlauben, wie oft jemand in der
entsprechenden Schulung anwesend war, wie aktiv sie oder er sich eingebracht hat
oder mit welchem Erfolg, sind für den Arbeitgeber wenig aufschlussreich. Diese
Qualifikationen können zwar im Lebenslauf erwähnt werden, benötigen aber nicht
unbedingt einen schriftlichen Nachweis. Sollte sich ein Arbeitgeber für spezielle
Inhalte, Leistungen oder Erkenntnisse aus beispielsweise zusätzlichen Seminaren
besonders interessieren, wird er sich im Vorstellungsgespräch mit ganz konkreten
Fragen danach erkundigen. In Anlehnung an die Metapher der kartographischen
Arbeit ist bei allen Fragen des Umfangs und Erscheinungsbilds der Bewerbung die
Überlegung wichtig: Was soll der Arbeitgeber auf den ersten Blick wahrnehmen, was
ist für ihn wichtig, um in seinem Entscheidungsprozess voranzukommen, und was
wiederum würde ihn ablenken vom Blick auf die wichtigen Leistungsnachweise?

Eine solche Bewerbung sollte in einem modernen Layout fehlerfrei erstellt sein und
idealerweise zusätzlich von einer erfahrenen Person gelesen worden sein. Es ist immer
eine gute Idee, sich als Inspiration ein Feedback einzuholen. Ob die Bewerbung auf
klassischem schriftlichen Wege, als E-Mail-Bewerbung oder als sogenannte Online-
Bewerbung über ein standardisiertes Verfahren beim Arbeitgeber einzureichen ist, lässt
sich den Stellenanzeigen entnehmen oder unkompliziert erfragen.

6.1.2 Das Vorstellungsgespräch

Im Werkzeugkoffer der Personalabteilung eines Arbeitgebers befinden sich
natürlich ganz unterschiedliche Vorstellungsgespräche, die in der Fachsprache
auch Interviews genannt werden. Neben dem Format, also Telefoninterview,
Videokonferenz oder persönlichem Gespräch vor Ort, können weitere Variablen
verändert werden, um Vorstellungsgespräche valider zu machen, also deren
Qualität in puncto Vorhersagekraft, ob es zwischen Bewerber und zukünftiger Aufgabe passt, zu verbessern. Diese veränderbaren Qualitätskriterien sind denkbar

einfach nachzuvollziehen und wenig kryptisch: So hilft es zum Beispiel, die Dauer eines Gespräch so einzustellen, dass mehr Zeit zur Verfügung steht, um sich besser kennenzulernen. Aber auch die Anzahl der Interviewenden und deren Erfahrung spielen eine nicht untergeordnete Rolle. Mehrere Interviewende können so nicht nur ganz unterschiedliche Fragen stellen und Perspektiven einbringen, sondern auch nach einem Vorstellungsgespräch die gemachten Eindrücke gemeinsam sortieren, evaluieren und objektivieren. Aber auch der Grad der Strukturierung und der Multimodalität sind Aspekte, die helfen, eine Auswahlsituation vorhersagekräftiger zu machen. Werden Leitfäden verwendet, wird nichts Wichtiges übersehen, ein Aspekt, den wir alle aus der Autowerkstatt kennen, wenn wir ein komplett ausgefülltes Inspektionsprotokoll ausgehändigt bekommen und sich ein beruhigendes Gefühl einstellt, dass ordentlich gearbeitet wurde und alle relevanten Punkte am Fahrzeug überprüft worden sind. Ein multimodaler Aufbau schließlich bezieht beispielsweise mehrere Fragetechniken mit ein, um Eignungen möglichst unterschiedlich und facettenreich zu beleuchten.

Je entscheidender es also ist, auf Anhieb die richtige Person für die ausgeschriebene Stelle zu finden, desto eher wird man zu einem anspruchsvolleren, allerdings zeit- und kostenmäßig auch aufwendigeren Auswahlinstrument greifen. Dies erklärt, warum man bei einem Praktikum, das von vornherein befristet ist, keine Führungsaufgabe oder absolut wichtigen kundenbezogenen Entscheidungen beinhaltet, regelmäßig eher ein überschaubares, kompaktes Vorstellungsgespräch mit ein oder zwei Gesprächspartnerinnen oder Gesprächspartnern gestaltet, das vielleicht sogar telefonisch durchgeführt wird, um Reisekosten zu sparen. Andererseits wird man dieser Logik folgend für eine unbefristete Stelle, die perspektivische Verantwortlichkeiten in der Kundenbetreuung, der Mitarbeiterführung oder in Projekt- oder Budgetbereichen beinhaltet, mindestens ein oder auch zwei ausführliche Interviews mit einer Reihe von erfahrenen betrieblichen Gesprächspartnerinnen oder Gesprächspartnern durchführen, die strukturiert und mit unterschiedlichen Fragetechniken und Aufgaben versuchen werden, die zukünftige Arbeitsrealität und deren Anforderungen an die Bewerberin oder den Bewerber möglichst vorhersagekräftig abzubilden.

Das vorliegende Buch ist so aufgebaut, dass die Leserin und der Leser die wichtigen Bausteine eines vorhersagekräftigen, also anspruchsvollen Auswahlgesprächs automatisch kennenlernen und entsprechende Kommunikationsstrategien trainieren. Dies hängt einerseits mit der jahrelangen Erfahrung des Autors aus der Unternehmensberatung im Recruiting, andererseits mit seiner Überzeugung, dass man besonders in interdisziplinären, also unbekannteren Fächern als Kommunikationsprofi auftreten sollte, zusammen.

Diese zentralen Felder beinhalten Strategien für die überzeugende geographische Selbstpräsentation, die unterschiedlichen Fragetechniken, den motivationalen Teil des Vorstellungsgesprächs, die vertiefenden Informationen zu Arbeitgeber und konkreter Stelle, den eigenen Fragenkatalog, den man als gut vorbereitete Bewerberin oder gut vorbereiteter Bewerber mitbringen sollte und viele weitere Aspekte der Gesprächsführung auf Augenhöhe. Dazu werden wir Techniken aus dem Bereich der Rhetorik kennenlernen, die nicht nur Führungskräften vorbehalten sind und die helfen, eigene Erfolge und Ziele überzeugend zu artikulieren.

6.1.3 Das Assessment-Center

Viele Arbeitgeber setzen in ihrer Personalauswahl ein noch aufwendigeres Auswahlinstrument ein, das Assessment-Center. In der Rekrutierung von Absolvierenden ist es meist als eintägiges Verfahren konzipiert, an dem mehrere geeignete Bewerberinnen und Bewerber teilnehmen, die oft schon ein Vorstellungsgespräch zur Stelle durchlaufen haben. Sie bearbeiten an diesem Tag Aufgaben, die auf die zu besetzende Stelle maßgeschneidert sind und werden dabei begleitet. Dabei gibt es Einzel- und Gruppenarbeiten, Präsentations- und Konzentrationsanforderungen, Übungen, in denen unternehmerisches Denken und Entscheidungsfreudigkeit gefragt sind und wieder andere, in denen es auf Kreativität und Spontanität ankommt. Dabei wird das Verhalten der Bewerbenden von mehreren Beobachterinnen und Beobachtern notiert und später gemeinsam ausgewertet, um zu möglichst validen Ergebnisse zu kommen. So kann in einem solchen Assessment-Center-Tag sehr nahe an praktischen Situationen gearbeitet werden. Man spricht beispielsweise nicht nur über einen Reklamationsfall mit der Bewerberin oder dem Bewerber und fragt nach ihrem oder seinem Verhalten in einer solchen Situation, sondern stellt dies einfach als Übung nach, führt also ein Rollenspiel zu einer typischerweise auftretenden betrieblichen Aufgabe durch, um Eindrücke zu ihrer oder seiner Handlungsweise zu erhalten.

In allen angesprochenen Abschnitten der Personalauswahl ist eine psychologische Grundüberlegung ganz wichtig: Die innere Haltung sollte das Wesen des Berufseinstiegs widerspiegeln, es geht schlicht darum, sich gegenseitig vorzustellen und herauszufinden, ob man zueinander passt. Also gibt es keine Bittstellerrolle, sondern die beiden spannenden Fragen: Wie kann ich mich so präsentieren, dass der Arbeitgeber beeindruckt und sogar ein Stück weit fasziniert ist? Und: Was muss ich erfragen und erspüren, um herauszufinden, ob diese Stelle meinen Erwartungen entspricht und ich bei diesem Arbeitgeber gerne anfangen möchte?

Ferdinand sieht dem Ganzen freudig entgegen, weil er sich bislang beim Gedanken an Vorstellungsgespräche eher ein bisschen in der Defensive gefühlt hat, wenn er ehrlich ist. Er war eigentlich immer froh, wenn er nicht wirklich auf den Nutzen seines Geographiestudiums angesprochen wurde, weil er diese Frage noch nicht überzeugend reflektiert und aufbereitet hatte. Es leuchtet ihm ein, dass es eine vielversprechende Strategie ist, nicht nur chancenorientiert auf die eigenen geographischen Stärken zu blicken, sondern diese proaktiv in die Sprache und Arbeitsweisen des zukünftigen Arbeitgebers einzubetten. Dadurch wird nicht nur der Kommunikationsprozess für beide Seiten deutlich optimiert, sondern Ferdinand sieht zu Recht noch einen weiteren entscheidenden Vorteil für sich: Er kann auf diese Weise seinen bislang verspürten Stress in Verbindung mit Vorstellungsgesprächen deutlich reduzieren, weil viele Stressoren durch diese Art von Vorbereitung aus der Situation vorgezogen und durch Übung entschärft werden (Abb. 6.1). Er schmunzelt, weil er immer mehr Lust hat, sich zum geographischen Kommunikationsprofi auszubilden!

Abb. 6.1 Ferdinand präsentiert selbstbewusst

6.2   Die motivationale Frage

Selbstverständlich hat die Frage der Motivation für Arbeitgeber einen hohen Stellenwert. Im Auswahlprozess wird die Frage nach der Motivation der Bewerberin oder des Bewerbers regelmäßig eine bedeutende Rolle spielen. Dabei sind gerade bei der Bewerbung nach dem Geographiestudium einige wichtige Aspekte zu beachten.

Für den Arbeitgeber sind üblicherweise zwei unterschiedliche Bereiche der Motivationslage entscheidend: Einerseits ist dies die Motivationslage im Hinblick auf berufsbezogene Entscheidungssituationen, andererseits die ganz konkrete Bewerbungsmotivation. Dabei ist grundsätzlich relevant, dass Motivationslagen dieser Art meistens aus mehreren Einzelüberlegungen gespeist werden, also multifaktoriell sind.

Schauen wir uns diese beiden Motivationsbereiche genauer an: Was bedeutet: „Motivationslage im Hinblick auf berufsbezogene Entscheidungen" eigentlich? Jeder Mensch trifft in seinem Leben eine Vielzahl von Entscheidungen. Berufsbezogene Entscheidungen im Lebensabschnitt des Studiums sind klassischerweise solche wie: „Was für eine Ausbildung möchte ich machen? Will ich studieren? Welche Fächer kommen infrage? An welcher Universität will ich studieren? Mache ich nach dem Bachelor noch den Master? Im gleichen Fach oder vielleicht in einer ganz anderen Richtung? Wechsele ich dafür an eine andere Universität? Warum dieses Masterarbeitsthema? Weshalb eine Promotion anstreben?"

Unterschiedliche Menschen haben für diese berufsbezogenen Entscheidungsfragen natürlich ganz unterschiedliche Strategien. Manchen war aufgrund der Fächerwahl schon in der Schule klar, was sie studieren möchten. Andere haben vielleicht zunächst eine Berufsausbildung in einem Reisebüro absolviert und später den Wunsch verspürt, noch ein Studium anzuschließen. Sicher gibt es auch Menschen, die erst einmal ein Studium angefangen, dann aber festgestellt haben, dass dieses nicht wirklich zu ihnen passt und nach einer Orientierungsphase und einem Studienfachwechsel den Weg zur Geographie gefunden haben. Vielleicht hat jemand ganz bewusst ein soziales Jahr oder eine Zeit im Ausland verbracht, um sich klarer zu werden, welchen Weg er in der Zukunft gehen möchte, um seinem Leben nach einem spannenden Studium berufliche Erfüllung und Freude zu verleihen.

Für den Arbeitgeber ist, wie diese exemplarische Differenzierung zeigt, wichtig, Einblicke zu bekommen in Fragen der beruflichen Orientierung, aber auch der Entscheidungsfindung. Dabei steht nicht im Vordergrund, dass jemand sich schon immer zur geographischen Ausbildung hingezogen fühlte oder dieser Weg durch eine Interessenlage seit Jahren eindeutig vorgezeichnet war. Selbstverständlich ist es genauso überzeugend, wenn eine Studierende oder ein Studierender aus einer Vielfalt an Möglichkeiten das Geographiestudium gewählt hat, um sich inspirieren zu lassen. Wichtig ist bei einem solchen Weg zur Geographie schlicht, dass man betont, warum dieses Studium genau die richtige Wahl war und was einen jetzt daran begeistert.

So sollten individuell die Aspekte der eigenen Motivation reflektiert werden. Die Wahl des Geographiestudiums kann auf einer Liebe zur Natur und zur Nachhaltigkeit genauso entstehen wie aus einem Faible für Karten. Viele Geographiestudierende reisen sehr gerne und blicken über den Tellerrand. Ein Interesse für andere Länder, Kulturen und Menschen kann ebenfalls ein motivationaler Aspekt sein. Aber auch die Vielfalt des Fachs kann einen reizen oder die hochaktuellen Fragestellungen, die vom Klimawandel bis hin zur Immobiliensituation reichen. Vielfältige Berufsmöglichkeiten sind sicher attraktiv, genauso wie die Möglichkeit, in geographischen Jobs nicht nur am Schreibtisch, sondern vielleicht auch in der Natur unterwegs zu sein. Aber auch Zukunftsthemen wie der eigene Beitrag zum Umweltschutz oder zu einer modernen Mobilität können einen für die Geographie begeistern. Natürlich kann zu einer Entscheidung für die Geographie auch beigetragen haben, dass man sich nicht zu früh auf eine ganz bestimmte Fachrichtung festlegen mochte und gerade die Gestaltungsspielräume und Wahlmöglichkeiten in diesem Fach wertschätzt. Auch diese Liste ließe sich natürlich noch beliebig ergänzen, so viele weitere Gründe lassen sich für die Aufnahme eines Geographiestudiums nennen, wie zum Beispiel die hohe Anwendungsorientierung, die Arbeit in Kleingruppen und die oft gefragte Eigeninitiative. Ergo lässt sich zusammenfassend sagen: Es gibt in puncto Motivation viele Wege nach Rom, wichtig ist, dass man sich dazu inspirierend unterhalten und eigene, biographische Entscheidungsaspekte erläutern kann.

Dies gilt entsprechend für alle weiteren beruflichen Entscheidungen. Für die Auswahl einer ganz bestimmten Universität sprechen ebenfalls unterschiedlichste Gründe: Vielleicht ist man nicht weit davon zu Hause und fühlt sich in diesem Landstrich besonders wohl. Oder aber man hat sich verschiedene Universitäten angesehen und findet das Campusflair und die Kompaktheit der Universität ansprechend. Vielleicht ist es aber auch die schöne Stadt, verbunden mit einer guten Verkehrsanbindung? Auch die Nähe zu einem Ballungsraum wie dem Rhein-Main-Gebiet oder München mit vielen beruflichen Perspektiven ist für viele sicher ein wichtiges Kriterium. Oder aber man hat in einem Uniranking nachgelesen und sich nach Universitäten umgesehen, die einen besonders guten Ruf genießen, möglicherweise waren es auch besondere Fach- und Forschungsthemen, die einen an eine spezielle geographische Fakultät zogen. Die Möglichkeit, entsprechende Nachbarfächer zu studieren, an Partnerunis ins Ausland zu gehen, Freizeitmöglichkeiten in der Region oder auch der Wunsch, selbstständig zu werden und deswegen ans andere Ende der Republik zu gehen, sind ehrenwerte Beweggründe für berufsbezogene Überlegungen. Auch diese Auflistung ließe sich natürlich weiter fortsetzen.

Die konkrete Bewerbungsmotivation ist das zweite große Feld der motivationalen Frage, das den Arbeitgeber interessiert. Er stellt Fragen wie: „Warum bewerben Sie sich gerade bei uns?" oder „Was reizt Sie an diesem Berufsfeld?". Anders als die vorangegangene Reflexion zu den berufsbezogenen Entscheidungssituationen ist diese Motivationslage für jede Bewerbung individuell. Hier empfiehlt sich der genaue Blick auf die Stellenanzeige mit ihren Anforderungen, das Gespräch mit Praktikerinnen und Praktikern aus dem Berufsfeld oder Recherchen zu üblichen Tätigkeiten in dieser Branche. Natürlich ist eine detaillierte Lektüre der Internetseiten des einstellenden Unternehmens ebenfalls hilfreich. Hier finden sich meist Informationen zu Werten und Zielen, zu gesellschaftlicher Verantwortung oder Nachhaltigkeit. Innovationskraft und Internationalität können genauso motivieren wie eine Start-up-Mentalität und flache Hierarchien. Attraktive Weiterbildungsmöglichkeiten sind ebenso wertvoll wie eine Aufgabe, die aufgrund ihrer Vielfalt eine steile Lern-kurve verspricht. Die Möglichkeit, im Job zu reisen oder Verantwortung zu über-nehmen, kann ebenso reizvoll sein.

Es ist eine wertvolle Reflexionsübung, sich die Fragen dieses Kapitels im Sinne einer multifaktoriellen Analyse differenziert zu stellen. Dies eignet sich auch gut für ein Gespräch mit anderen Geographiestudierenden, um neue Impulse zu erhalten.

Übungsbox

- Nehmen Sie sich die Zeit, und machen Sie alleine oder mit Kommilitoninnen oder Kommilitonen eine Reflektion zu Ihren Motivationsaspekten. Notieren Sie sich Ihre wichtigsten Einfälle.
- Bearbeiten Sie die beiden Grundfragen separat. Die motivationalen Aspekte Ihrer berufsbezogenen Entscheidungen können Sie am besten ermitteln, wenn Sie sich gedanklich zurückversetzen in die Lebens-abschnitte, in denen Sie diese Entscheidungen getroffen haben. Die konkreten Überlegungen zu Ihrer Bewerbungsmotivation dagegen sind gegenwartsbezogen. Denken Sie an einige Ihrer Wunscharbeitgeber und stellen Sie sich die Frage: „Warum würde ich dort gerne arbeiten?". So können Sie auch hier eine Liste von Argumenten finden, die für diesen Arbeitgeber sprechen.
- Sollte Ihnen auf Anhieb nicht genug einfallen, denken Sie wirklich an Teamwork oder das Gespräch mit einer erfahrenen Person. So werden Sie sicher auf viele wichtige Ideen kommen.

6.3 Elevator Pitch

Als Elevator Pitch bezeichnet man üblicherweise eine überzeugende, kompakte Präsentation, die zeitlich etwa mit einer Minute oder einem ähnlichen Zeitformat auskommt. Die Idee dahinter ist, auf einer Aufzugsfahrt in einem Hochhaus eine andere Person von einem eigenen Anliegen zu überzeugen (Abb. 6.2). Es geht also darum, eine Information „rüberzubringen", aber nicht einfach irgendwie, sondern so, dass die Zuhörerin oder der Zuhörer im Anschluss sagt: „Wow, das ist wirklich spannend, ich bin beeindruckt!".

Und genau so eine Strategie brauchen wir für unser Geographiestudium. In Kap. 5 haben wir ja bereits festgestellt, dass auf der Seite unserer Zuhörenden und Gesprächspartnerinnen und Gesprächspartner in Bezug auf das Geographie-studium oft ein Informationsvakuum herrscht oder zumindest nur einige wenige, nicht wirklich zutreffende Assoziationen vorliegen. Hier setzen wir mit unserem geographischen Elevator Pitch zukünftig an.

Um eine fokussierte Vorstellung des eigenen Studiums in so kurzer Zeit zu machen, brauchen wir erst einmal konkrete Arbeitsziele. Was wollen wir mit den Elevator Pitch für das Geographiestudium erreichen? Was ist unbedingt not-wendig, damit es klappen kann?

Abb. 6.2 Ferdinand im Aufzug

Aus meiner Sicht sind zwei Ziele ganz entscheidend: Erstens, wir müssen aufklären und informieren. Wir müssen erklären, was man im Geographiestudium überhaupt macht. Zweitens, wir sollten uns überlegen, wie wir den Funken der Begeisterung zum Überspringen bringen, also uns die Frage stellen, wie wir jemand anderen dafür begeistern können.

Ziel Nummer eins scheint auf den ersten Blick vielleicht leicht, ist aber durchaus herausfordernd, wenn wir es genau betrachten. Was ist für jemanden wichtig zu wissen, der sich unter dem Geographiestudium (noch) nicht viel vorstellen kann? Und da beginnt die redaktionelle Arbeit Ihrer eigenen Marketingabteilung, viele mögliche Strategien sind denkbar.

Vielleicht skizziert man die beiden Bereiche physische Geographie und Humangeographie als wichtige Säulen, indem man ganz konkrete Einzeldisziplinen nennt: die Geomorphologie, die Hydrologie, die Klimatologie oder andere und respektive die Stadtgeographie, die Verkehrsgeographie, die Wirtschaftsgeographie und weitere. Sicherlich ist es sinnvoll, hinzuzufügen, dass diese beiden Bereiche durch einen angewandten Methodenteil ergänzt werden, in dem viele über die Geographie hinaus wichtige Werkzeuge trainiert werden, wie zum Beispiel analytisches Denken, Kommunikationsfähigkeit, Präsentationsvermögen oder Organisationstalent.

Aber auch eine ganz andere Herangehensweise ist für das Informationsziel denkbar. Man könnte mit einer kurzen, eigenen Definition der Geographie starten und dann beschreiben, in welchen Berufen sich Geographinnen und Geographen als Gestaltende im Raum wiederfinden. Je nach Zuhörendengruppe und vermuteten Vorkenntnissen ist natürlich jeweils zu berücksichtigen, wie fachspezifisch das Sprachniveau idealerweise ist.

Zweites Ziel im geographischen Elevator Pitch ist es, die eigene Begeisterung zu transportieren. Im Kap. 7.4 werden wir ausführlich ein Instrument für die Kommunikation der geographischen Stärken kennenlernen, das uns auch beim Elevator Pitch sehr hilfreich sein kann: die Commitment-Formulierungen. So viel sei bereits hier schon verraten: Es ist eine gute Idee, das Studium nicht nur sachlich vorzustellen, sondern auch zu schildern, was einen daran fasziniert. Sinngemäß wird der erklärende Teil des geographischen Pitches ergänzt durch Formulierungen wie: „Mir persönlich gefällt am Studium am besten ...", „Mich fasziniert ..." oder „Mein Highlight im Geographiestudium war eindeutig ...".

Warum ist dies so wichtig? Erst durch die persönliche Bewertung des Studiums treten wir als glaubhafte Botschafterinnen und Botschafter dieser Ausbildungsrichtung auf. Der Arbeitgeber interessiert sich für diese subjektive, chancenorientierte Bewertung dieser biographischen Station und ist natürlich gespannt, wie sie ausfällt. Also gilt es, auch wenn einen im Studium nicht alles gleichermaßen interessiert hat, zu evaluieren, was man als Akzent, als Inspiration oder Besonderheit erzählen kann, um die Begeisterung für das Studium authentisch zu präsentieren.

Diese Präsentation des Studiums und der eigenen Präferenzen mit den Zielen „Information" und „Inspiration" kann man wunderbar üben. Wichtig ist dabei, sich Feedbackgebende zu suchen, die möglichst wenig über das Studium wissen und schon immer einmal wissen wollten, was Sie eigentlich an der Universität genau machen. Aus meiner eigenen Erfahrung weiß ich, dass man da im Familien- und Freundeskreis nicht allzu lange suchen muss. Trainieren Sie diese Gesprächssituation ausführlich, denn auch eine überzeugende Wortwahl und das Nennen von ganz konkreten geographischen Beispielen sind dafür essenziell. Fragen Sie dann Ihre Zuhörenden nicht nur, ob sie verstanden haben, worum es beim Geographiestudium geht, sondern auch, ob sie jetzt von Ihnen beeindruckt sind. Solange das nicht der Fall ist, besteht nachweislich noch Luft nach oben.

In welchen Situationen werden Sie den Elevator Pitch später brauchen? Er bildet quasi die Grundlage für Ihre erfolgreiche Kommunikation als Geographin oder Geograph.

Im Vorstellungsgespräch sind Fragen wie: „Warum soll ich gerade eine Geographin oder einen Geographen einstellen?", „Was hat Ihnen am Studium am besten gefallen und warum?", „Würden Sie Ihr Studium weiterempfehlen?" oder „Was hebt das Geographiestudium von anderen Studiengängen ab?" gern gesehene alte Bekannte. Wenn wir ehrlich sind, ist es ja auch legitim und nachvollziehbar, einen jungen Menschen, der sich drei, vier, fünf oder mehr Jahre mit einem Studium beschäftigt hat, zu fragen, warum dies lohnenswert war.

Ferdinand dachte sich am Anfang des Kapitels, das sei alles kein Problem. Nach der Reflexion der beiden Ziele des geographischen Pitches stellt sich bei ihm doch das Gefühl ein, dass es sich lohnen könnte, dies einmal auszuprobieren und sich dazu auch kritische Rückmeldungen einzuholen. Motivierend ist für ihn, dass es diese Übung nicht nur für das Vorstellungsgespräch braucht, sondern er in vielen anderen Situationen, auf Festen, in der Freizeit oder beim Sport viel schlagfertiger und selbstbewusster auftreten kann, wenn die Frage nach seinem Studienfach aufkommt.

Übungsbox

- Trainieren Sie Ihren eigenen Elevator Pitch! Schaffen Sie sich durch eine Skizze oder eine Liste wichtiger Punkte eine Struktur, in der Sie auf Ihre beiden Arbeitsziele „Information" und „Inspiration" fokussieren.
- Machen Sie klar, dass Sie die andere Seite erst einmal über Ihr Fach aufklären müssen und darüber hinaus faszinieren wollen! Stellen Sie sich eine Zielgruppe vor, die Sie begeistern wollen!
- Üben Sie den Elevator Pitch zunächst für sich und dann mit Feedbackpersonen. Bitten Sie diese, Ihnen eine ehrliche Rückmeldung zu geben, ob sie nun verstanden haben, um was es bei der Geographie geht und ob sie Lust hätten, selbst loszustudieren.
- In den Kap. 5 und 7 erarbeiten wir weitere hilfreiche Werkzeuge, die Sie in dieser Übung einsetzen können.

6.4 Biographische Beispiele

In der Personalrekrutierung verwendet man in Vorstellungsgesprächen unterschiedlichste Arten von Fragetypen. Neben offenen, also W-Fragen, situativen und anderen Fragetypen werden sehr häufig auch biographische Fragestellungen eingesetzt. Warum ist das so?

An sich ist es nicht verwunderlich. Man hat herausgefunden, dass es hilfreich ist, Erfahrungen zu erfragen, um dann daraus abzuleiten, ob jemand entsprechende Aufgaben in der Zukunft bewältigen können wird. Dieser Sachverhalt ist auch nur zu logisch. Stellen Sie sich einen Zahnarztbesuch für eine anstehende Behandlung vor. Sicherlich beruhigt es Sie auch, wenn Sie wissen, dass die Zahnärztin oder der Zahnarzt diese Tätigkeit nicht zum ersten Mal durchführt, sondern über ausreichend Erfahrung verfügt, eine Behandlung auch bei Ihnen erfolgreich zu absolvieren. Oder Sie steigen in ein Taxi: Vorzugsweise hat die Fahrerin oder der Fahrer einen Führerschein und ausreichend Erfahrung im Stadtgebiet, um Sie zu jeder Tageszeit und Verkehrslage sicher und zügig an Ihr Ziel zu bringen.

Das Eruieren bisheriger Erfahrungen zu Situationen, die bestimmte Fähigkeiten erfordern, ist also ein probater Weg, um herauszufinden, ob jemand für eine Aufgabe geeignet ist oder nicht. Dabei zählen nicht immer langjährige Berufserfahrung, sondern gerade bei Young Professionals vorzugsweise biographische Erfahrungen aus dem jeweiligen Lebensabschnitt. Hier wäre das Studium, ein Praktikum, eine Werkstudententätigkeit, eine Sportaktivität oder ein anderes Engagement zu nennen. Wenn wir also wissen, dass der Arbeitgeber stark an biographischen Erfahrungen interessiert ist und uns die Kompetenzfelder anschauen, die er uns in der Stellenausschreibung kommuniziert, müssen wir ja nur noch diese Fäden der Erkenntnis zusammenführen.

Um dies zu tun, möchte ich Ihnen eine Kommunikationstechnik vorstellen, die Ihre eigenen Stärken so vorbereitet, dass diese optimal mit den Bedürfnissen und Erhebungsmethoden der Arbeitgeberseite resonieren. So können Sie Ihre geographischen Stärken und Ihr Alleinstellungsmerkmal nicht nur vorbereiten, sondern dies auf eine Weise tun, die Ihnen helfen wird, in Vorstellungssituationen schnell, passend, souverän und überzeugend aufzutreten.

6.5   Die geographische Portfoliokommode

Unser Allzweckwerkzeug einer selbstbewussten und überzeugenden Kommunikation beim Berufseinstieg wird, wenn Sie möchten, die Portfoliokommode der Geographie. Dieses Modell habe ich aus meiner langjährigen Recruitingerfahrung heraus speziell dafür entwickelt, Studierende und Promovierende dabei zu unterstützen, von Anfang an auf Augenhöhe mit dem Arbeitgeber zu kommunizieren und die eigenen Leistungen erfolgreich zu belegen. Seine entscheidenden Vorteile werden wir im Folgenden nacheinander erkennen und zu schätzen wissen.

Stellen wir uns ein altes Möbelstück vor. Eine schöne, alte Vollholzkommode, die vor über hundert Jahren von einem Schreiner in Handarbeit angefertigt wurde. Sie verfügt schlicht aufgrund ihrer Machart und des Holzes über einen ganz besonderen Charme. Sie hat in unserer Vorstellung mehrere Schubladen, auch die sind noch in alter Schreinerkunst mit gezinkten Eckverbindungen zusammengefügt und machen unsere Portfoliokommode zu einem Unikat. Jede Schublade verfügt über einen kleinen, gedrechselten Griff zum Aufziehen derselben, und wenn man sie öffnet, vernimmt man ein leises Gleiten des Holzes in der Führung.

Angekommen in der Vorstellung unseres besonderen Möbelstücks? Nun ist zusätzlich noch etwas Fantasie gefragt: Unsere geographische Portfoliokommode besitzt
nicht nur 5 oder 10 Schubladen, sondern mindestens 20, vielleicht auch 24 oder
mehr, je nachdem, wie fleißig Sie in Ihrer gedanklichen Möbelwerkstatt sind.

Um sich dieses Kommunikationswerkzeug selbst zu bauen, brauchen Sie
zunächst nur ein Papier und einen Stift. Zeichnen Sie sich einen Rahmen und
unterteilen Sie diesen durch vertikale und horizontale Linien in ein Schema etwa
ähnlich großer Kästchen, die Sie noch mit einem kleinen Punkt als symbolischem
Griff versehen, damit Sie Ihre Schubladen auch aufziehen können.

Wofür ist unser altes, wertvolles Möbelstück nun gut? Es bildet den perfekten
Ort für Ihre tolle Biographie mit all Ihren erzählenswerten Geschichten und
Erfahrungen! Und zwar nicht alle in einem großen Fach wie in einem Schrank,
dessen Flügeltüren man öffnet und alles stürzt einem entgegen, sondern geordnet,
sortiert. Warum ist diese Ordnung in Ihrer Portfoliokommode wichtig? Na ja,
es hat sich in vielen Vorstellungsgesprächen gezeigt, dass es hilfreich ist, seine
Stärken irgendwie sortiert zu haben. Wird man etwas gefragt, nützt es ja nichts,
wenn man das Gefühl hat, man könnte dazu etwas sagen, muss aber im aus dem
Schrank kippenden Berg von Argumenten solange stöbern, bis man das richtige
findet, dass es einem schon unangenehm vorkommt. Ich glaube, wir können uns
diese Situation alle gut vorstellen und verstehen den Reiz eines aufgeräumten,
griffbereiten und schlagfertigen Portfolios.

Also, die Kommode steht da und will befüllt werden mit Ihren biographischen
Beispielen. Dies funktioniert ganz einfach. Sie haben ja beim Lesen dieses Buches
bis hierher schon viel über geographische Stärken erfahren und reflektiert. Nun
beschriften wir einfach die Schubladen mit den entsprechenden Fähigkeiten, über
die wir gesprochen haben. Also steht auf der einen Schublade das interdisziplinäre
Denken, auf der anderen die Aufgeschlossenheit, auf der nächsten die Teamarbeit,
eine weiter die analytischen Fähigkeiten und so fort. Die Reihenfolge ist hier nicht
entscheidend, Hauptsache, alle kommen vor.

Nach den von uns diskutierten Begriffen empfehle ich Ihnen noch einige Stellenanzeigen anzuschauen und dort im Abschnitt „Wir erwarten von Ihnen" oder „Sie
bringen idealerweise mit" nachzuforschen, welche Fertigkeiten der Arbeitgeber
sonst noch von Ihnen erwartet. Ich kann Sie beruhigen. Viel Neues werden Sie dort
nicht auftun, da meine Arbeitsweise mit Ihnen natürlich auf diesen sogenannten
berufsbezogenen Dimensionen beruht. Wir haben ja bei der Ausarbeitung der geographischen Stärken ohnehin schon darauf geachtet, dass wir diese in Resonanz
setzen mit den üblichen Bedürfnissen von Arbeitgebern für Stellen, für die sie
Berufseinsteiger einstellen. Trotzdem empfehle ich Ihnen den Abgleich unserer
Stärkenliste mit individuellen Stellenausschreibungen, weil es erfahrungsgemäß
je nach Stelle, Branche, Land, Person oder Organisation natürlich noch kleinere
Spezifika geben kann, vielleicht auch fachlicher oder ähnlicher Natur.

Wir haben also nun die Schubladen beschriftet und dazu zwei Quellen heran-
gezogen – einerseits unsere geographische Selbsteinschätzung, also unser eigenes
Stärkenprofil, so wie wir es in den vorangegangenen Kapiteln erarbeitet haben,
andererseits die Erwartungshaltung des Arbeitgebers, die wir exemplarisch aus
entsprechenden Stellenausschreibungen abgelesen haben.

Nun sind Sie ganz persönlich gefragt. Fangen Sie einfach bei der Schublade an, die Ihnen am leichtesten fällt, und bilden Sie biographische Beispiele für diese Dimension. Nehmen wir einmal an, auf einer Ihrer Schubladen stehen Ihre Fremdsprachenkenntnisse in Englisch. Wichtig ist jetzt, dass Sie sich einfach fragen, bei welchen Gelegenheiten im Leben Sie bislang Ihre Englischkenntnisse trainiert und unter Beweis gestellt haben. Vielleicht fällt Ihnen Ihr Au-pair-Jahr in Nebraska ein, oder Sie haben Work and Travel in Australien gemacht. Vielleicht war es aber auch der Englisch-Leistungskurs in der Schule oder ein Wahlfach. Oder Sie haben Englischnachhilfe gegeben oder immer gerne englische Bücher gelesen. Vielleicht waren Sie mit Erasmus an einer anderen Universität oder hatten andere Berührungspunkte zu dieser Sprache. Was auch immer es war, Ihren ganz persönlichen, biographischen Bezug zu dieser Sprache legen Sie in diese Schublade.

Vielleicht fangen Sie ja aber auch mit der Dimension Teamarbeit an. Hier legen Sie möglicherweise verschiedene Gruppenarbeiten aus dem Studium in die Erfahrungsschublade ein, Ihre Fachschaftsaktivität oder Ihr Mitspielen im Universitätsorchester. Vielleicht ist es aber auch ein Beispiel aus dem Sport, weil Sie im Fußballverein spielen, oder Sie haben aus einem Praktikum wertvolle Erkenntnisse profitieren können, wie ein funktionierendes Team aufgebaut ist und welche Faktoren dafür wichtig sind. Wer schon eine Ausbildung hat oder im elterlichen Betrieb mitgearbeitet hat, kennt die Grundlagen einer guten Zusammenarbeit eben aus diesen biographischen Stationen.

So füllen Sie nach und nach alle Schubladen mit biographischen Beispielen aus Ihrer ganz persönlichen Reflexion zu Ihrem Leben. Wichtig ist dabei, dass Sie die drei Grundüberlegungen zur Kommunikation im Recruiting beachten sollten, die wir ja schon besprochen haben.

Erstens, Ihre biographischen Beispiele sollten aktiv sein. Optimal sind Geschichten, aus denen der Arbeitgeber lesen kann, dass Sie im Aktiv-Passiv-Modell auf der Seite der Eigeninitiative zu finden sind. Wenn Sie also über Ihre jeweiligen biographischen Geschichten nachdenken, achten Sie bitte darauf, dass Sie in diesen Situationen eine aktive Rolle innehatten oder noch haben, also an etwas mitwirken, etwas gestaltet haben, eine Entscheidung getroffen oder Verantwortung übernommen haben.

Zweitens, vergessen Sie nicht das Drei-Sektoren-Modell. Ihre biographischen Beispiele können und sollten sogar aus allen drei Bereichen Ihres Lebens stammen. Sie können also Ihre Kompetenzen mit Erfahrungsbeispielen aus dem Studium, dem angewandten Bereich und auch dem Feld der Persönlichkeit anführen. Viel wichtiger als die Frage, wo Sie etwas maßgeblich gelernt haben, ist der biographische Beleg dafür, dass Sie es können. Erzählen Sie somit möglichst Beispiele aus allen drei Erfahrungsbereichen, legen Sie ganzheitliche und fachübergreifende Beispiele in Ihre Schubladen ein.

Drittens, denken Sie an die Brücke in Venedig. Wir haben ja herausgefunden, dass es entscheidend ist, die Sprache des Arbeitgebers zu sprechen, also auf der sogenannten Metaebene zu kommunizieren. Prüfen Sie einfach, ob in Ihren Beispielen für den Arbeitgeber klar wird, was Sie damit eigentlich sagen wollen und was er davon hat. Schildern Sie einzelne Beispiele, aber vergessen Sie nicht, dann hervorzuheben, in welchen Bereich Sie diese Arbeitsaufgaben trainiert haben und was Sie dabei lernen konnten.

So füllt sich nach und nach Ihre geographische Portfoliokommode mit ganz konkreten Erfahrungen aus Ihrem Leben. Diese sind wichtigen Bedürfnissen des Arbeitgebers antizipierend zugeordnet und in einer Kommunikation aufbereitet, die er nicht nur versteht, sondern die bei ihm Türen öffnet. Wie wir hier kommunikativ noch feilen können, werden wir im Kap. 7 noch vertiefen. Ein kommunikationspsychologischer Aspekt sei hier aber noch verraten: Biographische Beispiele sind umso beeindruckender, also umso wirkungsvoller, je höher Sie den Konkretisierungsgrad nach oben ziehen. Will heißen, erzählen Sie wirklich eine konkrete, nachvollziehbare Geschichte, so wie sie war. Sagen Sie nicht nur, dass Sie im Ausland studiert haben, sondern nennen Sie den Namen der Universität, die Fächer, die Sie belegt haben, wie Ihre Ankunft dort war, was Ihnen besonders gefallen und was Sie inspiriert hat. Nennen Sie Namen, Zahlen, Details und Erlebnisse so konkret, dass man fast das Gefühl hat, man wäre mit Ihnen an dieser Universität im Ausland gewesen. Dies nennt man Storytelling, probieren Sie es aus, Sie werden sehen, man kann es üben, und es ist nicht schwer, aber wirkungsvoll!

Investieren Sie Zeit und Enthusiasmus in Ihre eigene Portfoliokommode. Worin liegen nun die entscheidenden Vorteile dieses Möbelstücks?

Nun, Sie haben das zentrale Ziel des Bewerbens, „Stand out of the crowd" oder „Heb Dich vom Wettbewerb ab", mit Bravour gemeistert, ohne dass wir davon gesprochen hätten. Ihre ganz persönliche Portfoliokommode gibt es genau einmal auf der Welt. Niemand anders kann mit Ihren biographischen Erfahrungen werben und diese proaktiv mit den Bedürfnissen und Erwartungen des Arbeitgebers verknüpfen. Es besteht keinerlei Risiko, dass jemand Ihre Geschichte erzählt, weil es Ihr Leben ist und Sie die Redakteurin oder der Redakteur sind. Dies ist ein nicht zu unterschätzender Vorteil in Zeiten einer leichten Informationsbeschaffung. Sie werden sehen, Ihr zukünftiger Arbeitgeber wird von einer individuellen, authentischen Strategie angetan sein!

Ebenso wichtig ist ein toller Effekt, den Sie vielleicht schon gemerkt haben. Mit jeder biographischen Geschichte, die Sie einer Stärke oder Dimension zuordnen, können Sie zu üblicherweise drei bis fünf weiteren Stärken vernetzen. Somit geht aus jeder Auswertungsgeschichte ein Verknüpfungspotenzial hervor, das zu nutzen Ihr Job als angehender Kommunikationsprofi sein wird, und das macht Spaß.

Nehmen wir an, jemand hat im Studium eine Veranstaltung mitorganisiert, zu der Referierende eingeladen waren, ein Catering organisiert und eine Dokumentation erstellt wurde. Dieses biographische Beispiel kann primär in die Schublade Organisationstalent eingelegt werden. Aber beim Erzählen dieses Beispiels wird dem Arbeitgeber sofort klar, dass Sie auch Kommunikationsgeschick, Eigeninitiative sowie eine selbstständige Arbeitsweise verbunden mit Teameigenschaften bewiesen haben. Das Faszinierende an dieser Art der antizipierenden Kommunikation ist nun, dass der Arbeitgeber beim Hören Ihres biographischen Beispiels diese Auswertungen quasi automatisch macht, einfach weil sich bei ihm aufgrund seiner Erfahrungen das besagte Pull-down-Menü vor dem geistigen Auge öffnet und diese Kompetenzattributionen erfolgen. So, wie wenn Sie von Ihrer Begeisterung für das Hobby Marathonlauf sprechen und dieses vielleicht in Ihre Schublade Leistungsorientierung eingeordnet haben, der Arbeitgeber automatisch Durchhaltevermögen, Fitness, Ehrgeiz und anspruchsvolle Ziele damit verbindet.

Sie sehen wahrscheinlich schon jetzt, welche Vorteile sich durch diese Art der strategischen Kommunikation bieten. Ein weiterer, großer Vorteil ist natürlich die Stressreduktion. Stellen Sie sich vor, Sie sitzen im Vorstellungsgespräch, und der Arbeitgeber versucht herauszufinden, ob Sie für die Tätigkeit geeignet sind, indem er verschiedene, notwendige Fähigkeiten mit Ihnen durchspricht. Da wäre es doch hilfreich, Sie hätten ein Werkzeug bei der Hand, dass Sie nach Belieben einsetzen können und das so vielseitig ist, dass es praktisch immer passt. Diese Erfahrung werden Sie mit einer gut vorbereiteten geographischen Portfoliokommode machen.

Zugegeben, es ist ein bisschen Arbeit notwendig, um sein eigenes, wertvolles Möbel zu bestücken. Aber Ferdinand hat schnell verstanden, dass es sein eigener Vorteil ist, wenn er sich im Vorfeld überlegt, was er eigentlich schon alles gemacht und gelernt hat in seinem Leben. Ihm war sofort klar, dass ein berstender, unordentlich vollgestopfter Kleiderschrank nicht dafür taugt, sich wirklich optimal zu präsentieren, wenn es darauf ankommt. Er sieht die Portfoliokommode als eine äußerst wertvolle Investition in seine eigene Zukunft und ist immer wieder froh, sie in Angriff genommen zu haben, weil ihm dadurch erst klar wurde, wie viel Erfahrung er schon mitbringt und vor allem, wie er diese glaubhaft belegen und interessant schildern kann. So ist er in der Lage, viel entspannter in Vorstellungsgespräche zu gehen und braucht bei Fragen nur die passende Schublade aufzuziehen (Abb. 6.3).

Ein schöner Effekt ist natürlich auch, dass Sie mit diesem Instrument ebenfalls bestens ausgestattet sind, die Stärken im Anschreiben maßgeschneidert und passend ins richtige Licht zu rücken. Wenn Sie dieses anhand von biographischen Beispielen erstellen, also ganz konkrete Situationen berichten, wird es nicht nur einzigartig, sondern auch glaubwürdig, authentisch und aussagekräftig sein. Wählen Sie für ein gelungenes Anschreiben einfach die biographischen Beispiele aus Ihren Schubladen aus, die am besten zu den Erfordernissen der ausgeschriebenen Stelle passen.

Übungsbox

- Nehmen Sie sich die Zeit, und bauen Sie im Sinne einer Zeichnung Ihre eigene geographische Portfoliokommode. Sie sollten davon ausgehen, dass Sie mindestens 20–30 Schubladen benötigen!
- Beschriften Sie die Schubladen mit den Stärken aus den Abschn. 5.1 bis 5.19. Zusätzlich ist es ratsam, einmal die ein oder andere Stellenanzeige anzusehen, die Sie interessiert und die dort geforderten Fähigkeiten ebenfalls als Schubladenbeschriftungen heranzuziehen. Viele davon werden Sie schon über unsere Reflektion zu den geographischen Alleinstellungsmerkmalen abgedeckt haben.
- Füllen Sie nun die Schubladen mit biographischen Beispielen, und gehen Sie dabei wie beschrieben vor. Achten Sie auf die Kriterien, die biographische Beispiele erfüllen sollten.

Abb. 6.3 Ferdinand mit seiner Portfoliokommode

- Dies ist eine dynamische Übung. Es ist sicher eine gute Idee, nicht alles an einem Tag erledigen zu wollen. Auch ist es ganz natürlich, dass in manchen Schubladen mehr abgelegt werden wird als in anderen. Und Sie werden feststellen, dass manche biographischen Geschichten in verschiedene Schubladen passen, auch das ist so gewollt. In den beschriebenen Situationen haben Sie schließlich nicht nur eine Fähigkeit trainiert, sondern mehrere!

6.6   Selbstpräsentation

Es gibt eine weitere sehr ertragreiche Übung, die in unserem Werkzeugkoffer für den erfolgreichen geographischen Berufseinstieg nicht fehlen darf: die Selbstpräsentation. Um was geht es dabei, und wofür ist sie gut?

Vielleicht saßen Sie schon einmal in einem Vorstellungsgespräch und wurden am Anfang aufgefordert, sich und Ihre Vita in eigenen Worten vorzustellen. Man sagte vielleicht zu Ihnen: „Erzählen Sie zunächst doch einmal ein bisschen was über sich selbst." Oder „Bitte stellen Sie sich uns vor, und lassen uns auch etwas wissen, was wir vielleicht Ihrem Lebenslauf noch nicht entnehmen konnten." An diesen Formulierungen lässt sich etwas sehr Typisches zeigen, was man über Einstellungsgespräche und auch die Kommunikation in vielen anderen Gesprächen wissen sollte: Das gesprochene Wort ist nicht immer schon der ganze Inhalt der Nachricht, manchmal müssen wir etwas dechiffrieren oder übersetzen. Man kann dies sehr gut lernen, wir werden es in Kap. 7.6 trainieren.

In unserem Fall würde die höfliche Aufforderung zu Beginn des Vorstellungsgesprächs, sich vorzustellen, übersetzt etwa bedeuten: „Wir freuen uns auf eine strukturierte, fünf- bis siebenminütige Präsentation Ihres Werdegangs unter Verwendung biographischer Beispiele, die Ihre Eigeninitiative zeigen, aus den Bereichen Studium, Praxiserfahrung und Persönlichkeit stammen und zu unseren in der Stellenanzeige formulierten Anforderungen passen. Idealerweise zeigen Sie uns auch durch Ihre Formulierungen und Ihre Wortwahl, dass Sie frei sprechen und sich gut ausdrücken können sowie dass Sie eine spannende, dynamische Geschichte erzählen können, die Lust auf Nachfragen macht."

Nun verstehen Sie, warum es nicht wirklich überzeugend ist, wenn man an dieser Stelle einfach erzählt, wann man sein Studium begonnen hat und welche Praktika man absolviert hat. Umgekehrt sehen Sie aber auch, dass wir bis hierher schon gut aufgestellt sind und unsere Vorarbeiten zu den geographischen Stärken und den biographischen Beispielen nur noch in eine Erzählform bringen müssen.

Lassen Sie uns also die Selbstvorstellung oder Selbstpräsentation etwas genauer anschauen und strukturieren, sodass Sie diese in Eigenregie trainieren können. Wichtigster Punkt, bevor wir anfangen, ist, dass Sie sich vor Augen führen, dass eine überzeugende Selbstpräsentation nicht deskriptiv, also beschreibend, sondern qualitativ auswertend ist. Es interessiert den Arbeitgeber in Ihrem Vortrag nicht, von wann bis wann Sie studiert haben, sondern warum. Er will nicht wissen, wie lang Ihr Praktikum war, sondern was Sie dort gelernt haben. Für ihn ist nicht entscheidend, welche Note Sie mit Ihrer Masterarbeit erreicht haben, sondern welche Erkenntnisse Sie dabei erlangt, was dabei trainiert haben. Es geht also nicht darum, Daten aus dem Lebenslauf in eigenen Worten wiederzugeben, sondern das eigene Leben und die wichtigen Stationen mit Auswertungen, Reflektionen und Erkenntnissen in eine interessante, authentische Geschichte zu formen.

Jede gute Geschichte braucht einen guten Einstieg und auch einen schönen Abschluss. Ich empfehle, zum Beispiel mit dem Geburtsort einzusteigen. Da eine Selbstpräsentation sowieso idealerweise klassisch chronologisch aufgebaut ist, ist dies auch strukturell sinnvoll. „Ich bin 1974 in Lindau am Bodensee geboren. Dort bin ich auch aufgewachsen und zur Schule gegangen, schon immer habe ich mich für Natur und Geographie interessiert." So oder ähnlich würde ich wahrscheinlich meine Präsentation beginnen. Wenn man weiß, woher jemand kommt, kann man gleich eine Brücke bauen. Vielleicht war man selbst schon einmal da, kennt diese Region oder hat darüber gelesen. Nicht selten kann sich daran ein Small Talk anknüpfen, wenn es im weiteren Gespräch zur Unterhaltung kommt, dieser Beginn ist also in vielen Fällen eine sympathische Maßnahme.

Nächster Baustein sollte Ihre Motivationslage sein. Sie erinnern sich, diese haben wir in Abschn. 6.2 erörtert, sodass Sie bereits im Bilde sind. Sie sollten dem Arbeitgeber verraten, warum Sie sich für die Geographie begeistern und entschieden haben. Anhand des Elevator Pitches für Ihr Geographiestudium (Abschn. 6.3) können Sie einen perfekten Übergang schaffen und durch eine selbstbewusste und inspirierende Vorstellung Ihres Studiums hin zu eigenen Leistungen, Akzenten, Entscheidungen und Schwerpunkten kommen. Jetzt sind die biographischen Beispiele das Mittel der Wahl. Erzählen Sie von besonders spannenden Vorlesungen, Seminaren und Projektarbeiten, von Werkstudententätigkeiten und anderen praktischen Erfahrungen, und werten Sie dabei aus, also lassen Sie die Zuhörenden wissen, was Sie jeweils begeistert, inspiriert und herausgefordert hat und was Sie jeweils gelernt haben. Nur der Vollständigkeit halber sage ich dazu: Eigeninitiative als Kriterium nicht vergessen sowie das Drei-Sektoren-Modell, was Sie ja nun schon auswendig beherrschen.

Während Sie also den Arbeitgeber durch Ihre Vita führen und von Ihren interessantesten Erfahrungen berichten, wird bei diesem im geistigen Pull-down-Menü fleißig attribuiert, und Ihren biographischen Beispielen werden jobrelevante Eigenschaften zugeordnet. So macht Bewerben für beide Seiten Spaß, Sie werden sehen!

Trauen Sie sich auch, über Erfolge zu sprechen. Es ist erlaubt und auch erwünscht, auf etwas stolz zu sein, was man geleistet hat. Wenn Sie eine besondere Note erreicht haben, nennen Sie diese. Wenn Sie ein tolles Feedback von einem Arbeitgeber erhalten haben, zitieren Sie dies. Und wenn Sie im Sport eine überdurchschnittliche Leistung erbracht haben, an der man Ihren Ehrgeiz ablesen kann, lassen Sie den Arbeitgeber dies wissen. Ich bin schon oft gefragt worden, ob Selbstlob nicht möglicherweise übertrieben oder arrogant wirken könnte, verständlicherweise sind da viele Menschen besonders vorsichtig und auch zurückhaltend. Die Antwort lautet „Nein", wenn Sie beachten, Ihre Leistungen immer konkret, nachvollziehbar und messbar zu nennen. Wenn jemand schlicht und beleglos immer behauptet, die oder der Beste zu sein, ist dies sicher wenig beeindruckend. Der Satz: „Ich habe eine große Leidenschaft für Badminton und bin bei den Herren im Doppel 2018 in der Deutschen Meisterschaft auf den ersten Platz gekommen, was für mich ein toller Erfolg war." wird einem nicht als Arroganz ausgelegt werden, weil er nachvollziehbar, sogar nachprüfbar und menschlich ist. Marketing in eigener Sache bedeutet, dass wir lernen dürfen und sollten, über unsere Erfolge zu sprechen und zu schreiben, damit der Arbeitgeber uns realistisch einschätzen kann.

Erzählen Sie also an ganz konkreten Beispielen Ihre interessante Geschichte, und berichten Sie jeweils, wofür die Stationen gut waren, was besonders wertvoll war und was sie jeweils gelernt und mitgenommen haben. Sollten auch einzelne Abschnitte in Ihrem Lebenslauf sein, die nicht so spannend waren, sind Sie nicht allein auf der Welt. Diese Frage treibt viele Menschen um. Auch hier ist die Antwort recht einfach: Bleiben Sie immer loyal auch zu früheren Arbeitgebern oder anderen Personen. Lästern Sie nicht, das kommt selten gut an. Überlegen Sie im Sinne der Chancenorientierung lieber, was vielleicht auch an einem langweiligen Praktikum an interessanten Lernkurven herausgearbeitet werden könnte. Sie haben zum Beispiel eine große Organisation mit ihren Informations- und Entscheidungswegen und Hierarchien kennengelernt. Sie haben administrative Aufgaben übernommen und Anrufe entgegengenommen und weiterverarbeitet. Vielleicht haben Sie auch Sitzungen vorbereitet und bei anderen internen Aufgaben unterstützt. Es gibt aus meiner Sicht keine Station im Leben, bei der man ohne Erkenntnis bleibt, manchmal erfordert es nur etwas kommunikatives Geschick und Enthusiasmus, diese Lernaspekte herauszuarbeiten.

Bevor Sie mit Ihrer Selbstpräsentation zum Ende kommen, überlegen Sie sich einen guten Abschluss. Aus Sicht der Zielorientierung wäre es natürlich überzeugend, wenn Sie Ihre Erfahrungen und Interessen so zusammenführen, dass sie auf das angestrebte Berufsprofil hinwirken. Anders ausgedrückt zeigt eine argumentativ gut aufgebaute Selbstpräsentation am Schluss in einer Art Zusammenfassung unmissverständlich auf, dass Sie genau die richtige Person für die vakante Stelle sind.

Stellen Sie sich vor, jemand geht zum Angeln. Wer erfolgreich sein will, wird sich genau überlegen, welchen Köder er an der Angel befestigt, um seinen Wunschfisch zum Anbeißen zu bringen. So verhält es sich auch mit Ihrer Selbstpräsentation. Konzipieren Sie eine tolle Geschichte, die Lust macht, nachzufragen und mehr zu erfahren. Setzen Sie spannende Akzente und erzählen von inspirierenden Erlebnissen, Erfahrungen und Einsichten.

Ferdinand hat genau das getan und festgestellt, dass erfreulicherweise nach seiner Selbstpräsentation mit vielen Fragen weiter angeknüpft wurde, um ihn kennenzulernen und mehr zu erfahren. Er fühlte sich in keiner Weise ausgefragt, vielmehr hatte er das Gefühl, die Interviewenden fanden seine Geschichte wirklich spannend und wollten einfach mehr erfahren, weil es ihm gut gelungen war, gute Trigger einzubauen, die Appetit machten, nachzufragen. Dies machte ihn selbstbewusster, nicht nur, weil augenscheinlich seine Vita wirklich sehr interessant sein musste, sondern weil er mit seiner Zeitinvestition in die Vorbereitung einer guten Selbstpräsentation einen nicht unerheblichen Teil des Vorstellungsgesprächs (Abb. 6.4) aktiv mitgestaltet hatte und selbst die weiteren Themen gesetzt hatte!

Abb. 6.4 Ferdinand im Vorstellungsgespräch

Übungsbox

- Verstehen Sie die Selbstpräsentation als eine Werbezeit, in der Sie zeigen können, was Sie mitbringen!
- Überlegen Sie, welche Ziele Sie damit erreichen wollen, beispielsweise wollen Sie sicherlich kompetent, sympathisch, strukturiert und eloquent auftreten.
- Bauen Sie Ihre Selbstpräsentation idealerweise chronologisch auf.
- Vergessen Sie nicht, Ihre Motivation anzusprechen, und werten Sie Erfahrungsabschnitte aus, anstatt sie nur aufzuzählen.
- Achten Sie darauf, dass Ihre Geschichte interessant und authentisch ist, Eigeninitiative zeigt, und erzählen Sie von Studium, Praxiserfahrungen und Engagements oder Interessen.
- Zeigen Sie Ihre Begeisterung für bestimmte Themen, und erwähnen Sie Highlights, Inspirationsmomente oder Erfolge.
- Verwenden Sie ein selbstbewusstes Wording.
- Sprechen Sie biographische Ereignisse an, zu denen Sie später gefragt werden wollen.
- Üben Sie mit einer Feedbackgeberin oder einem Feedbackgeber, und fragen Sie, ob der Funke bei Ihrer Selbstpräsentation schon überspringt.

6.7 Argumentationstechniken für Quereinstiege

Oft ist die Frage spannend, wie man sich in einen Bereich hineinbewirbt, für den es ganz einschlägige Ausbildungsgänge gibt oder ein spezielles Studienfach, das auf den ersten Blick vielleicht noch besser passen könnte als die Geographie. Oder jemand möchte sich in einen Arbeitsbereich bewerben, in dem man als Geographin oder Geograph vielleicht eher unbekannt ist, man aber der festen Überzeugung ist, dass dies für einen die richtige Tätigkeit ist, der man nachgehen möchte.

Für alle Fälle, in denen man eine etwas weitere Brücke schlagen muss zwischen dem eigenen Studium und der beabsichtigten beruflichen Tätigkeit, empfehle ich die „Gemeinsamer-Nenner-Strategie". Wie funktioniert sie?

Man beginnt mit einer genauen Analyse, also dem differenzierten Betrachten der ausgeschriebenen Stelle. Der Blick sollte darauf gerichtet sein, herauszufinden, welche Tätigkeiten, Eigenschaften und Stärken für eine erfolgreiche Ausübung der Stelle relevant sind. Sicherlich ist es auch hilfreich, sich mit Erfahrenen im entsprechenden Berufsfeld über diese Aspekte zu unterhalten, seien es Alumni oder andere bereits berufstätige Personen in diesem Arbeitsfeld. Ergebnis dieser Analyse sollte eine Liste mit den wichtigsten Eigenschaften sein, auf die der zukünftige Arbeitgeber aller Voraussicht nach im Recruiting achten wird.

Ergänzend dazu legt man nun sein eigenes Portfolio daneben und schaut auf der Metaebene, also nicht auf der fachthematischen, wo hier offensichtliche

Schnittmengen, also gemeinsame Nenner, sind. Die Idee ist, dass man nach verbindenden Elementen zwischen der eigenen Biographie und dem intendierten Berufsfeld schaut, die außerhalb der rein fachlichen Zuordnung liegen.

Lassen Sie uns dazu einige Beispiele betrachten. Sind für den Arbeitsbereich, in dem Sie nach dem Studium Fuß fassen wollen, zwar nur wenig geographisches Wissen, aber dafür Visualisierungs- und Präsentationskompetenz, Englischkenntnisse und analytisches Denken essenziell, wird es wichtig sein, dass Sie in Ihrer Bewerbungskommunikation sehr stark auf diese Fähigkeiten eingehen. Ist in einer anderen Ausschreibung für Sie offensichtlich geworden, dass es primär darum geht, dass Sie Kundenkommunikation, Gesprächsführung und Organisationstalent mitbringen, ist entscheidend, dass Sie auf Ihrer Stärkenliste danach sehen, wo in Ihrer Biographie Sie diese Fähigkeiten schon einsetzen konnten.

Man bildet bei dieser Argumentationsform quasi eine Brücke oder einen gemeinsamen Nenner zwischen den Anforderungen der ausgeschriebenen Stelle und den Stärken Ihrer geographischen Vita. So kann Ihre Erfahrung aus vielen Teamarbeiten im Studium der gemeinsame Nenner zu einer Tätigkeit in einem ganz anderen Fachbereich in einem Team sein. Ihre Kontaktfreudigkeit, die Sie in Exkursionen, Veranstaltungen und anderen Aktivitäten im Geographiestudium gezeigt haben, kann der gemeinsamen Nenner zu einer entsprechenden Anforderung in einem wiederum gänzlich anderen Aufgabenfeld sein. Und Ihr Organisationsvermögen, das Sie mit Ihrem Geographiestudium und dem Nebenjob belegen, zeigt im Sinne des gemeinsamen Nenners die Verbindung auf zu einem Stellenprofil, in dem Organisieren und Managen wichtig sein mögen.

So kann sehr selbstbewusst argumentiert werden, warum man sich für eine Stelle bewirbt, die vielleicht keine so offensichtlichen Bezüge zur Geographie hat und kann sich durch Aufzeigen des passenden gemeinsamen Nenners als sehr geeignete Person für diese Aufgabe positionieren.

Übungsbox

- Üben Sie dies einfach einmal an einer fiktiven Stelle. Suchen Sie sich eine Stellenanzeige heraus, die Ihnen Spaß machen würde, die also nicht auf den ersten Blick zu Ihnen passt, Sie aber reizt!
- Erarbeiten Sie genau die Anforderungsliste der ausgeschriebenen Stelle, überlegen Sie sich, was genau gefordert ist und wohl am wichtigsten sein mag, um diese Stelle erfolgreich ausüben zu können.
- Legen Sie Ihr Portfolio daneben und abstrahieren Sie Ihre Stärken wie oben beschrieben. Welche Arbeitstechniken oder Eigenschaften haben Sie zwar im Geographiestudium oder in anderen Situationen trainiert, können diese aber auch in abweichenden Rahmenbedingungen zur Anwendung bringen?
- So wird es Ihnen gelingen, Brücken zu bauen zwischen Ihrem Stärkenprofil und einer vielleicht ganz anderen Aufgabe!

6.8   Intelligente Fragen vorbereiten

Auch die Frage „Haben Sie noch Fragen an uns?" ist ein gutes Beispiel dafür, dass man im Vorstellungsgespräch Übersetzungsarbeit leisten muss. Hier geht es nämlich nicht darum, ob alles so weit klar ist, sondern dies ist die Einladung zu einer weiteren Arbeitsprobe nach dem Motto: „Lassen Sie uns anhand von klugen Fragen verstehen, welche Aspekte der Arbeit Ihnen besonders wichtig sind, was Sie besonders interessiert und wie akribisch Sie sich vorbereitet haben."

Aber die Tatsache, dass Sie selbst eine Reihe von Fragen mitbringen sollten, hat noch einen ganz anderen wichtigen Grund: Der Arbeitgeber verfügt über ausreichend Erfahrung und Instrumentarien wie Interviewleitfäden, Fragetechniken, Übungen, Auswertung hinter den Kulissen etc., um herauszufinden, ob Sie zur Stelle passen oder nicht. Er wird all sein Wissen einsetzen, um die Besetzung zu optimieren, das heißt die beste Kraft für die Stelle zu finden, und andersherum ausgedrückt, er wird tunlichst vermeiden, eine Fehlentscheidung zu treffen. Dafür hat er erfahrenes Personal und bestimmt einen funktionierenden Prozess entwickelt.

Wer übernimmt diesen Abschnitt des Matchings für Sie? Wen bringen Sie mit, der viel Erfahrung hat, sich im Führen von Interviews auskennt und rhetorisch so versiert ist, dass er leicht erkennen kann, wenn Ihnen die sprichwörtliche Katze im Sack verkauft wird. Wer stellt sicher, dass Sie sich nicht blenden lassen und genau herausfinden, was Ihnen angeboten wird? Sie werden es natürlich selbst tun, und es wird gut funktionieren, seien Sie unbesorgt, wir bereiten auch diesen Abschnitt der erfolgreichen Kommunikation beim Berufseinstieg gemeinsam vor.

In Kap. 4 haben wir uns bereits damit befasst, wie Sie herausfinden können, was zu Ihnen passt und welchen Job Sie eigentlich suchen. Aus dieser Differenzierung bisheriger Erfahrungen wissen Sie in etwa, was Sie suchen, und was Sie eher vermeiden wollen. Diese Aufstellung wird Ihnen eine gute Grundlage für einen Fragenkatalog sein, der Ihnen hilft, die passende Stelle zu finden. Zusätzlich zu diesen biographischen Überlegungen können wir natürlich daran ansetzen, mit welcher Frage Sie welche Signale in Richtung des Arbeitgebers senden und uns so überlegen, was wir beabsichtigen. Lassen Sie uns einige Vorschläge für schlaue Fragen, die einen weiterbringen, anschauen.

Anhand von arbeitsorganisatorischen Fragestellungen können Sie eruieren, in welchem Set-up sich Ihr zukünftiger Job abspielen würde. An welchem Standort werde ich eingesetzt? Wie groß ist das Team? Ist es ein heterogenes Team, also arbeiten dort Menschen mit ganz unterschiedlichen Ausbildungen zusammen? Ist es ein Großraumbüro, oder arbeiten alle in Einzelbüros?

Operative Fragen helfen zu verstehen, mit welchen Mitteln man arbeitet. Welche Computerausrüstung steht zur Verfügung, welche Software wird eingesetzt? Wie werden Daten erhoben und erfasst? Steht ein Diensthandy oder ein Fahrzeug zur Verfügung?

Auch Fragen zur bisherigen Besetzung der Stelle sind spannend. Wie lange ist diese Position schon vakant? Ist die Vorgängerin oder der Vorgänger noch da, wenn ich die Stelle antrete? Welcher Modus der Einarbeitung ist geplant?

Mit Fragen zur Kommunikation zeigen Sie Erfahrung. Wie läuft der Informationsfluss in der Abteilung oder überhaupt im Betrieb? Gibt es regelmäßige wöchentliche Meetings? Wie laufen diese ab, und werden diese dokumentiert? Gibt es ein Intranet oder eine Mitarbeiterzeitung, aus der Sie Informationen erhalten können?

Ehrgeiz können Sie mit Fragen zu Weiterbildungsmöglichkeiten zeigen. Welche Weiterbildungsangebote bestehen, gibt es interne oder externe Schulungen zu Themen, die Ihnen relevant erscheinen? Wird es unterstützt, wenn Sie zum Jahreskongress der entsprechenden Berufsgruppe fahren, um zu networken? Welche Fachzeitschriften stehen im Unternehmen zur Verfügung? Ist es erwünscht, Verantwortung zu übernehmen?

Langfristigkeit zeigen Sie am besten mit Fragen zur Zukunft. Welche Projekte stehen in den nächsten Jahren an? Wie stellt sich das Unternehmen für die Zukunft auf? Welche Herausforderungen bestehen, und wie wird diesen begegnet? Wie kann die Vision des Unternehmens in der Zukunft weiter umgesetzt werden und der Betrieb oder die Einrichtung langfristig erfolgreich und führend sein?

Dass Sie gut recherchieren, zeigen Sie mit Anknüpfungen zu aktuellen Presseartikeln, Veröffentlichungen oder Berichten. Fragen Sie nicht nur Dinge, die sich aus dem Internetauftritt des Unternehmens ergeben, sondern auch Nachfragen zum rechtlichen, kommunalen oder ökonomischen Kontext zeigen sinnvolles Interesse und Fachkunde Ihrerseits.

Aber wir sind noch lange nicht am Ende der Möglichkeiten angelangt, wenn es darum geht, Ihre eigene Matchingabteilung auszurüsten!

Zeigen Sie erste berufliche Erfahrungen, und erkundigen Sie sich nach Hierarchien, Funktionen, Zuordnungen, und verstehen Sie genau, wie die Informations- und Entscheidungswege in der Organisation funktionieren. Lernen Sie Ihre direkte Führungskraft kennen, indem Sie sie fragen, wie sie ihr oder sein Führungsverhalten beschreiben würde oder was ihr oder ihm in der Führung der Mitarbeitenden besonders am Herzen liegt. Fragen Sie sie oder ihn, wie sie oder er damals zum Betrieb gekommen ist und was ihr oder ihm hier im Hause besonders viel Spaß macht. Warum kommt sie oder er gerne zur Arbeit? In der Reaktion auf derlei Fragen können Sie viel ablesen, was wichtig ist, um herauszufinden, ob Ihnen hier ein Job angeboten wird, der das Potenzial hat, Sie glücklich zu machen. Sollte Ihre zukünftige Führungskraft lange überlegen, ist das auch eine Antwort, sollten Sie eine inspirierende und ehrliche Antwort erhalten, in der Sie sich auch ein Stück weit sehen können, ist das sicher der bessere Fall.

Vergessen Sie bitte nicht eines der wichtigsten Themen: die Zufriedenheit im Betrieb oder im Team, das Arbeitsklima. Hier müssen Sie vielleicht um die Ecke fragen, um aussagekräftige Erkenntnisse zu erhalten. Mit Fragen wie: „Wie lange sind die anderen Teammitglieder denn schon dabei?" finden Sie unaufgeregt heraus, was es zur Fluktuationsrate zu sagen gibt, die ja nicht ganz unerheblich ist, wenn man sich Zufriedenheiten anschaut. Oder Sie erkundigen sich nach dem sozialen Kontext außerhalb der Arbeitszeit: Geht man miteinander in die Mittagspause? Gibt es eine Betriebssportgruppe? Findet ein Teamausflug statt? Gibt es ab und zu einen gemeinsamen Abend oder ein anderes soziales Event? Es ist wichtig, dass Sie diese Aspekte herausfinden. Schlicht an der Art der Antwort werden Sie verstehen, wie sich das menschliche Klima in der Arbeitssituation anfühlt und ob das etwas für Sie ist. Vorfreude auf die Arbeit, weil man dort nette Menschen trifft, tolle Vorgesetzte hat und sich wohlfühlt, ist nicht zu unterschätzen!

Aber natürlich gibt es auch Rahmenbedingungen, die Sie interessieren. Auf das Gehalt werden Sie vielleicht schon angesprochen worden sein. Wie man damit umgeht, werden wir im nächsten Kapitel anschauen. Wie sind die Arbeitszeiten geregelt, werden diese erfasst? Gibt es flexible Zeiten oder Homeoffice? Wie geht man mit Überstunden um? Welche weiteren Benefits wie vielleicht eine Netzkarte für den öffentlichen Nahverkehr oder betriebliche Altersvorsorgeleistungen sind üblich?

Sie sehen, es gibt also eine bunte Palette von Fragen, die Sie stellen können und sollten, um Ihren Teil dazu beizutragen, dass es passt, wenn Sie die Stelle antreten. Denken Sie daran, sich in einem Vertrag zu einigen, heißt ja nicht, dass nur die eine Seite das Angebot der anderen Seite gut findet, sondern dass beide Seiten nach gründlicher Prüfung zu dem Schluss gekommen sind, dass eine Zusammenarbeit für alle vorteilhaft und angenehm sein wird.

In den jeweiligen Blöcken habe ich Ihnen ja schon aufgezeigt, mit welchen Fragen Sie welche Signale senden und Erfahrungen zeigen. Nun ist es sicherlich schlau, nicht mit den Fragen zu den Arbeitskonditionen zu starten, sondern mit Fragen, die Interesse und Lust zur Mitarbeit an spannenden Aufgaben zeigen. Wann Sie welche Frage stellen, liegt natürlich bei Ihnen. Es gibt sogar die Möglichkeit, sich im Erstgespräch nur mit motivationsgeleiteten Fragen zu positionieren, um dann die Vergütungsfragen in der zweiten Runde zu stellen. Diese Strategie hat den Vorteil, dass Sie sich im ersten Gespräch rein auf Ihre Werbung konzentrieren können und bei einer Einladung zum zweiten Gespräch natürlich viel selbstbewusster aufgestellt sind, wenn es zu den Konditionen kommt, weil Sie ja schon wissen, dass der Arbeitgeber Sie gut findet. Ansonsten würde er Sie ja nicht in die engere Auswahl einladen. Falls Sie sich nun fragen, woher Sie wissen, ob es ein zweites Gespräch gibt – das wissen Sie meist natürlich nicht. Wenn Sie aber nicht noch einmal eingeladen werden, lag es sicherlich nicht daran, dass Sie nicht nach monetären Aspekten gefragt haben, sondern man beim Auswerten Ihrer Antworten und der Eindrücke schlicht die Erkenntnis gewonnen hat, dass die Passung zwischen Ihnen und der Stelle und vice versa vielleicht nicht optimal vorhanden ist.

Ferdinand fragt sich nun, wie viele Fragen er eigentlich stellen soll. Er will ja auch niemandem lästig fallen. Das ist natürlich situativ unterschiedlich zu beurteilen. Einerseits werden manche Ihrer vorbereiteten Fragen zum Ende des Gesprächs sicherlich schon beantwortet sein. Andererseits erwartet man intelligente Fragen von Ihnen, also zeigen Sie Interesse und Hartnäckigkeit! Bringen Sie Ihre Fragen im Sinne einer guten Gesprächsvorbereitung aufgeschrieben mit, und wenn Sie dann eingeladen werden, diese zu stellen, blicken Sie ruhig auf Ihre Fragensammlung und legen Sie los. Ferdinand ist beruhigt, es kommt ihm absolut zugute, dass man in ein professionelles Gespräch nicht ohne Vorbereitung hineingeht und er freut sich, dass er hier seine schriftlichen Aufzeichnungen zu seinen Recherchen verwenden darf!

Übungsbox

- Erstellen Sie sich einen ausführlichen Fragenkatalog vor Ihrem nächsten Vorstellungsgespräch!
- Nutzen Sie dazu die Übung „Was passt zu mir?" aus Kap. 4, und finden Sie so Fragen, die Ihnen helfen herauszufinden, ob es sich um die richtige Stelle handelt.
- Recherchieren Sie vorab ausführlich, um zu vermeiden, dass Sie Dinge fragen, die leicht im Internet zu finden sind.
- Notieren Sie sich Ihren Fragekatalog und bringen diesen mit ins Vorstellungsgespräch.

6.9   Wie ermittele ich meine Gehaltsvorstellung?

Zur Kommunikationsstrategie gehört auch, dass man sich ein klares Bild davon verschafft hat, was man verdienen möchte und dies selbstbewusst vertreten kann. Auch hier gibt es einige Rahmenbedingungen, die man kennen sollte.

Wichtigster Punkt ist schlicht, dass Sie nie ohne eine Gehaltsvorstellung in ein Vorstellungsgespräch gehen sollten. Warum ist das so entscheidend? In den meisten Fällen wird man Sie nach Ihren Vorstellungen in puncto Gehalt fragen. Auch dies ist nicht nur die Frage, die sie zu sein scheint, nein, hier interessiert den Arbeitgeber, ob Sie in der Lage sind, eine realistische Gehaltsvorstellung für eine Stellenausschreibung zu ermitteln und ob sich Ihre und seine Vorstellung in Einklang bringen lassen. Sollte in der Stellenausschreibung nach Ihrer Gehaltsvorstellung gefragt worden sein, wahrscheinlich in Verbindung mit Ihrem frühestmöglichen Eintrittstermin, sollten Sie Ihren Wunschbetrag direkt im Anschreiben angeben. Falls noch nicht danach gefragt wird, reicht es, wenn Sie sich orientieren und auf die entsprechende Frage vorbereitet sind.

Angegeben wird immer das Bruttojahresgehalt. Also beispielsweise 45.000 Euro/Jahr oder p. a., was für per annum steht. Warum gibt man keine Monatsgehälter an? Das hat einfach den Grund, dass man ansonsten separat nach Weihnachtsgeld und anderen Zahlungsmodalitäten fragen müsste, all das wird vereinfacht, wenn man über den ganzen Kuchen spricht. Ob dieser dann in 12 Kuchenstücken an Sie ausgegeben wird oder es 13 oder 14 kleinere sind, ist für Sie irrelevant. Lediglich müssen Sie im ersteren Fall selbst über das Jahr für Weihnachtsgeschenke sparen. Spannend ist also, was Sie im ganzen Jahr brutto verdienen. Der Arbeitgeber muss zu diesem Wert noch die sogenannten Arbeitgeberanteile der entsprechenden Abgaben und Beiträge dazu addieren, dann kommt er in seiner Aufstellung zur entsprechenden Budgetposition für Ihre Einstellung.

Wie können Sie jetzt also diesen Bruttojahresbetrag ermitteln? Es gibt viele Möglichkeiten. Schauen Sie sich einmal die angebotenen Gehaltsrechner auf

den Stellenportalen im Internet an. Fragen Sie im Familien- und Freundeskreis und sprechen Sie Alumni an. Wenn Sie keinen Kontakt zu Absolvierenden
früherer Jahrgänge haben, sprechen Sie Ihre Lehrenden an der Universität an. Ver-
einbaren Sie einen Termin für ein berufsbezogenes Gespräch und bitten Sie um
Erfahrungen. Ihre Professorinnen und Professoren kennen viele frisch in den Beruf
eingestiegene Absolvierende und können Ihnen beim entsprechenden Networking
helfen. Gehen Sie zu einem Geographiestammtisch oder einem Arbeitskreis des
Berufsverbands der Geographie, hier sind Sie immer herzlich willkommen, diese
finden überall in den größeren Städten statt, und Sie können unkompliziert mit
hilfsbereiten und erfahrenen Kolleginnen und Kollegen, die selbst in Fach- und
Führungspositionen sind, ins Gespräch kommen. Der Ball liegt in Ihrem Spielfeld!

Was Sie noch wissen sollten, bevor Sie loslegen: Das Gehalt hängt immer von
mehreren Parametern ab. Diese lassen sich üblicherweise sehr gut über den Begriff
Verantwortung erklären. Ein Gehalt sollte höher sein, wenn man für Mitarbeitende
Verantwortung übernimmt, also eine Führungsaufgabe wahrnimmt. Es sollte
auch steigen, wenn man für ein Budget oder ein Umsatzvolumen verantwortlich
ist und entsprechende unternehmerische Entscheidungen trifft. Auch Projektverantwortung im Sinne einer Leitung von Projektabschnitten oder eines ganzen
Projektes sollte sich auszahlen. Darüber hinaus ist es angemessen, wenn Reisetätigkeiten sich monetär widerspiegeln. Stellen Sie sich vor, Sie fahren nicht nur
morgens zur Arbeit und sind abends wieder daheim, sondern reisen am Sonntag-
abend ab und kommen erst zum Ende der Woche wieder vom Kundeneinsatz
zurück. Dies beinhaltet selbstverständlich Lebenszeit, die auch vergütet werden
sollte. Weitere Parameter, wie die Lebenshaltungskosten am entsprechenden
Arbeitsort, sei es eine teure Großstadt oder ein sehr erschwinglicher ländlicher
Raum, spielen selbstverständlich auch eine Rolle. Ebenso können sich Branchen-
unterschiede oder auch Betriebsgrößen bemerkbar machen, was wir jetzt aber ver-
nachlässigen wollen, weil wir sonst übers Ziel hinausschießen. Das liegt schlicht
daran, dass man nicht sagen kann, ein großes Unternehmen zahle immer mehr als
ein kleines oder umgekehrt, hier kommt es auf Einzelfallparameter an.

Auch zur Überlegung, wie groß der Gehaltsunterschied zwischen Bachelor-
und Masterabsolvierenden ist, sei hier ein Aspekt erwähnt. Vergütet wird immer
eine zu erledigende Arbeit, ein Set von Aufgaben. Das heißt, der Arbeitgeber
stellt einen Aufgabenkatalog zusammen, für dessen Erledigung er jemanden sucht
und einstellen möchte. Je nach Komplexitätsgrad der Aufgaben wird er dafür
einen Wert, also ein Gehalt, ansetzen. Sind die Aufgaben relativ überschaubar,
erfordern wenig Verantwortungsübernahme und sind eher leicht zu erlernen, wird
dieses Gehalt niedriger sein, als wenn man für die erfolgreiche Ausübung schon
mehr Wissen, Erfahrungen und auch Selbstvertrauen braucht. Es kommt also gar
nicht so sehr darauf an, ob Sie den Master mitbringen, sondern vielmehr spielt es
eine Rolle, ob Sie sich auf eine Stelle bewerben, die vom Anforderungsgrad her
expressis verbis für Masterabsolvierende ausgeschrieben ist. Wenn das der Fall ist,
wird auch die Vergütung etwas höher sein. Ist eine Stelle sowohl an Bachelor- als
auch Masterabsolvierende gerichtet, hält der Arbeitgeber sie also auch mit weniger

Studienerfahrung für machbar und wird die Vergütung knapper kalkulieren. Deshalb ist es für die Gehaltsermittlung unerlässlich, den Wortlaut der Ausschreibung genau zu lesen und den Schwierigkeitsgrad der Aufgaben realistisch einzuschätzen.

Nun sind Sie natürlich gespannt, was beim Berufseinstieg so zu verdienen ist. Sie haben ja nun schon gesehen, dass Sie verschiedene Informationsquellen anzapfen, auf Verantwortung und Komplexitätsgrad der Aufgaben achten sollten und schauen, an wen sich die Stelle richtet. Wenn Sie Ihre Recherche so anfangen, werden Sie bald auf eine Gauß'sche Verteilungskurve Ihrer Gehaltsvorstellungen kommen. Sollten Sie sich zum Beispiel auf eine Sachbearbeitungsstelle in einem typisch geographischen Bereich bewerben, werden Sie Referenzwerte zwischen 30.000 und 40.000 Euro vorfinden. Auf diesen realistischen Mittelwert, sagen wir, es wäre bei Ihnen eine Ermittlung im oberen Bereich dieser Spanne, also bei 37.000 Euro, sollten Sie 5–10 % aufschlagen. Der dann entstehende Wert, also beispielsweise 40.000 Euro ist Ihr Verhandlungsbetrag, Ihre sogenannte Gehaltsvorstellung, die Sie nennen. Warum ermitteln wir und setzten dann noch etwas drauf? Nun ja, es ist ganz einfach, wir wollen doch einerseits im realistischen Bereich der Kurve bleiben, um unsere Recherchefähigkeit und unseren Realitätsbezug zu untermauern, uns ja aber auch nicht unter Wert verkaufen. Deswegen setzt man obendrauf ein kleines finanzielles Quäntchen Selbstbewusstsein.

Im öffentlichen Dienst wird in entsprechenden Entgeltgruppen vergütet, die Sie sehr gut im Internet zugänglich finden. Auch hier empfehle ich Ihnen eine entsprechende Recherche. Lassen Sie sich übrigens nicht entmutigen, sollte eine Stelle befristet sein. Wichtiger als die Befristung ist, ob Ihnen diese Arbeit Spaß macht. Wenn eine Finanzierung nach zwei oder drei Jahren ausläuft, man aber die Person wirklich zu schätzen gelernt hat und er oder sie zum wichtigen Bestandteil des Teams geworden ist, wird man alles daran setzen, jemanden weiter zu beschäftigen. Man wird rechtzeitig nach einer Anschlussfinanzierung suchen und die organisatorischen Weichen im Regelfall so stellen, dass man Sie als wertvolle Arbeitskraft und als Mensch nicht verliert. Recruiting ist teuer und aufwendig, und talentierte Mitarbeitende sind gesucht, also sind Sie zuversichtlich, Mut lohnt sich oft im Leben!

Zuletzt möchte ich noch auf den Begriff „Einstiegsgehalt" zu sprechen kommen. Man nennt es deshalb so, weil es zum Einstieg gezahlt wird und sich mit zunehmender Expertise und Erfahrung Ihrerseits auch erhöht. So sollten Sie nach ein bis zwei Jahren in einem selbstbewussten Gespräch mit Ihrer Vorgesetzten oder Ihrem Vorgesetzten Ihre Erfolge und Leistungen ansprechen und natürlich Ihr Anliegen äußern, nun auch etwas mehr verdienen zu wollen. Viele junge Leute tun sich damit nicht so leicht, aber Sie werden sehen, dass Sie nach einer Einarbeitungszeit immer zügiger mit Ihren Aufgaben zurechtkommen, weniger Fragen stellen und selbstständiger vorankommen. Dies ist für beide Seiten vorteilhaft und darf sich auch finanziell ausdrücken.

Übungsbox

- Ermitteln Sie unbedingt eine Gehaltsvorstellung, bevor Sie ins Vorstellungsgespräch gehen.
- Angegeben werden immer Bruttojahressummen.
- Recherchieren Sie ausführlich, welcher Betrag realistisch ist – orientieren Sie sich dabei nicht nur am absolvierten Studium, sondern an den zukünftigen Aufgaben. Hier sind Verantwortungsaspekte, selbstständiges Arbeiten, anspruchsvolle Tätigkeitsfelder oder Reisetätigkeiten zu beachten.
- Auf Ihr ermitteltes Wunschgehalt können Sie nun 5–10 % aufschlagen, bevor Sie dieses kommunizieren.
- Unterhalten Sie sich zu diesem Thema mit erfahrenen Berufstätigen in Ihrem Umfeld, um sich zu orientieren.
- Überlegen Sie auch, was für Sie ein absolutes Mindestgehalt wäre, unter dem Sie nicht anfangen möchten, damit Sie selbstbewusst auftreten können.
- Vergessen Sie nicht, dass das Einstiegsgehalt nach oben angepasst werden sollte, wenn Sie sich etabliert haben und vor allem, dass für eine langfristige Zufriedenheit am Arbeitsplatz viele Aspekte wichtig sind, von denen das Gehalt sicher nur einer ist.

Handwerkszeug für eine überzeugende Kommunikation

7

Nun sind wir für den geographischen Berufseinstieg schon richtig gut vorbereitet. Eigentlich fehlt es nur noch an Feinschliff, und diesen wollen wir jetzt gemeinsam angehen. In den folgenden Kapiteln sehen wir uns verschiedenes Handwerkszeug an, das hilfreich ist, Ihre Botschaft in der Kommunikation noch selbstbewusster, noch professioneller und noch engagierter zu senden.

Die folgenden Bausteine sind allesamt Werkzeuge, die einzeln oder in Kombination angewandt werden können, die sich entweder auf eine Kommunikationssituation wie das Vorstellungsgespräch beziehen oder auch auf die Erstellung der Unterlagen wie zum Beispiel des Anschreibens.

7.1 Aktiv zuhören

In der Kommunikation unterscheidet man das ganz normale Zuhören von einer speziellen Variante, dem aktiven Zuhören nach Carl Rogers. Ziel dieser Kommunikationstechnik ist es, einer anderen Person ehrlich zu vermitteln, dass man sich für sie und ihr Thema interessiert, also Wertschätzung zeigt. Diese Art des Zuhörens ist denkbar einfach, wird von uns allen in vielen Lebenssituationen ohnehin angewandt und stellt somit ein ganz grundlegendes, aber wichtiges Instrument im professionellen Werkzeugset der überzeugenden Kommunikation dar, das wir hier einmal in Summe betrachten sollten.

Wenn wir unsere geographische Kommunikationsstrategie erstellen, ist es sicher wichtig, sich intensiv damit auseinanderzusetzen, wie wir unsere Stärken präsentieren und andere davon überzeugen, dass die Geographie ein spannendes Fach mit vielen wertvollen Anwendungsfeldern ist. Aber genauso wichtig sind natürlich Situationen, in denen wir in der Zuhörendenrolle agieren, denken Sie an einen Anruf beim Arbeitgeber, um herauszufinden, ob eine Bewerbung dort erwünscht und sinnvoll ist oder den Abschnitt des Vorstellungsgesprächs, in dem man Ihnen über den Betrieb, die vakante Stelle oder zukünftige Projekte berichtet.

© Der/die Autor(en), exklusiv lizenziert durch Springer-Verlag GmbH, DE, ein Teil von Springer Nature 2021
W. Leybold, *Berufseinstieg Geographie*, https://doi.org/10.1007/978-3-662-63491-2_7

In allen Situationen, wo Sie zuhören, senden Sie natürlich auch eine Botschaft. Sind Sie wirklich interessiert an dem, was Ihnen erzählt wird? Sind Ihnen Gesprächs- und Kommunikationssituationen aus dem Arbeitskontext geläufig und vertraut? Wie verhalten Sie sich in solchen Situationen?

Schauen wir uns die verschiedenen Bausteine des sogenannten aktiven Zuhörens an, sie sind denkbar einfach:

Lassen Sie Ihre Gesprächspartnerin oder Ihren Gesprächspartner ausreden und unterbrechen Sie nicht. Oft unterbrechen wir reflexartig, weil uns gerade eine gute Idee einfällt oder wir etwas beitragen wollen. Heben Sie sich diesen Impuls auf, und ergänzen Sie Ihren Punkt etwas später, wenn sich eine Gesprächspause ergibt.

Halten Sie immer einen lebhaften und interessierten Blickkontakt. Dadurch zeigen Sie Ihrem Gegenüber, dass Sie sich auf sie oder ihn konzentrieren und ihr oder ihm Ihre ungeteilte Aufmerksamkeit schenken.

Hören Sie aktiv zu, indem Sie verbal und nonverbal signalisieren, dass Sie dabei sind. Anmerkungen wie „Aha" oder „spannend" sind solche Möglichkeiten, aber eben auch ein Kopfnicken, ein verwunderter Blick oder eine andere Reaktion.

Stellen Sie anknüpfende Rückfragen. Haken Sie beim Erzählten ein und zeigen Sie, dass Sie mehr erfahren wollen. Wenn Ihr Arbeitgeber über ein aktuelles Thema, eine Herausforderung in der Arbeitsstelle spricht, fragen Sie konkret nach. Daran sieht Ihre Gesprächspartnerin oder Ihr Gesprächspartner, dass Sie mitdenken, ihr oder ihm folgen und auch wirklich an der Fragestellung, die sie oder ihn umtreibt, interessiert sind. Auch Paraphrasierungen können eine gute Idee sein, wie zum Beispiel: „Habe ich Sie da richtig verstanden, Sie möchten den ganzen Bereich digitalisieren, um schneller reagieren zu können?"

Wer schlau ist, verknüpft natürlich das aktive Zuhören mit unserer geographischen Portfoliokommode. Wenn einem der Arbeitgeber erzählt, was in der Arbeitsstelle relevant ist, wie gearbeitet wird und was besonders zu beachten ist, können Sie immer da, wo es gut passt, einhaken und ein passendes biographisches Beispiel einfügen. Beispiel: „Ich finde sehr interessant, dass Sie den Bereich Social Media nächstes Jahr umstrukturieren wollen. Ich habe diese Aufgabe in unserer geographischen Fachschaft übernommen und dabei viele wertvolle Erfahrungen gesammelt."

Notizen zu erstellen ist ebenso ein Zeichen einer professionellen, aufmerksamen Kommunikation und somit empfehlenswert. Wenn Sie aktiv zuhören und nicht unterbrechen, aber an wichtige Punkte des Gesagten anknüpfen wollen, sind stichpunktartige Notizen das Mittel der Wahl. Wer gut vorbereitet in ein Meeting geht, hat immer etwas zum Schreiben dabei – so sollten Sie es auch mit dem Vorstellungsgespräch halten. Vielleicht wollen Sie sich am Anfang die Namen der teilnehmenden Personen notieren, die sich Ihnen vorstellen. Oder aber Sie fertigen sich im Rahmen des aktiven Zuhörens Notizen an, wenn Ihnen Details zur Stelle berichtet werden. Auch Ihre klugen Fragen, die Sie vorbereitet haben, werden Sie sich aufschreiben und mitbringen. Sie sehen, Unterlagen zur Erstellung von Notizen sind immer von Vorteil und zeigen, dass Ihnen der Termin wichtig ist.

All diese Gesprächsaspekte zusammen, je nach Situation eingesetzt, helfen optimal, Ihrer Gesprächspartnerin oder Ihrem Gesprächspartner authentisch

zu vermitteln, dass Sie interessiert sind und Ihnen das Thema am Herzen liegt.
Trainingsfelder für das aktive Zuhören gibt es genug, fangen Sie zu Hause am
Küchentisch an. Wertschätzende Kommunikation ist eine tolle Angelegenheit für
alle Seiten, probieren Sie es aus. Nicht, dass Sie jetzt Notizen anfertigen müssten,
wenn man sich über das Essen unterhält, aber viele der oben genannten Aspekte
werden Sie auch dabei schon gewinnbringend einsetzen können!

Übungsbox

- Durch aktives Zuhören können Sie Wertschätzung vermitteln.
- Unterbrechen Sie nur, wenn es nötig ist.
- Halten Sie aktiven Blickkontakt.
- Geben Sie verbale und nonverbale Rückmeldung zum Gesagten.
- Knüpfen Sie an Argumente oder Informationen an und nutzen Sie diese
  Gelegenheit, um schöne Verknüpfungen mit Ihrer Biographie herzu-
  stellen!
- Machen Sie sich Notizen, wenn Sie möchten.
- Stellen Sie Rückfragen, wenn Sie mehr erfahren möchten oder zu einem
  Thema ins Gespräch kommen wollen, um eigene Stärken einzubringen.

7.2 Körpersprache

In unserem Werkzeugkoffer sollten natürlich auch ein paar Aspekte der Gestik,
Mimik und Körpersprache nicht fehlen. Ob Sie nun in einem persönlichen
Gespräch sind oder in einem Online-Interview: Strahlen Sie Präsenz aus!

Wenn Sie einen Raum betreten, fängt dies schon beim Händedruck an. Sicher
kennen Sie diese Wahrnehmung auch. Finden Sie einen goldenen Mittelweg
zwischen zu lose und zu fest, zeigen Sie, dass Sie wahrgenommen werden wollen.

Überlegen Sie einfach, was für Sie überzeugend wirkt, wenn Sie jemanden
kennenlernen. Vielleicht ist es die Tatsache, dass jemand aufrecht auf Sie
zukommt, sich gerade macht und eine aufmerksame Haltung hat? Achten Sie auf
eine offene Körperhaltung, dies kann man auch gut üben, wenn man sich am Tisch
sitzend aufrecht positioniert. Sofort strahlen Sie etwas ganz anderes aus.

Blicken Sie Ihre Gesprächspartnerinnen und Gesprächspartner selbstbewusst
an, suchen Sie aktiv den Blickkontakt, auch gerade, wenn Sie Fragen beantworten
und sprechen. Wenn Ihnen mehrere Personen gegenüber sitzen, achten Sie
darauf, dass Sie alle adressieren. Klug ist es allerdings, sich besonders von den
Gesprächspartnerinnen oder Gesprächspartnern inspirieren zu lassen, die Ihnen
besonders interessiert oder aufgeschlossen erscheinen. Deren Wohlwollen im
Blickkontakt wird Ihnen eher Sicherheit vermitteln, als wenn Sie hauptsächlich
jemanden anschauen würden, der wenig über seine Reaktionen verrät und Sie
somit eher verunsichert.

Ihre Arme und Hände sollten gut sichtbar sein. Wenn Sie für ein Gespräch beieinanderstehen oder etwas präsentieren, denken Sie einfach an eine Art Gestik-Fenster, das sich vor Ihrem Oberkörper befindet. Dort sollten Sie mir Ihrer Gestik unterwegs sein. Wenig überzeugend würde es wirken, wenn Sie Ihre Arme hinter den Körper führen oder beide Hände in die Hosentaschen platzieren. Versuchen Sie, mit den Bewegungen Ihrer Arme und Hände zu unterstreichen und hervorzuheben, was Sie erzählen. So können Sie Ihre Lebhaftigkeit auch ganzheitlich signalisieren. Je besser Ihre Gesten zu Ihrem Gesagten passen, desto professioneller wirkt es natürlich. So etwas können Sie auch optimal in einem Rhetorikkurs üben. Auf jeden Fall sollten Sie Ihre Hände im Vorstellungsgespräch nicht verstecken, sondern sichtbar auf dem Tisch ablegen und idealerweise mit einsetzen. Auch das Anfertigen einer Notiz oder das Durchgehen Ihrer vorbereiteten Fragen kann hier genannt werden.

Weiterhin ist es sicher nicht ganz unwichtig, was Ihre Mimik über Sie aussagt. Alle Strategien und Übungen in diesem Buch sollen Ihnen helfen, beim Berufseinstieg noch selbstbewusster und mit Überzeugung auf den Arbeitgeber zuzugehen. Je besser Sie im Hinblick auf Ihr eigenes Marketing vorbereitet sind, je besser Sie Ihre geographische Portfoliokommode und die vielen anderen Tools kennen, desto lockerer werden Sie in Vorstellungsgesprächen auftreten können. Wenn Sie nicht mehr hochkonzentriert nachdenken müssen, was Sie als Nächstes sagen, sondern in der Sportart der professionellen Kommunikation durch Training immer sicherer werden, werden Sie nach und nach merken, dass Sie immer mehr Ressourcen im wirklichen Gespräch zur Verfügung haben, um freier zu wirken. Es wird Ihnen öfters gelingen zu lächeln, mit den anderen zu lachen und eine lebhafte Mimik zeigen zu können. Dies wird dem Gespräch einen professionellen und authentischen Anstrich geben, der für alle Seiten angenehm ist.

Eine gut hörbare Lautstärke zeigt ebenso, dass Sie sich nicht verstecken brauchen, sprechen Sie klar und deutlich. Auch ein ruhiges Sprechtempo wirkt souveräner, als wenn Sie versuchen, möglichst schnell mit Ihren Beiträgen fertig zu sein. Setzen Sie bewusst Pausen, die Ihren Ideen und biographischen Beispielen Struktur verleihen.

Falls Sie sich jetzt fragen, wie Sie all dies üben können, kann ich Sie auch hier beruhigen. Es liegt in Ihrer Hand. An den Universitäten gibt es für Studierende hervorragende Trainingsangebote über die Career Services. Sie können sich aber auch mit anderen Studierenden zusammentun und eigene Trainingspläne erstellen. Üben Sie Ihr Auftreten, erzählen Sie über sich und stellen Sie sich gegenseitig Nachfragen zu Ihren Biographien. Wichtig ist dabei jedoch, dass Sie sich entsprechendes Feedback geben. Wie sicher habe ich gewirkt? Was wirkte unsicher? Wie könnte ich daran arbeiten? Was war besonders gelungen? Was sollte ich vermeiden? Bauen Sie sich Ihr eigenes Trainingsteam zu zweit oder zu dritt. Sie werden schnell Mitstreitende finden, da der Nutzen dieser Übungen für alle auf der Hand liegt.

Übungsbox

- Achten Sie auf eine aufrechte Haltung, so strahlen Sie Sicherheit aus!
- Blicken Sie alle Gesprächspartnerinnen und Gesprächspartner an, je nachdem, mit wem Sie kommunizieren.
- Setzen Sie Ihre Hände für unterstreichende Gesten ein, idealerweise vor Ihrem Oberkörper, gut sichtbar und passend zum Gesagten.
- Entspannen Sie sich, Sie sind so gut trainiert, dass Sie auch lächeln und über Ihren Gesichtsausdruck eine gewisse Lockerheit ausstrahlen dürfen!
- Sprechen Sie langsam, laut und deutlich.

7.3 Verbale Verstärker und Co.

Wer selbstbewusst über sein Geographiestudium berichten will, sollte natürlich auch auf die Wortwahl achten, wenn es um die Beschreibung biographischer Beispiele oder die Beantwortung von Fragen geht. Hier gibt es sehr einfache, aber wirkungsvolle rhetorische Werkzeuge, um eigenen Argumenten die nötige Wichtigkeit zu verleihen. Zu diesen Werkzeugen zählen die verbalen Verstärker, was können sie?

Man unterscheidet verbale Weichmacher versus verbale Verstärker. Erstere schwächen Aussagen ab, Letztere unterstreichen sie. Zu den Weichmachern zählen wir zum Beispiel Formulierungen wie „vielleicht", „möglicherweise", „im Großen und Ganzen", „eigentlich", „wahrscheinlich", „eher", um nur einige zu nennen. Formuliert man also Sätze wie: „Eigentlich spricht mich die Stelle ziemlich gut an." oder „Vielleicht wäre es einen Versuch wert." stellt man sicherlich sein Licht unter den Scheffel und könnte definitiv überzeugender formulieren.

Und hier kommen die verbalen Verstärker ins Spiel. Es sind Worte wie: „Sicher", „Auf jeden Fall", „Natürlich", „Wichtig ist mir", „Habe ich unter Beweis gestellt", „Ich bin überzeugt davon, dass ...", „Meine besondere Stärke ist ...", „Zweifelsfrei" und andere. So können wir die oben genannten Sätze viel überzeugender formulieren, wenn wir sagen: „Diese Stelle entspricht genau meinen Fähigkeiten." oder „Ich bin überzeugt davon, dass es gelingt!"

Es liegt eine große Stärke in der Verwendung von verbalen Verstärkern. Sie tragen ihren Namen nicht zu unrecht. Statt „Ich könnte mir ganz gut vorstellen ..." lässt sich doch viel besser formulieren „Ich bin mir sicher, dass ...". Anstatt „In diesem Bereich würde ich mich gerne ein bisschen weiterbilden" können wir doch mit Fug und Recht sagen „In diesem Bereich möchte ich mich zum Spezialisten ausbilden".

Anstatt „Was ich eigentlich noch sagen wollte ..." können Sie Ihre Selbstpräsentation doch besser abschließen, wenn Sie formulieren „Am wichtigsten ist mir jedoch das Thema Nachhaltigkeit, mit dem ich mich bei Ihnen mit innovativen Ideen einbringen möchte."

Verbale Verstärker sind gar nicht so schwer zu üben. Fangen Sie einfach schon beim geistigen Bestücken Ihrer geographischen Portfoliokommode an und überlegen Sie sich, wie Sie selbstbewusst biographische Beispiele erzählen können. Betonen Sie dabei Erfahrungen, Überzeugungen und auch Sicherheiten. Sie dürfen sich sicher sein, dass Ihr Praktikum eine richtige Entscheidung war. Sie dürfen überzeugt davon sein, dass Sie die notwendigen Qualifikationen für diese Stelle mitbringen. Und Sie verfügen über eine ganze Menge an biographischen Erfahrungen.

Achten Sie noch ein bisschen auf das Finetuning. In der selbstbewussten Sprache verzichten wir nach Möglichkeit auf den Konjunktiv. Also werden Satzeinstiege wie „Ich könnte mir das ganz gut vorstellen" einfach umformuliert in „Ich kann mir das gut vorstellen". Wenn Sie noch überzeugter sind, sagen Sie: „Ich bin absolut sicher, dass das klappen wird". Sie sehen, Überzeugungskraft ist einstellbar wie die Lautstärke am Radio, wenn man weiß, wo der entsprechende Regler sitzt.

Drittens zählt man die Verwendung des Passivs zu den verbalen Weichmachern. „Wurde mir gezeigt" klingt natürlich nicht so dynamisch wie „Habe ich mir angeeignet". Also gilt im Selfmarketing die Regel, in der Tendenz Passivformulierungen zu vermeiden. Sie lassen sich nichts erzählen, Sie beschäftigen sich ausführlich mit einem Thema. Sie haben Ihr Studium erfolgreich organisiert und bestanden, es wurde nicht für Sie organisiert. Sie saßen nicht nur in vielen spannenden Veranstaltungen, sondern haben sich wichtige Wissensgebiete in Eigenregie erschlossen. Erinnern Sie sich an das Aktiv-Passiv Modell aus dem Kapitel Zielgruppenanalyse. Allein aufgrund Ihrer Sprache können Sie dem Arbeitgeber auf die Sprünge helfen, Ihren Impetus und Ihr Engagement herauszuhören und sich ein faires Bild von Ihnen zu machen.

Üben Sie auch hier mit Formulierungsbeispielen aus Ihrer eigenen Vita. Fragen Sie nach Ihren Statements eine Feedbackgeberin oder einen Feedbackgeber nach deren konkreter Einschätzung, wie selbstbewusst die Formulierungen ausgewählt waren. Sicherlich ist es hilfreich, das obige Kapitel vorher miteinander durchzusprechen, um die entsprechenden sprachlichen Möglichkeiten miteinander reflektieren zu können.

Übungsbox

- Schnappen Sie sich Ihr Anschreiben und prüfen es auf verbale Weichmacher und Verstärker!
- Wenn Sie den Eindruck haben, dass es noch ein bisschen mehr Selbstbewusstsein in der Sprache vertragen könnte, ersetzen Sie einige Weichmacher durch Verstärker.
- Formulieren Sie hauptsächlich im Aktiv.
- Üben Sie die Selbstpräsentation nun auch mit einem speziellen Fokus auf Ihrer Wortwahl!

- Achten Sie auch in der Alltagssprache auf die Verwendung von Verstärkern, natürlich nicht übertrieben, aber sensibilisieren Sie sich dafür. Sie werden sehen, dass es sich nicht nur im Vorstellungsgespräch lohnt, sich selbstbewusster auszudrücken!

7.4 Commitment

Die zentrale Frage beim Bewerben ist sicherlich: Wie bringe ich den Funken zum Überspringen? Wie kann ich meine Begeisterung so zum Ausdruck bringen, dass der Arbeitgeber versteht, was das Besondere an mir und meiner Vita ist? Dafür möchte ich Ihnen eine Kommunikationstechnik vorschlagen, die hervorragend funktioniert und ebenfalls einfach zu erlernen ist.

Im englischen Sprachgebrauch spricht man in Bezug auf die Arbeit von Commitment, wenn man von etwas überzeugt ist und sich voll und ganz für eine Sache einsetzt. Wir können das frei übersetzen und im Folgenden auch das Wort Begeisterungsvermögen verwenden. Ein hohes Commitment bedeutet also, dass einem die Aufgabe und der Betrieb wichtig sind, die Ziele wertvoll und sinnhaft erscheinen und man einen wirklichen Beitrag zum Gelingen leisten will. Anders ausgedrückt, wer über berufsbezogenes Commitment verfügt, setzt sich für eine Sache mit Engagement und Nachdruck ein, mit Eifer und Enthusiasmus, weil es ihr oder ihm ein Anliegen und nicht egal ist.

Beispielsweise wird ein selbstständiger Unternehmer im Regelfall ein hohes Commitment für seinen Betrieb, seine Aufgaben und somit auch seine Kundschaft haben, weil er überzeugt von seiner Selbstständigkeit ist, die Freiheit und Spielräume liebt und seinen Erfolg ausbauen will. Aber auch eine Sachgebietsleiterin, die sich für den Artenschutz einsetzt und das mit viel Überzeugung seit vielen Jahren, wird ein hohes Commitment für ihren Aufgabenbereich zeigen und sich wirklich mit aller Kraft einbringen, die Artenschutzthemen in den Vordergrund der Arbeit der entsprechenden Behörde zu stellen und durch Überzeugungsarbeit und persönlichen Einsatz viele Mitstreitende zu finden.

Kurz gesagt, wenn uns etwas wichtig ist, setzen wir uns dafür ein. Wir sind begeistert davon und lassen uns nicht entmutigen. Sie kennen das ja auch aus dem Hobbybereich. Wenn jemand sich sein erstes Auto kauft und das entsprechend herrichten will, wird er sicher nicht pünktlich um 17 Uhr den Schraubenschlüssel fallen lassen. Wer eine Reise plant, auf die er sich schon lange freut, wird sich stundenlang darin vertiefen können. Wer sportbegeistert ist, wird eine lange Anreise zu einem besonderen Fußballspiel in Kauf nehmen, und wer unbedingt ein tolles Konzert seiner Lieblingsgruppe live erleben will, wird dafür auch eine entsprechende Ausgabe tätigen.

Sich für etwas zu begeistern, ist also eine Metaeigenschaft, sie ist nicht nur mit Arbeitsthemen verbunden. Es ist eher so, dass sich in unserem Denken und Handeln zeigt, ob wir Freude daran haben, uns so richtig für etwas reinzuhängen, loszulegen und vielleicht auch etwas Eigenes erreichen wollen. Diese Eigenschaft ist in allen drei Bereichen des Drei-Sektoren-Modells zu Hause. Das Studium der Geographie ist sicherlich optimal dafür geeignet, Themen zu finden, die einem wichtig sein können. Aber auch in einem Praktikum kann man sich für den Teamspirit begeistern, und im Freizeitbereich sind Begeisterungsaspekte ein zentraler Antrieb.

Nun ist die psychologische Logik auf der Arbeitgeberseite ganz einfach: Wer sich grundsätzlich begeistern kann, wird diese Eigenschaft auch in der Arbeit verwirklichen wollen. Oder anders ausgedrückt: Es ist wichtig, dass es einem gelingt, dem Arbeitgeber zu vermitteln, dass man begeisterungsfähig ist, dabei ist das einzelne Thema gar nicht so entscheidend. Und das kann man üben.

Die Kommunikation, die wir dafür benötigen, ist eine Kombination aus zwei Aspekten. Einerseits die sachliche Information, die in einer Situation oder in einem biographischen Beispiel steckt. Andererseits ein Gefühl, eine Emotion, die wir damit verbinden. Diese beiden Aspekte kombinieren wir im Erzählstil, sei es in der schriftlichen Variante, also im Anschreiben oder im Vorstellungsgespräch oder anderen Kommunikationssituationen.

Lassen Sie uns das einfach an einigen Aussagen miteinander betrachten. Rein sachlich beschreibend wäre die Aussage: „Ich studiere Geographie." Spannender ist es sicher, wenn Sie formulieren: „Am Geographiestudium fasziniert mich besonders die hohe Aktualität und Relevanz der Themen." Oder eben etwas anderes.

Vielleicht denken Sie auch: „Ich habe eigentlich viel mit GIS gemacht." Mit Commitment ausgedrückt, also unter Zuhilfenahme einer emotionalen Würzung, könnten Sie doch sagen: „GIS war im Studium schon meine große Leidenschaft!"

Wenn Sie die Exkursionen im Studium hilfreich fanden, ist das eine sachliche Beschreibung. Den Begeisterungsfunken zum Überspringen bringt diese jedoch nicht, aber Sie können ja auch formulieren: „Das absolute Highlight im Geographiestudium war die große Exkursion!"

Wenn Sie in der Werkstudententätigkeit viel gelernt haben, ist das sachlich ausgedrückt. Vielleicht wollen Sie aber sagen: „Meine Werkstudententätigkeit war unglaublich wertvoll für mich, weil ich nicht nur viel gelernt habe, sondern auch inspirierende Vorgesetzte hatte."

Oder Sie sagen: „Die Zusammenarbeit im Team war einfach toll und hat viel Spaß gemacht." Das wird den Arbeitgeber mehr aus der Reserve locken, als wenn Sie nur berichten, dass Sie dort in einem Team aus vier Leuten gearbeitet haben.

Vielleicht begeistern Sie sich für Musik und spielen selbst ein Instrument. Möglicherweise haben Sie schon einen Preis errungen oder eine Band gegründet. Auch wenn diese es noch nicht zu Weltruhm gebracht hat, ist es Ihr gutes Recht zu äußern: „Der perfekte Ausgleich zum Studium ist für mich die Musik, hier komme ich auf ganz andere Gedanken und freue mich über die Gemeinschaft mit den anderen und die tollen Erfolge bei unseren Auftritten."

Vielleicht ist es bei Ihnen die Begeisterung für das Erklimmen eines Gipfels. Oben angekommen, fühlen Sie sich frei und inspiriert und lieben die Verbindung zur Natur, die sich im Rundblick über die Bergwelt mit einem Gefühl der Dankbarkeit bei Ihnen einstellt. Erzählen Sie davon! Es ist bewegender und aufschlussreicher, als wenn Sie nur sagen: „Mein Hobby ist Wandern."

Was begeistert Sie? Wovon sind Sie fasziniert? Was sind Ihre Highlights aus dem Studium? Worauf sind Sie stolz? Für was wurden Sie schon ganz besonders gelobt? Wer hat Sie inspiriert? Wann fühlen Sie sich besonders wohl? Was ist Ihnen im Leben wichtig, was wollen Sie beitragen? Was macht Ihnen Freude und Spaß? Was finden Sie toll an der Geographie?

Es sind die Superlative, die als Verbindung zwischen einer sachlichen Information und einer emotionalen Bewertung Leben in Ihre Bewerbungsstrategie bringen. Hauchen Sie Ihrer Kommunikation noch mehr davon ein, es ist leichter, als Sie denken!

Natürlich gilt wie immer: „Die Dosis macht das Gift." Also übertreiben Sie es nicht. Wer von allem fasziniert ist, erscheint nicht mehr authentisch. Aber meine Erfahrung hat gezeigt, dass Studierende und übrigens auch Menschen in ganz anderen Lebenssituationen eher viel zu wenig darüber erzählen, was sie antreibt und was ihnen Freude macht.

Für den Arbeitgeber ist es ganz wichtig, zu erkennen, was Sie motiviert und bewegt. Wenn Sie ihn das an verschiedenen Beispielen erleben lassen, wird er angetan sein von Ihrer Authentizität und Lebendigkeit. Er wird Ihre chancenorientierte Grundhaltung erkennen und sich sagen: „Wow, da geht was voran! Wer sich selbst motivieren kann, wird auch auf andere inspirierend wirken." Und genau das ist für den Arbeitgeber eine wertvolle Erkenntnis.

Übungsbox

- Überlegen Sie sich ganz konkret, was Sie begeistert!
- Denken Sie an Situationen, in denen Ihnen die Zeit verfliegt oder Tätigkeiten, auf die Sie sich freuen.
- Welche Fächer im Studium liegen Ihnen besonders am Herzen und warum, was war am Praktikum toll, und wer hat Sie zuletzt inspiriert?
- Nutzen Sie die vorgeschlagenen Formulierungshilfen, um eigene Sätze zu Ihrem Begeisterungsvermögen zu bilden, sodass man versteht, was Sie fasziniert!
- Commitment auszudrücken, ist für viele Menschen ungewohnt. Üben Sie, die ansonsten sachliche Sprache mit etwas Emotion zu würzen, und trauen Sie sich, anderen mitzuteilen, was Sie antreibt!
- Suchen Sie sich Feedbackpersonen und fragen Sie nach, ob bei Ihren Statements der Funke der Begeisterung schon überspringt. Falls noch nicht, bleiben Sie dran, es ist erlernbar!

7.5   Referenzen

Ihre Kommunikationsstrategie nimmt nun immer mehr Form an. Selbstbewusste biographische Beispiele, aus geographischer Perspektive zusammengetragen und professionell in überzeugende Worte gefasst, werden für den Arbeitgeber klar erkennbar machen, was Sie zu bieten haben und einen interessanten Austausch an Argumenten möglich machen. Wir können immer noch weiter optimieren – die Technik, die ich Ihnen hier zeigen will, ist das Verwenden von Referenzen.

Referenzen steigern die Vertrauenswürdigkeit. Wenn Sie die Einschätzung Ihrer Leistung externalisieren, also andere unabhängig für Sie sprechen lassen, erfährt Ihre Strategie eine weitere wichtige Säule der Überzeugungskraft. Grundsätzlich gibt es zwei verschiedene Vorgehensweisen.

Einerseits ist es möglich, im Lebenslauf beispielsweise bei den angewandten Stationen, also einer bisherigen Arbeitsstelle wie einer Werkstudentenstelle, eine Ansprechperson zu nennen oder ein bereits vorab eingeholtes Schreiben beizulegen, das eine unabhängige Bewertung Ihres Arbeitsstils und Ihrer Haltung darstellen soll. Ein solches Referenzschreiben kann aus der Universität oder von einem extrauniversitären Arbeitgeber stammen, die Tätigkeit kann nahe am Fach oder fachfremd sein, unter dem Strich geht es darum, dass jemand anderes als Sie selbst Ihre Arbeitsleistung beurteilt, ähnlich wie in einem Zeugnis.

Zusätzlich ist eine Kurzreferenz direkt im Anschreiben möglich, dies ist die zweite Variante und aus meiner Sicht fast noch empfehlenswerter, zumindest in einigen Fällen, weil durch viele Vorteile ausgezeichnet. Zunächst, um was handelt es sich dabei?

Wenn Sie sich für die biographische Argumentationstechnik entschieden haben, um die Sprache des Arbeitgebers zu sprechen, wird Ihr Anschreiben aus verschiedenen biographischen Beispielen, also kompakten Erfahrungsgeschichten, bestehen, die Licht auf Kompetenzbereiche werfen, die Sie als erfolgskritisch für die Ausübung der Stelle erachten und die Sie schildern, um beim Arbeitgeber eine Attribution von Eigenschaften auszulösen.

Schauen wir uns ein Beispiel an. Ferdinand schreibt, dass ihm die Mitarbeit im hydrologischen Büro Ingenieur Schneidermann viel Freude gemacht habe, weil er bei zahlreichen Außenterminen Kartierungsarbeiten übernehmen konnte und in GIS Abflussverhalten für bestimmte Einzugsgebiete von Oberflächengewässern modellieren konnte. Besonders habe ihn dabei die selbstständige Arbeit und die Verknüpfung von Datenerhebung, -auswertung und Visualisierung gereizt. Zu diesem selbst erstellten biographischen Beispiel könnte Ferdinand nun eine sogenannte Kurzreferenz hinzufügen. Sie würde sich etwa folgendermaßen lesen: „Für Auskünfte zu meiner Arbeitsweise steht Ihnen der Geschäftsinhaber Herr Schneidermann sehr gerne unter Telefon … zur Verfügung".

Warum ist das empfehlenswert? Nun ja, der Arbeitgeber sieht damit, dass Ferdinand wohl nicht nur selbst mit seiner Arbeit dort zufrieden war, sondern unaufgefordert sagt: „Schau her, ich habe so überdurchschnittlich gut mitgearbeitet, dass ich mich freuen würde, wenn Ihr meinen früheren Vorgesetzten direkt anruft und Euch über mich erkundigt!" Eine solche Kurzreferenz ist also eine überaus selbstbewusste, aber überhaupt nicht arrogante oder überhebliche, weil nachvollziehbare Kommunikationsstrategie.

Was gibt es dabei zu beachten? Der Arbeitsabschnitt, auf den sich die Kurzreferenz bezieht, sollte nicht allzu weit in der Vergangenheit liegen, also relativ aktuell sein, nicht älter als wenige Jahre. Die Person, die Sie angeben, sollte eine Führungskraft sein und zuständig für die Beurteilung Ihres Arbeitsverhaltens gewesen sein. Drittens sollten Sie es dem zukünftigen Arbeitgeber so einfach wie möglich machen, Ihre Referenzperson zu erreichen, unter Angabe einer Telefonnummer oder E-Mail-Adresse. Selbstverständlich sollten Sie die Referenzperson, bevor Sie sie angeben, um ihr Einverständnis gefragt haben. Sie werden sehen, Sie rennen offene Türen ein. Wenn Sie gut mitgearbeitet haben, wird man Ihnen gerne anbieten, auch gegenüber einem Dritten über Sie Auskunft zu geben. Außerdem weiß man, dass eine Referenz eine wirksame vertrauensbildende Maßnahme ist, aber nicht oft eine Kontaktaufnahme stattfindet, es ist also selten Arbeit damit verbunden.

So ist diese Technik sehr unaufwendig und für alle Beteiligten ertragreich und erhellend. Ich kann sie Ihnen nur wärmstens empfehlen. Achten Sie darauf, dass Sie im Anschreiben nicht mehr als eine Kurzreferenz verwenden und dass diese, falls möglich, zum angestrebten Tätigkeitsfeld passt. Dabei greift wieder die Metaebene: Es ist nicht wichtig, dass es sich bei der referenzierten Tätigkeit genau um das handelt, was Sie später in der Ausübung der Stelle machen würden, aber es wäre ideal, wenn die Fähigkeiten, die Sie mit der Referenzangabe unterstreichen wollen, hilfreiche Stärken für die spätere Aufgabe darstellten. Unternehmerisches Denken und Kundenorientierung kann man in vielen Bereichen unter Beweis stellen, dies wäre so eine Metareferenz. Andere wären selbstständiges Arbeiten, Ideenreichtum, Engagement, überdurchschnittliche Arbeitsgeschwindigkeit oder versiertes Kommunikationsverhalten.

Überlegen Sie doch mal entlang Ihrer bisherigen beruflichen Erfahrungen, welche Dimensionen Sie hervorheben könnten und wo sich eine Referenzperson anbieten würde. Ich bin mir sicher, es werden Ihnen schnell entsprechende Stärken und Namen einfallen!

7.6   Fragen übersetzen

Vieles in der menschlichen Kommunikation ist übersetzungsbedürftig, wenn man herausfinden will, was der eigentliche Inhalt der Botschaft ist. So ist es auch mit den Fragen im Vorstellungsgespräch.

Wird man zum Beispiel am Anfang des Gesprächs gebeten, doch einmal ein bisschen was zur eigenen Vita zu erzählen oder sich vorzustellen, ist dies ein Hinweis auf die in Kap. 6.6 besprochene Selbstpräsentation. Dort haben wir ja übersetzt, dass der Satz „Stellen Sie sich doch einmal vor!" etwas viel Ausführlicheres heißt, nämlich zu einer Arbeitsprobe in Form einer Präsentation einlädt, in der Sie

Struktur, Eigeninitiative, Motivation und biographische Beispiele so einbringen, dass Sie argumentative Brücken zum angestrebten Berufsfeld bauen und dabei die Aspekte des sicheren Auftretens zeigen.

Sie sehen, dechiffrieren zu lernen lohnt sich. Erst wenn man den Inhalt einer Bitte oder Frage versteht, kann man diese auch zielgenau adressieren und beantworten. Aber gemach, es ist alles nicht so kompliziert, wie es auf den ersten Blick aussieht.

Wenn man Sie übrigens im obigen Kontext einmal bitten sollte, sich vorzustellen und etwas aus Ihrem Leben zu berichten, was man dem Lebenslauf noch nicht entnehmen konnte, interessiert sich der Arbeitgeber meistens für die Aspekte der Motivation und der Begeisterung. Denn wann Sie Ihr Studium begonnen haben, steht ja im Lebenslauf, aber nicht, warum. Wo Sie ein Praktikum gemacht haben, ebenfalls, aber nicht, was Sie spannend fanden. Dies fällt Ihnen jetzt spielend leicht, weil Sie ja schon die Kapitel Motivation und Commitment bearbeitet haben.

Schauen wir also genauer hin und trainieren eine Technik, die Ihnen hilft, Fragen im Vorstellungsgespräch zu übersetzen und somit leichter beantworten zu können. Ich nenne Sie die Intentionstechnik. Warum?

Jede Frage oder Aufforderung beinhaltet eine Absicht, eine Intention. Wie ich Ihnen am obigen Beispiel verdeutlicht habe, wird diese aus der Formulierung oft nicht klar. Also sollten wir einfach lernen, Fragen zu übersetzen.

Schritt eins ist aus meiner Sicht, dass Sie sich vornehmen, auf eine Frage nicht reflexartig sofort zu antworten, sondern die Frage erst einmal in Ruhe anhören und bei sich ankommen lassen. Das wirkt selbstbewusster, als wenn Sie ganz eilig loserzählen und gibt Ihnen zudem die Möglichkeit, die Frage zu übersetzen und dann die richtigen Schubladen Ihrer geographischen Portfoliokommode aufzuziehen. Aber dazu später mehr. Wenn Sie also im nächsten Vorstellungsgespräch etwas gefragt werden, nehmen Sie sich einen Moment Zeit, bevor Sie eine Antwort geben.

Der zweite Schritt ist dann die Übersetzung der Frage, indem Sie die Intention herausfinden. Wie funktioniert dies? Nun ja, Sie fragen sich beim Anhören: „Was ist die Intention dieser Fragestellung" und da dies nach Gedankenakrobatik klingt, wenn man etwas unter Stress steht, schlage ich Ihnen vor, dass Sie einfach einen Perspektivwechsel vollziehen und sich fragen: „Hmm, warum würde ich jemanden so etwas fragen?" Es klingt simpel, ist es auch, aber gerade die einfachen Dinge im Leben sind ja oft die hilfreichsten, und so ist es auch bei dieser Angelegenheit.

Schritt drei ist dann, dass Sie sich aus Ihrer sehr gut vorbereiteten Portfolioübersicht passende biographische Beispiele auswählen, die gut dazu taugen, die Absicht oder Intention der Fragestellung zu adressieren. Ich glaube, wir schauen uns das einfach an einigen Beispielen an, dann verstehen Sie genau, was ich meine.

Stellen wir uns vor, man fragt Sie nach Ihren Schwächen oder nach einer Schwäche. Sicherlich ist Ihnen diese Frage schon in irgendeiner Form über den Weg gelaufen. Also, Sie hören: „Nennen Sie uns doch einmal eine Ihrer Schwächen." und verfahren nach oben beschriebenem, dreistufigen Verfahren.

Erstens nehmen Sie sich einen Moment Zeit. Zweitens überlegen Sie, warum Sie jemanden nach seinen Schwächen fragen würden und merken so, dass es Ihnen dabei wahrscheinlich um solche Dinge wie Ehrlichkeit, Selbstreflektion und die Fähigkeit gehen würde, mit Schwächen umzugehen und an diesen zu arbeiten. Wenn Sie dies verstanden haben, können Sie drittens aus der Schublade „Präsentationsvermögen" von Situationen erzählen, wo Sie erfolgreich Referate gehalten haben, aber zukünftig noch daran arbeiten wollen, Ihre Ideen noch eloquenter, also souveräner vorzutragen. Auch wollen Sie in Zukunft noch an Ihrem subjektiven Stressempfinden arbeiten, wenn Sie vor größeren Gruppen stehen. Sie können von einem Rhetorikkurs erzählen und den vielen Übungssituationen aus dem Studium und dass Sie die Erfahrung gemacht haben, dass es die Übung ist, die Sie weiterbringt und Sie daher guter Dinge sind. Diese Antwort würde nun in allen Aspekten mit den Intentionen der Fragestellung korrespondieren. Schwächen sind übrigens die natürlichste Sache der Welt und etwas sehr Wertvolles. Dies wird klarer, wenn sie als Entwicklungsfelder oder wie im Englischen als „areas of improvement" bezeichnet werden!

Üben wir weiter. Man fragt Sie: „Wo sehen Sie sich in fünf Jahren?" Sie überlegen erst einmal einen kleinen Moment, bevor Sie antworten. Dabei fragen Sie sich, warum Sie jemanden im beruflichen Kontext fragen würden, wo er oder sie sich in einem entsprechenden Zeitraum in der Zukunft sieht. Durch diesen Perspektivwechsel werden Sie merken, dass Sie wahrscheinlich an der Ambition, am Ehrgeiz der Person interessiert wären oder auch gerne verstehen würden, ob und welche Ziele die Bewerberin oder der Bewerber für sich definiert hat und ob diese mit den Rahmenbedingungen der Stelle in Deckung zu bringen sind. Wenn Sie das verstanden haben, können Sie doch erzählen, dass Sie das Arbeitsthema der Stelle sehr spannend finden, können dies biographisch untermauern und dann darauf hinweisen, wie wichtig Ihnen Weiterbildung und Aktualität sind. Weiterhin, dass Sie sich sehr gut eine langfristige Perspektive in der Organisation vorstellen können und den Wunsch haben, später auch Verantwortung zu übernehmen, vielleicht im Rahmen einer Projektleitung oder Ähnlichem.

Nun gibt es natürlich auch Fragen, die eine ganz andere Intention verfolgen. Stellen Sie sich einmal vor, das Vorstellungsgespräch ist sehr gut gelaufen, schon über eine Stunde lang, und plötzlich sagt man in einem vorwurfsvollen Ton zu Ihnen: „Das ist ja alles gut und schön, aber Sie haben doch eigentlich überhaupt keine praktischen Erfahrungen!" Sie können ja inzwischen die Intentionstechnik. Also noch mal zum Mitschreiben: Erst mal Ruhe bewahren, nicht sofort antworten. Warum würden Sie zu jemandem, der sich überzeugend präsentiert hat, so etwas sagen? Na ja, Sie wollen vielleicht schauen, wie selbstsicher die Person reagiert, ob sie in Stress gerät oder ganz von der Rolle kommt oder ob Ihre Bewerberin oder Ihr Bewerber eine sichere Antwort dazu findet. Beim Übersetzen der Intention fällt Ihnen also auf, dass es sich um eine Provokationsfrage handelt. Somit greifen Sie zum rhetorischen Werkzeug, das für jeden Vorwurf oder bei jeder Defizitunterstellung das Mittel der Wahl für einen gelungenen Satzeinstieg ist und sagen: „Im Gegenteil, mein Studium und meine bisherige Vita zeichnen sich durch einen sehr hohen Anwendungsbezug aus!" Und dann schildern Sie mit Vergnügen einige Beispiele aus den Schubladen Praxisbezug, Teamarbeit, IT-Skills oder anderen Dimensionen. Sie merken schon, wie wichtig Ihre geographische Portfoliokommode ist, nicht wahr? Also schenken Sie ihr immer wieder ein bisschen Zeit und gehen mit Möbelpolitur zur Sache, will heißen, Training.

So eine Provokationsfrage könnte übrigens auch lauten: „Trauen Sie sich das überhaupt zu?" Jetzt sind Sie fit. Schritt eins, Zeit nehmen. Schritt zwei, Perspektivwechsel mit Übersetzung, es wird sich wohl wieder um einen Reaktionstest in puncto Selbstbewusstsein handeln, was meinen Sie? Schritt drei, selbstbewusster Satzeinstieg, vielleicht mit einem verbalen Verstärker wie: „Auf jeden Fall", an den Sie geeignete Portfolioargumente in Form von biographischen Beispielen anfügen, die genau unterstreichen, warum Sie diese Aufgabe gut hinbekommen werden.

Wenn man Sie übrigens etwas fragt, um zu sehen, wie Sie reagieren, ist die Intention nicht, Sie zu ärgern. Es geht dem Arbeitgeber schlicht darum, herauszufinden, ob Sie schon selbstsicher genug sind, in einem Kundengespräch mit einem Einwand wie: „Sie wissen aber schon, dass diese Leistung woanders nur die Hälfte kostet?" umzugehen. Sprich, man versucht situativ auf der Metaebene herauszufinden, ob Sie mögliche berufliche Herausforderungen parieren könnten.

Machen wir den absoluten Stresstest für unsere Intentionstechnik und stellen uns vor, man fragte Sie: „Wenn Sie ein Tier wären, welches Tier wären Sie dann?" Sie beherrschen die Technik ja jetzt, und wenn Sie sich überlegen, warum Sie jemand anderen so etwas fragen würden, wäre das vielleicht, weil Sie an der Assoziationsfähigkeit dieser Person interessiert wären, aber doch vielmehr auf der Metaebene herausfinden wollen würden, ob jemand mit Argumentationskompetenz, Aufgeschlossenheit, Humor und Leichtigkeit an diese Aufgabe herangehen würde oder bierernst bliebe. Und damit sind Sie natürlich auf dem richtigen Weg, da es egal ist, welches Tier Sie in Ihre Storyline aufnehmen und nur darauf ankommt, wie Sie Ihr Statement rüberbringen. Sonst müsste ja auch ein Arbeitgeber am Abend nach vier Vorstellungsgesprächen sagen: „In Ordnung, jetzt haben wir eine Giraffe, einen Adler, einen Löwen und einen Steppenwolf, wen stellen wir denn jetzt ein?" So kann ja Recruiting nicht funktionieren, sondern es sind die Metakompetenzen, die interessieren. Denken Sie an die Venedigbrücke. Die Tierfrage gibt es aus diesem Grund auch als Frage nach einer Frucht, nach einem Automodell oder anders.

Das Übersetzen der Intentionen wird Sie befähigen, sich loszulösen von auswendig gelernten Tipps aus dem Internet, die der Arbeitgeber auch nur zu gut kennt. Sie werden ehrlich und authentisch antworten können und Ihre geographischen Stärken gut platzieren können. Auch hier wird die Übung entscheidend sein. Finden Sie sich in einer Gruppe zusammen und diskutieren Sie übliche Fragen aus Vorstellungsgesprächen. Miteinander werden Sie in der Reflexion sicher auf die jeweiligen Intentionslagen kommen und das bald auch alleine sehr trittsicher beherrschen!

Übungsbox

- Suchen Sie sich typische Fragen aus Vorstellungsgesprächen heraus und üben Sie in Ruhe die beschriebene Übersetzungstechnik.
- Nehmen Sie sich zunächst jeweils die Zeit, die Frage bei sich ankommen zu lassen.
- Fragen Sie sich dann, warum Sie jemanden so etwas im Vorstellungsgespräch fragen würden – dies ist die Ermittlung der Intention über den Perspektivwechsel.
- Bei manchen Fragen fallen Ihnen wahrscheinlich unterschiedliche Gründe für die Fragestellung ein, das ist ganz natürlich so.
- Sollten Sie sich mit dieser Übung schwertun, suchen Sie sich Mitstreitende und erarbeiten diese Technik miteinander im Team. So werden Sie auf ausreichend Intentionen kommen und immer professioneller im Übersetzen werden!

7.7 Die „Was habe ich da gelernt?"-Technik

Eine weitere Übung können wir unserem Werkzeugkoffer dazufügen, die einen schönen Nutzen entfaltet, wenn es darum geht, im Gespräch zu überzeugen.

Sie basiert darauf, dass sich der Arbeitgeber gar nicht so sehr für Zeitangaben und Verweildauern interessiert, sondern viel mehr dafür, wie man einen Zeitabschnitt der Biographie sinnvoll genutzt hat. Für ihn ist es nicht entscheidend, ob eine Station im Lebenslauf etwas länger oder kürzer war, sondern er interessiert sich dafür, was man davon profitiert hat, dort gelernt hat und wie man diese Zeit für sich ganz persönlich evaluiert und in Wert gesetzt hat.

Schauen wir also auf das Studium. Hier wird den Arbeitgeber interessieren, wie es uns insgesamt gefallen hat, was unsere Highlights waren, in welchen Veranstaltungen wir am meisten gelernt haben und warum und wo unsere Spezialisierungen liegen. Er wird wissen wollen, wie wir überhaupt auf dieses Studium gekommen sind, ob es eine gute Wahl war und ob wir es weiterempfehlen würden und wenn ja, warum. Bei dem Blick auf das Masterarbeitsthema wird er wissen wollen, wie wir an die Sache herangegangen sind und was wir herausgefunden haben. Wo die Herausforderungen und die Lernkurven lagen.

Wenn er auf ein Praktikum oder auf eine andere angewandte Erfahrung schaut, sind Fragen wie: „Was haben Sie dort gelernt, hat es Ihnen gefallen, was waren die wichtigsten Aspekte, die Sie dort für Ihren weiteren Werdegang finden konnten?" oder „Welche Tätigkeiten haben Sie dort genau ausgeführt?", „Wie selbstständig konnten Sie dabei vorgehen, und was ist Ihnen besonders gut gelungen?" gängige Möglichkeiten.

Wenn wir auch hier im Sinne des Drei-Sektoren-Modells auf den dritten Bereich, also im Lebenslauf etwa abgedeckt durch „Engagements und Interessen" blicken, wird sich der Arbeitgeber vielleicht dafür interessieren, welche Auftritte Sie mit dem Universitätsorchester schon absolviert haben, wenn Sie angegeben haben, dort mitzuspielen. Er wird vielleicht nach Ihrem Lieblingskomponisten fragen oder nach dem Nutzen, den Ihnen Ihr Mitspielen in dieser Formation bringt. Vielleicht fragt er Sie, was genau Ihnen Freude macht an der Musik oder wie Sie darauf gekommen sind, dass es Ihr bester Ausgleich zur Arbeit ist. Wenn Sie eine Sportart ausüben, wird der Arbeitgeber vielleicht wissen wollen, wie oft Sie dort hingehen, was Ihre Funktion im Team ist und welche Ziele Sie schon erreicht haben. Vielleicht fragt er auch, was Sie dabei über Motivation und Teamwork gelernt haben, was auch für die Arbeit zutrifft oder warum Sie an dieser Betätigung so viel Freude empfinden.

Wenn Sie sich jetzt fragen, wie man all diese Fragen und Antworten antizipieren und vorbereiten kann, empfehle ich Ihnen Ferdinands Herangehensweise: Er arbeitet mit der „Was habe ich da gelernt?"-Technik. Er hat sich einfach seinen Lebenslauf ausgedruckt und hinter jede einzelne Station, also das Studium, die Abschlussarbeit, die beruflichen Stationen, die Skills und auch seine Interessen die Arbeitsfrage notiert: Was habe ich da gelernt?

Auf einem separaten Blatt hat er nun für jeden Abschnitt seiner Biographie, also für jede dieser Stationen, eine Aufzählung von Punkten erarbeitet, die er dort als Lernergebnisse und Lebenserfahrungen für sich herausfinden konnte. Er ist schon ein guter Stratege und weiß natürlich um die Metaebene, somit finden sich viele Bezüge auch zu Metakompetenzen wie Kommunikationserfahrung oder schnelles Einarbeiten. Aber auch ganz konkrete Lerneffekte wie „Ich habe gelernt, wie die Meetings in einem Großkonzern laufen" oder „Ich habe verschiedene Führungsstile kennengelernt, da ich mit verschiedenen Vorgesetzten zu tun hatte" finden sich in seiner Evaluationsliste. Im Studium fällt es ihm am leichtesten, zu finden und zu formulieren, was er dort alles profitiert hat, aber auch beim Sport und den anderen Hobbys tut er sich immer leichter zu erkennen, was ihm diese Dinge gebracht haben und bringen.

Er ist begeistert, weil er nun noch mal aus ganz anderer Perspektive einen tollen biographischen Zugang zu seinen Stärken bekommt, nämlich über die Betrachtung der Erkenntnis oder des Nutzens der jeweiligen Erfahrungsstationen (Abb. 7.1).

Am besten gefällt ihm, dass er schon ziemlich gut darin ist, chancenorientiert auf diese Lebensabschnitte zu blicken. In seiner Auswertung gibt es keine einzige Station, wo er rein gar nichts gelernt hätte. Wenn es nur war, eine neue Branche kennenzulernen oder herauszufinden, dass man doch in einen anderen Bereich umsatteln möchte, wohnt jeder biographischen Station ein wertvoller Nutzen inne, wenn man nur den Blick dafür schärft. Ferdinands Geheimnis war, dass er auch auf die typischen Anforderungen, die berufsbezogenen Dimensionen geschaut hat, um sich für seine Differenzierungen inspirieren zu lassen. Diese hat er ja bei der Portfoliokommode ausführlich trainiert. Ich würde also vorschlagen, Sie machen es genauso und bereiten sich auf diese Weise optimal auf die Fragen vor, die

Abb. 7.1 Ferdinand ist begeistert

den Arbeitgeber interessieren, wenn es um Ihre Lernauswertungen zu Ihrer Biographie geht. So werden Sie sehr differenziert und reflektiert über Ihre bisherige Vita Auskunft geben können, auch dies wird ein wertvoller Baustein in Ihrer Kommunikationsstrategie werden.

Übungsbox

- Drucken Sie sich Ihren Lebenslauf aus und erarbeiten zu allen Informationen die Antwort auf die Frage: Was habe ich da gelernt?
- Evaluieren Sie ausführlich, in welcher Form Sie von welchen Abschnitten Ihres Lebens profitiert haben – Sie werden jeweils eine Differenzierung von einigen Aspekten finden, wenn Sie sich ein bisschen Zeit zur Reflektion nehmen.
- Vielleicht hilft Ihnen dabei, die drei Bereiche des Drei-Sektoren-Modells durchzugehen: Was haben Sie in puncto Bildungsaspekte, was beim Handwerkszeug und was im Sinne der Persönlichkeitsentwicklung dazugewonnen?
- So werden Sie Ihre bisherige Biographie in einer Form auswerten, die Ihnen Grund zu noch mehr Selbstbewusstsein gibt und die Frageform der Arbeitgeberseite antizipiert!

7.8   Strategien gegen Lampenfieber

Um seine selbstbewusste Kommunikation auch entfalten zu können, braucht es natürlich Konzentration und auch ein Stück weit Lockerheit. Erst dann fängt das Vorstellungsgespräch an, Spaß zu machen, und darauf wollen wir ja schließlich hinarbeiten. Lassen Sie uns also zum Abschluss dieses Kapitels, das sich ja rund um geeignetes Handwerkszeug drehte, auf Aspekte schauen, wie man Stress reduzieren kann, wenn es um Vorstellungssituationen im beruflichen Kontext geht.

Am wichtigsten ist es sicherlich, sich selbst, seine Stärken und Argumente, möglichst gut zu kennen und vorbereitet zu haben. Dafür liefert dieses Buch zahlreiche Anregungen und Übungen. Intensives Üben, alleine oder zusammen mit anderen, sowie das Einholen von Feedback zu entsprechenden Statements und Präsentationen sind sicher der allerwichtigste Aspekt einer erfolgreichen Bewerbungsstrategie, um Routine zu fördern.

Ebenso entscheidend ist aus meiner Sicht ein geeignetes Selbstkonzept. Im Laufe der Lektüre dieses Buches werden Sie zu der Überzeugung gelangt sein, dass Sie als Geographin oder Geograph mit einer interessanten Vita für den Arbeitgeber ein spannendes Talent sind. Reflektieren Sie Ihre Erfahrungen und Erfolge,

Ihre Werte und Ziele, und stellen Sie fest, dass man sich glücklich schätzen darf, Sie kennenzulernen!

Eine möglichst gute operative Vorbereitung hilft ebenfalls, den Stress vor einem Vorstellungsgespräch zu reduzieren. Informieren Sie sich genau über die Adresse und Lage Ihres Arbeitgebers und notieren Sie sich die Namen der voraussichtlich anwesenden Ansprechpersonen. Vielleicht recherchieren Sie sogar etwas über deren berufliche Laufbahn, um im Bilde zu sein und entsprechende Fragen stellen zu können. Eruieren Sie die beste Anfahrtsmöglichkeit und reisen Sie mit Pufferzeit an. Egal ob Sie mit der Bahn, dem Auto oder einem anderen Verkehrsmittel unterwegs sind, es wirkt niemals entspannend, auf die letzte Minute hereinzuschneien.

Überlegen Sie schon ein bisschen im Vorfeld, wie Sie sich kleiden möchten und was Sie sonst noch so dabei haben wollen. Ihr Kleidungsstil sollte Wertschätzung ausdrücken, hier gibt es sicher je nach Arbeitgeber viele passende Möglichkeiten. Auf jeden Fall sollten Sie Schreibmaterial dabeihaben, nicht zuletzt deshalb, weil Sie ja im Sinne des aktiven Zuhörens alert sein wollen, aber auch Ihre vorbereiteten Fragen, mit denen Sie dem Arbeitgeber auf den Zahn fühlen wollen, griffbereit brauchen. Achten Sie auch darauf, einen Snack und etwas zu trinken dabei zu haben, sollten Sie eine weitere Anreise haben.

Wenn Sie einmal wirklich zu spät dran sind, was natürlich die absolute Ausnahme darstellen sollte, rufen Sie bitte kurz vor dem geplanten Terminbeginn an, entschuldigen sich unter Angabe des ehrlichen Grundes und geben möglichst genau an, um wie viel Sie sich verspäten werden.

Sollte der Arbeitgeber bei Ihnen in der Nähe sein, spricht ja auch nichts dagegen, schon einmal vorab dort vorbeizufahren und einen Eindruck zu gewinnen, wie viel Zeit Sie kalkulieren sollten.

Am wichtigsten ist jedoch aus meiner Sicht, dass Sie sich bewusst werden, dass ein Vorstellungsgespräch keine Prüfung ist. Es ist ein gegenseitiges Kennenlernen, das für beide Seiten fairerweise ergebnisoffen ist. Sehen Sie es als Möglichkeit, sich anzuschauen, ob die Menschen, mit denen Sie sich treffen, für Sie eine interessante Zukunftsperspektive anbieten können oder ob Sie vielleicht lieber noch ein bisschen weiterschauen wollen. Ich habe dieses Buch unter anderem deshalb geschrieben, weil ich Sie in der Erkenntnis unterstützen will, dass berufsbezogenes Matching, wie wir neudeutsch ja auch sagen könnten, immer ein Prozess auf Augenhöhe ist. Niemand muss sich anbiedern oder unter Wert verkaufen: Sie werden so gut in Ihrer Kommunikation sein und Ihr Geographiestudium und alle biographischen Erfahrungen und Stärken so professionell einsetzen können, dass Sie jederzeit die Option haben, weitere Gespräch zu führen und sich andere Arbeitgeber anzuschauen.

Diese innere Haltung, dass es von Ihnen abhängt, wie viel Sie üben, wie ernsthaft Sie trainieren und wie fit Sie sich machen, wird Sie stärken, Ihnen Türen öffnen und Freude bereiten!

Übungsbox

- Vorbereitung ist entscheidend. Wenn Sie die Übungen in diesem Buch durchgearbeitet haben, sind Sie schon sehr gut vorbereitet!
- Eliminieren Sie unnötige Stressoren im Vorfeld. Planen Sie genug Zeit ein, klären Sie die Kleidungsfragen rechtzeitig, und optimieren Sie die Technik bei Onlineinterviews. Alles, was suboptimal sein könnte oder Sie unter Druck setzen könnte, können Sie vorher entschärfen!
- Arbeiten Sie an Ihrer Haltung. Es ist doch schön, wenn sich jemand interessiert und mehr von Ihnen erfahren möchte. Sehen Sie das Vorstellungsgespräch als eine Situation, bei sich zwei Seiten wertschätzend kennenlernen möchten, um auszuloten, ob eine Zusammenarbeit sinnvoll ist.
- Vertrauen Sie darauf, dass Sie durch Üben immer besser werden, und lassen Sie sich nicht entmutigen, wenn etwas einmal nicht klappt. Irgendwann wird sogar Vorfreude mitschwingen, wenn Sie zum Vorstellungsgespräch gehen!

Sich den Arbeitsmarkt selbst erschließen

8

Wenn nun die geographische Arbeitswelt so vielfältig ist und wir uns eine resonierende Kommunikationsstrategie erarbeitet haben, wird es irgendwann so weit sein, dass Sie sich umschauen und nach geeigneten Stellen suchen.

Hierbei gibt es natürlich viele Möglichkeiten, einige davon werden wir uns gemeinsam ansehen. Sollte trotzdem Ihre Wunschstelle nicht dabei sein, wenn Sie aktiv die Angebote durchforstet haben, besteht keinerlei Grund zur Trübsal. Wir brauchen schlicht eine weitere Strategie, und auch diese werden wir uns dann erarbeiten, damit Sie nicht im Warten verharren müssen, sondern sich selbst auf den Weg machen können!

8.1 Möglichkeiten, ausgeschriebene geographische Stellen zu finden

Es gibt erfreulicherweise viele verschiedene Medien und Informationskanäle, in denen man geographische Stellenausschreibungen auftun kann. Was fällt Ihnen zuerst ein? Schauen wir uns dazu ein wenig um.

Stellen werden selbstverständlich häufig in den Tageszeitungen ausgeschrieben. Dabei ist es wichtig, nicht nur die deutschlandweiten oder gar internationalen Zeitungen zu betrachten, sondern sich, sofern es um den Berufseinstieg geht, primär die überregionalen Tageszeitungen anzusehen, die beispielsweise den Namen der jeweiligen Landeshauptstadt tragen oder dort verlegt werden. Häufig werden gerade geographische Einstiegsstellen in den Tageszeitungen auf regionaler oder Bundesland-Ebene inseriert. Nur der Vollständigkeit halber sei hier erwähnt, dass der Vorteil eines modernen Suchrasters, das Sie sich erstellen, darin besteht, dass Sie heutzutage auf alle diese Publikationen online zugreifen können.

Neben den Tageszeitungen gehören natürlich die bekannten Online-Stellenportale in Ihren Suchmodus. Auch hier kennen Sie sich vielleicht bereits aus oder können sich schnell einarbeiten. Als kleinen Tipp beachten Sie bitte: Suchen Sie

nicht nur nach dem Begriff Geograph*in, sondern verwenden Sie auch Funktions-
bezeichnungen, die in der angestrebten Branche üblich sind. Wenn Sie sich also
im Immobilienbereich bewerben wollen, sollten Sie beispielsweise nach „Junior
Research Analyst" suchen, im entsprechenden Fachbereich einer Kommune nach
Klimaschutzmanager*in, wenn Sie dieses Thema bearbeiten wollen oder eben
nach Regionalmanager*in, je nachdem, in welche Richtung es Sie beruflich zieht.
Wenn Sie sich nicht sicher sind, wie die Funktion jeweils üblicherweise genannt
wird, hilft eine Recherche in entsprechenden Branchenjournalen, also beispielsweise einer Zeitschrift, die in der Tourismusbranche gelesen wird, wenn dies Ihr
angestrebter Arbeitsmarkt ist, weiter. Warum ist dieses Vorgehen empfehlenswert? Nun ja, oft wird eben in der Ausschreibung die zu besetzende Stelle genau
umschrieben, aber nicht wörtlich aufgezählt, aus welchen Fachbereichen oder
Studiengängen die Bewerberinnen und Bewerber stammen sollen, und all diese
Stellen können wir so finden. Manchmal sind zwar auch einige Studienrichtungen
aufgezählt, aber vielleicht nicht die Geographie, obwohl sie für diese Stelle
optimal geeignet ist. Dies kann schlicht darin begründet liegen, dass die oder der
Ausschreibende nur an sehr bekannte Studiengänge gedacht hat oder zu wenig
über den Anwendungsbezug des Geographiestudiums weiß.

Neben diesen beiden Wegen würde ich Ihnen empfehlen, den Blick über die
verschiedenen geographischen Institute schweifen zu lassen, je nachdem, wohin
Sie möchten, im In- und Ausland. Viele geographische Institute bieten für ihre
Absolvierenden zahlreiche berufsvorbereitende Leistungen an, wie Alumni-Vor-
träge, um Erfahrungsberichte aus Berufsfeldern zu hören, Workshops zum Berufseinstieg oder eben Stellenportale, die speziell für Geographinnen und Geographen
ausgerichtet sind.

Selbstverständlich ist es auch ein Baustein, einfach direkt auf den Internetseiten Ihres Wunscharbeitgebers nachzuschauen, ob entsprechende freie Stellen
gemeldet sind. Da die Ausschreibung über die eigenen Seiten immer kostenlos ist,
wird fast jeder Arbeitgeber diesen Kommunikationsweg wählen und diesen eben
gegebenenfalls durch weiter oben genannte, teilweise kostenintensive Maßnahmen
flankieren.

Fach- und Branchenzeitschriften sind ebenfalls ein gutes Forum, um sich in die
jeweilige Branche einzulesen und sich dort inserierte Stellenzeigen anzusehen.

Besonders erwähnenswert sind aus meiner Sicht auch die geographischen
Berufsverbände, wenn es um die berufsvorbereitende Unterstützung und natürlich auch die Aggregierung von interessanten geographischen Stellenanzeigen
geht. Sehen Sie sich doch beispielsweise einmal beim DVAG, dem Deutschen
Verband für Angewandte Geographie, dem VGDH, dem Verband für Geographie an deutschsprachigen Hochschulen und Forschungseinrichtungen, bei der
DGfG, der Deutschen Gesellschaft für Geographie, oder bei der IGU, der International Geographical Union, um. Sie werden dort weitere Inspirationen finden,
um Ihre Recherche fortzusetzen. In puncto Stellenanzeigen werden entweder
entsprechende Stellenbörsen oder speziell für Geographinnen und Geographen
zusammengestellte Newsletter angeboten. Auch werden von diesen Institutionen
viele andere attraktive Angebote für Young Professionals offeriert, nicht zuletzt

die Möglichkeit, an Veranstaltungen teilzunehmen, bei denen Berufsfelder von Praktikerinnen und Praktikern vorgestellt werden oder das Angebot, sich bei Arbeitskreisen, Regionalforen, geographischen Stammtischen und anderen Networkingevents anzuschließen.

Darüber hinaus möchte ich Sie ermuntern, sich eine eigene Übersicht mit für Sie relevanten Informationsquellen zuzulegen. Dies ist eine Tätigkeit, die Sie nicht überfordern wird, sondern Ihnen im Gegenteil viel Spaß machen kann, weil Sie sehen werden, wie viele tolle Möglichkeiten der Suche es gibt. Um hier die Tür nur schon einmal einen kleinen Spalt zu öffnen und Ihnen die Richtung aufzuzeigen: Schauen Sie mal beim Wissenschaftsladen Bonn, bei greenjobs, bei Nationale-Naturlandschaften, bei NachhaltigeJobs, bei Earthworks-jobs, Geojobs oder auf Interamt vorbei, wenn Sie nach geographischen Stellen suchen.

8.2   Stellenanzeigen dechiffrieren

Wer sich Stellenanzeigen anschaut, wird schnell feststellen, dass diese meist sehr anspruchsvoll, attraktiv und fast schon spektakulär klingen. Das hat einen einfachen Grund: In der Personalbeschaffung möchte man natürlich nicht irgendwen ansprechen, sondern die talentiertesten Kräfte für sich gewinnen. Dieses Vorgehen kann man unterschiedlich gestalten, indem man sich in verschiedenen Medien oder Plattformen als attraktiver Arbeitgeber positioniert oder sogar aktiv neue Mitarbeiter anspricht.

Wichtig ist nun, dass man lernt, diese Marketingtexte ein Stück weit zu übersetzen und zwischen den Zeilen herauszulesen, was oder wer eigentlich gesucht wird. Fangen wir einmal an, uns typische Chiffren anzuschauen.

Bevor man eine Stellenanzeige ausschreibt, wird man sich immer intern zusammensetzen und überlegen, welche Tätigkeiten denn eigentlich genau zu erledigen sind, was aufgebaut werden soll und wer dafür benötigt wird. Man wird sich auf bestimmte, erfolgsrelevante Eigenschaften und Fähigkeiten einigen, die man sucht und selbstverständlich auch ein Budget dafür ermitteln. Nun stellen wir uns einmal vor, es wird eine Stelle konzipiert, die eher in der Mit- und Zuarbeit angesiedelt ist, ohne Personal-, Budget- oder Projektverantwortung, also quasi für den Berufseinstieg nach dem Studium optimal passt. Für diese Stelle wird intern ein zukünftiges Gehalt von 38.000 Euro/Jahr eingeplant.

Nun wird man trotzdem jemanden suchen, der sich gut anstellt und idealerweise schon einige Erfahrungen praktischer Art vorzuweisen hat. Diese können wir ja auch als Young Professionals aus den angewandten Aspekten unseres Geographiestudiums bestens anbieten. In der Stellenanzeige wird man möglicherweise das Wort Berufserfahrung unterbringen wollen, damit sie nicht zu einfach oder gar anspruchslos klingt. Also schreibt man: „Erste Berufserfahrung wäre wünschenswert.", oder man verwendet die Formulierung „von Vorteil". Diese Formulierungen, also „erste", der Konjunktiv, „wünschenswert" oder auch „von Vorteil" zählen wir zu den verbalen Weichmachern. Sie schwächen eine inhaltliche Aussage ab. Der obenstehende Satz ist also frei zu übersetzen mit: „Wir schreiben zwar das Wort Berufserfahrung mit in die Stellenausschreibung, damit sie anziehend klingt, es ist aber eine Stelle für Einsteiger, das belegt nicht zuletzt die Vergütung." Sollte nun, und das wäre der andere Fall, ein Arbeitgeber ganz bewusst eine Arbeitnehmerin oder einen Arbeitnehmer mit viel Erfahrung suchen, wird er dies mit verbalen Verstärkern umschreiben: „Mindestens zwei (fünf oder eine andere Zahl) Jahre einschlägige Berufserfahrung sind Voraussetzung." Sie merken den Unterschied: Diese Wortwahl ist unmissverständlich, klar und benötigt keine Interpretation. Hinter einer solchen Stelle steht üblicherweise eben aber dann auch ein entsprechendes Budget. Also eine Vergütung, die einer solchen Zahl an Erfahrungsjahren angemessen ist.

Eine andere Möglichkeit, den wahren Erwartungshintergrund und Anspruchs-grad aus einer Stelle herauszulesen, besteht darin, sich für das selbstständige Arbeiten zu sensibilisieren. Es ist ein großer Unterschied, ob in einer Anzeige die Rede ist von „Mitarbeit bei der Gutachtenerstellung" oder vom „Selbstständigen Erstellen von Gutachten". Ein anderes Beispiel wäre die Formulierung „Mitarbeit in der Strategieentwicklung" versus „Entwickeln von Markteintrittsstrategien für den südamerikanischen Markt". Also geht es bei dieser Thematik eigentlich darum, dass Sie ein Gefühl dafür bekommen, wie anspruchsvoll die Aufgaben, die es zu erledigen gilt, sind und wie viel Verantwortung Sie in diesem Kontext schon übernehmen würden. Je selbstständiger Sie arbeiten, je größer Ihr Verantwortungs-bereich ist, desto anspruchsvoller ist natürlich die Stelle.

Ein weiteres Anliegen, das ich Ihnen in diesem Kapitel vermitteln möchte, ist eine selbstbewusste Übersetzung der Anforderungsliste, die der Arbeitgeber an Sie stellt. Sie wissen ja, unter der Formulierung „Wir erwarten von Ihnen" oder „Sie bringen idealerweise mit" stellt Ihnen der zukünftige Arbeitgeber eine lange Liste von Erwartungen vor, von Tätigkeitsbeschreibungen, die für die ausgeschriebene Stelle notwendig sind. Nun habe ich als Student gedacht, man könne sich erst bewerben, wenn man alle diese Kriterien erfüllt, quasi mit einem grünen Check-Häkchen versehen könne. Das ist natürlich ein großer Irrtum, wie ich heute weiß. Warum?

Die Anforderungsliste, die Ihnen der Arbeitgeber vorstellt, ist keine Moment-aufnahme der notwendigen Kompetenzen, sondern ein perspektivischer Blick in die erfolgreiche Ausübung der Stelle. Will heißen, es geht nicht darum, ob Sie all diese Dinge und Fähigkeiten beim Durchlesen der Stelle bereits beherrschen, sondern die Frage ist vielmehr, ob Sie sich aufgrund Ihrer Arbeitstechniken, Erfahrungen und Interessen in der Lage sehen, sich, je nach angesprochener Kompetenz, in diesen Themenfeldern bis zum Vorstellungsgespräch, zum ersten Arbeitstag oder auch in den Monaten der Einarbeitung fit zu machen! Diese oft sehr umfangreich anmutende Liste ist also vielmehr ein Blick in die Zukunft, eine Aussicht auf die zukünftige Tätigkeit, aber natürlich im vollen Bewusstsein dessen, dass sich jede Bewerberin oder jeder Bewerber erst in einige dieser Punkte einarbeiten müssen wird, da es sich eben um ein ganz spezifisches Arbeitsplatz-profil handelt.

Was bedeutet das für Ihre Kommunikationsstrategie? Nun ja, Sie fragen sich bitte beim Lesen von Stellenanzeigen nicht mehr: „Beherrsche ich all das, was dort steht?", sondern stellen sich die wahre Frage, die dieser Abschnitt insinuiert: „Fühle ich mich in der Lage, diese Aufgaben nach einer Einarbeitung zu bewältigen, und reizt mich das auch, würde mir das Freude machen?"

Sollten Kompetenzen oder Fähigkeiten angesprochen sein, die Sie noch nicht vollumfänglich liefern können, seien Sie unbesorgt. Im Marketing in eigener Sache argumentieren wir immer von der „Haben"-Seite aus. Das bedeutet ganz konkret, dass Sie im Vorstellungsgespräch für eine Stelle, die einiges an GIS-Know-how erfordert, wovon Sie viele Anwendungen, aber eben noch nicht alle kennen, folgende Strategie wählen können. Sie sprechen über Ihre Erfahrungen in diesem Bereich, über die Software, die Sie kennen und was Sie damit schon alles bearbeitet und erstellt haben. Dazu fügen Sie dann sinngemäß: „Sie sehen, ich habe keinerlei Berührungsängste mit IT und GIS-Software, im Gegenteil, dies ist meine große Stärke und daher bin ich mir ganz sicher, dass ich mich auch in das bei Ihnen zusätzlich verwendete Programm sehr rasch einarbeiten kann!"

Die Idee ist also, aus bestehenden Stärken auf der Metaebene im Sinne einer Referenz durch Erfahrungen und biographische Beispiele eine Brücke zu bauen zu den Dingen, die Sie noch nicht beherrschen und gleichsam die Erfahrung und Werkzeuge vorzuweisen, diese ebenfalls erfolgreich übernehmen zu können.

Übungsbox

- Stellenanzeigen sind Werbetexte, lesen Sie zwischen den Zeilen und übersetzen Sie, was sich wirklich dahinter verbirgt!
- Achten Sie auf die Verwendung von verbalen Weichmachern und Verstärkern – so können Sie herausfinden, was der Arbeitgeber zwar als Wunsch formuliert, aber nicht unbedingt erwartet und was er als Mindestanforderung versteht.
- Schauen Sie auf Formulierungen, die Ihnen helfen, den Schwierigkeitsgrad der Arbeit zu ermitteln. Wo die Verantwortlichkeiten liegen oder wie selbstständig Sie arbeiten sollen, kann man oft gut herauslesen.
- Denken Sie daran, dass die Liste der Arbeitgebererwartungen nicht als Momentaufnahme beim Durchlesen zu verstehen ist, sondern als perspektivische Arbeitsbeschreibung. Fragen Sie sich also nicht, ob Sie alles Geforderte jetzt schon beherrschen, sondern ob Sie sich mit Ihrem geographischen Werkzeugkoffer in der Lage sehen, sich in diese Aufgaben einzuarbeiten!
- Wenn Sie einzelne Fähigkeiten noch nicht mitbringen, überlegen Sie, welche ähnlichen Tätigkeiten Sie vielleicht schon ausgeführt haben oder wie Sie Ihre schnelle Einarbeitung begründen können.
- Auch die anderen Bewerberinnen und Bewerber bringen nicht alle Erfahrungen schon mit, sonst würden sie sich ja gar nicht für den ausgeschriebenen Job interessieren!

8.3   Initiativbewerbung mit interessensgeleitetem Anruf oder Gesprächseinstieg

Sollte die Wunschstelle nicht ausgeschrieben sein, gibt es natürlich viele Möglichkeiten, selbst aktiv zu werden. Wichtig ist auf jeden Fall, dass man nicht verzweifelt und lange zuwartet, ob wieder einmal eine spannende Stelle auftaucht, sondern dass man selbst die Initiative ergreift und mögliche Arbeitgeber kontaktiert.

Hierzu gibt es verschiedene Strategien, die sich in ihren Wirkungsgraden unterscheiden. Am einfachsten ist es sicherlich, im Internet nach interessanten Arbeitgebern Ausschau zu halten und diese dann mit einer Initiativbewerbung zu kontaktieren. Dieses initiative Bewerben ohne Vorkontakt ist sehr zeitaufwendig und hat einen niedrigen Wirkungsgrad: Sie müssen für jede Bewerbung ein individuelles Anschreiben erstellen, ohne zu wissen, ob das Unternehmen im jeweiligen Bereich überhaupt vakante Stellen hat. Außerdem antworten Ihnen nicht alle angeschriebenen Unternehmen und Sie verbringen sehr viel Zeit mit Warten, manchmal erhalten Sie zwar eine Antwort, die aber oft aus allgemeinen Floskeln besteht und somit nicht wirklich ertragreich ist. Sie merken schon: Dieses Vorgehen ist nicht meine Empfehlung.

Besser ist es, wenn man den intendierten Arbeitgeber anschreibt, sich vorstellt und vorab nachfragt, ob eine Initiativbewerbung im entsprechenden Fachbereich erwünscht ist. Aber auch hier wissen Sie nicht, ob und wann man Ihnen antwortet, die Wartezeit und die Erfolgsquote sprechen nicht unbedingt für sich.

Deshalb rate ich Ihnen zur dritten Variante, die um Längen ertragreicher funktioniert und viele Vorteile bietet. Ich arbeite seit vielen Jahren mit Studierenden und Promovierenden mit diesem Vorgehen und kann Ihnen absolut gute Erfahrungen berichten, die sich auch schlüssig selbst erklären.

Dieses Vorgehen nenne ich den interessensgeleiteten Anruf oder Gesprächseinstieg, sollte man ihn auf einer Messe oder anderen Kontaktplattform anwenden. Wie funktioniert er?

Im ersten Schritt überlegen Sie, welche Arbeitgeber für Sie besonders spannend sind, welche Aufgaben Sie reizen und welche Regionen für Sie in Frage kommen. Im vorliegenden Buch finden Sie genügend Anregungen zur Selbstreflexion, Berufsfelderkundung und auch zu den Suchstrategien am geographischen Arbeitsmarkt, beispielsweise dem vertikalen und horizontalen Sondieren des Arbeitsmarktes.

Ihre Wunscharbeitgeber recherchieren Sie nach und nach und ordnen diese in einer Form, die sich gut managen lässt, beispielsweise einer Tabelle. Wenn Sie Ihre Aufstellung angehen und Kontakte von interessanten Arbeitgebern recherchieren, achten Sie bitte darauf, nicht Kontakte und Ansprechpersonen aus den Personalabteilungen zu sammeln, sondern die Fachansprechpartnerinnen und -partner zu erheben. Sollten Sie also in eine Fachabteilung des Umweltministeriums wollen, würden Sie in diesem Fall die Referatsleitung der entsprechenden Behörde im Organigramm heraussuchen. Warum wenden wir uns mit dieser Technik direkt an die Fachabteilungen? Nun ja, wenn ein Personalbedarf entsteht, sei es durch Elternzeit, eine Umstrukturierung, eine Fördermittelakquise für einen Projektzeitraum oder etwas Ähnliches, findet der am ursprünglichsten und zuerst in der jeweiligen Fachabteilung statt. Die Führungskräfte, die ihren

Bereich verantworten, wissen in der Regel am ehesten, schnellsten und umfäng-
lichsten über die Ressourcenplanungen der nächste Monate und Jahre Bescheid.

Zusätzlich zur tabellarischen Sammlung geeigneter Arbeitgeber mit entsprechenden Ansprechpersonen recherchieren Sie bitte interessensgeleitete Fragen.
Sie schauen also in den Nachhaltigkeitsbericht, den das Unternehmen veröffentlich,
oder in den Jahresbericht der Naturkatastrophen einer großen Rückversicherung.
Sie stöbern durch den Internetauftritt, betrachten Referenzprojekte oder Presseartikel. Vielleicht finden Sie Informationen zu aktuellen Planungen oder Zukunfts-
projekten. Wenn Sie sich jeweils einige Fragen notiert haben, sind Sie schon einen
Schritt weiter. Was für Fragen das sein könnten? Na ja, Fragen nach Erhebungs-
vorgehensweisen, nach organisatorischen Aspekten, nach der Zusammensetzung
eines Teams oder der Ausgestaltung der Aufgaben in der Abteilung. Nach Erfolgen
von Projekten, Herausforderungen und Erfahrungen, die der Arbeitgeber mit diesen
Projekten, zum Beispiel einem Citymarketingevent, gemacht hat.

Nun sind Sie stolze Managerin oder stolzer Manager einer Übersicht über ver-
schiedene, spannende Arbeitgeber in den Regionen, die für Sie als Arbeitsorte in
Frage kommen, haben Ansprechpersonen recherchiert und entsprechende kluge
Frage aufnotiert. Jetzt kann es losgehen!

Sie starten Ihren Anruf beim zukünftigen Arbeitgeber. Hier ist natürlich Mut
gefragt, aber Sie werden sehen, es kann nichts schiefgehen!

Als erstes rufen Sie direkt die Person an, die als Fach- oder Führungskraft für
den Fachbereich zuständig ist, der Sie interessiert. Sollten Sie keine direkte Durch-
wahl gefunden haben, fragen Sie bitte nach dem entsprechenden Bereich und
lassen sich dorthin verbinden. Wenn Sie die Person in der Leitung haben, stellen
Sie sich kurz vor, indem Sie laut und deutlich Ihren Namen nennen und dazu-
sagen, an welcher Universität Sie welches Fach studieren. Diesen Satz können wir
Standortbestimmung nennen, hiermit weiß der Arbeitgeber, wer ihn anruft.

Im zweiten Satz verraten Sie bitte, was ihr Spezialgebiet ist, was Sie besonders
interessiert, was Sie beim Studium fasziniert oder was für Sie absolut bedeut-
sam ist. Sinngemäß vielleicht: „Ich beschäftige mich im Studium ausführlich mit
Nachhaltigkeit in der Lieferkette" oder „Mich fasziniert das Thema Renaturierung,
deshalb habe ich diesen Studienschwerpunkt gewählt."

Also, fassen wir zusammen: Sie rufen an, nennen Ihren Namen, sagen, wo Sie
gerade im Leben stehen und verraten Ihr Commitment. Gar nicht so schwierig,
oder? Im nächsten Abschnitt des Gesprächs fragen Sie, ob Ihre Gesprächspartnerin oder Ihr Gesprächspartner einen Moment Zeit hätte für ein paar Fragen
zum Thema, die Ihnen bei der Lektüre des Internetauftritts, Jahresberichts oder
Nachhaltigkeitsreports aufgefallen sind. Im Regelfall wird man Ihnen gerne die
Fragen beantworten, ich verrate Ihnen nachher warum. So tragen Sie Ihren Teil zu
einem sympathischen, interessanten und anspruchsvollen Gespräch bei. Und das
ist bereits Ihr erstes, erreichtes Teilziel. Es ist wichtig, dass Sie beim interessensgeleiteten Telefonieren nicht davon ausgehen, dass Sie unbedingt eine Initiativbewerbung abschicken müssen, sondern dieses Ziel in mehrere, ertragreiche
Teilziele untergliedern. Somit haben Sie schon einen tollen Erfolg zu verbuchen,
Sie haben mit dem Wunscharbeitgeber Kontakt aufgenommen und sind dabei, sich
auf sehr gewinnende Art und Weise vorzustellen.

Wenn Sie an diesem Punkt angelangt sind, haben Sie nun viele verschiedene spannende Optionen. Sie können folgende Fragen stellen: „Das ist wirklich sehr spannend, besteht in der nächsten Zeit vielleicht die Option, sich einmal bei einem gemeinsamen Mittagessen der Arbeitsgruppe anzuschließen und mehr zu erfahren?" oder „Das finde ich faszinierend, ist es möglich, einmal einen Tag in Ihrem Büro oder bei den Erhebungen im Feld mitzuarbeiten?" Vielleicht fragen Sie auch „Besteht in der nächsten Zeit die Möglichkeit, Sie auf einer Ausstellung, Messe oder bei einem Symposium persönlich kennen zu lernen?" oder „Sind Sie vielleicht auf der Fachmesse für nachhaltige Städte vertreten und kann man dort Ihr Unternehmen besuchen?" Sie können natürlich auch direkt nachfragen, ob eine Initiativbewerbung erwünscht ist, nachdem Sie einige Fragen gestellt haben. Sollte jemand das verneinen, fragen Sie doch, ob diese Fach- oder Führungskraft in ihrem Netzwerk jemanden kennt, der oder die eine Spezialistin oder einen Spezialisten wie Sie sucht.

Sie werden sehen, wie faszinierend ertragreich diese Technik ist. Mit jedem Anruf werden Sie sicherer, investieren in Ihr eigenes berufliches Netzwerk und erfahren absolut relevante Brancheninformationen. Sicherlich werden Sie nicht nach jedem einzelnen Anruf begeistert sein. Manche Menschen sind nicht so auskunftsfreudig wie andere, dies liegt in der Natur der Sache.

Viele Arbeitgeber werden sich aber über Ihren Anruf freuen. Warum? Na ja, denken Sie doch noch einmal an das Zauberwort im Recruiting, das Sie am Anfang unserer Zusammenarbeit kennen gelernt haben: Eigeninitiative. Ihr Anruf ist eine Arbeitsprobe. Der Arbeitgeber sieht daran nicht nur, dass Sie an einem Thema interessiert sind. Er kann erkennen, dass Sie zielorientiert vorgehen, kluge Fragen stellen, höflich sind, professionell telefonieren und sich etwas trauen. Sie heben sich auf sehr angenehme Art und Weise vom Wettbewerb ab und zeigen Ihrem Arbeitgeber, dass Sie so auch an Projekte in der zukünftigen Arbeit herangehen würden. Initiativ, proaktiv und mit einer durchdachten Strategie!

Ferdinand war zunächst skeptisch. Er vermutete, er könne vielleicht jemanden nerven oder Zeit stehlen und hat sich nicht so wirklich getraut, loszulegen. Ihm haben folgende Tipps weitergeholfen: Erstens hat er seine Tabelle mit den potenziellen zukünftigen Arbeitgebern so geordnet, dass er zuerst die anrief, die für ihn am weitesten weg waren. Vielleicht weil die Firma in einer Stadt ist, in die er eigentlich nur ungern ziehen würde. Warum er das so geordnet hat? So konnte er sich warmlaufen und trainieren, bevor er zu den Ansprechpersonen kam, die für ihn wirklich vielversprechend waren und wo er sehr gerne seinen Berufseinstieg starten wollte.

Zweitens hat er sich konkrete Ziele gesetzt. Er hat sich nicht vorgenommen, irgendwann in den nächsten Tagen einmal loszutelefonieren, sondern sich einen Tag im Kalender ausgesucht, eine feste Uhrzeit definiert und das auch noch seinen Eltern erzählt. Die haben ihn gelobt und ihm die Daumen gedrückt, und dass er sich keine Blöße geben wollte, hat ihn zusätzlich darin unterstützt, zu diesem Zeitpunkt auch wirklich durchzustarten mit seinen interessensgeleiteten Telefonaten. Auf diese Weise musste er nicht jeden Tag neuen Mut fassen und Anlauf nehmen, sondern hat sich eine Weile auf den entsprechenden Vormittag fokussiert, was ihm sehr geholfen hat.

Ferdinand ist absolut begeistert von dieser Art, seine eigene Zukunft zu gestalten (Abb. 8.1). Es sind zwar auch Anrufe dabei, die ihn etwas frustrieren,

Abb. 8.1 Ferdinand nach seinem erfolgreichen Anruf

aber unter dem Strich ist seine Quote sehr ermutigend. Kein Warten, ob eine E-Mail beantwortet wird, kein Vorbereiten von irgendwelchen Anschreiben ohne wirkliches Ziel, keine Frustration, weil keine Antwort kommt. Er hat so viel über sein Berufsfeld erfahren, weil er in kurzer Zeit mit so vielen engagierten Fach- und Führungskräften gesprochen hat. Er hätte nie gedacht, dass die Leute so interessiert an ihm sind und ihm so gerne Auskunft geben, ihn einladen und ihm auch gerne das Unternehmen vorstellen. Viele sagen ihm, es hätte sich schon lange niemand so interessiert gemeldet und man hätte sich über das Gespräch mit ihm gefreut. Egal, was jeweils das konkrete Ergebnis war, hat sich Ferdinand die Gespräche notiert und in seine Tabelle eingetragen, wo er sich nochmal melden soll, welche Leute oder Internetseiten ihm empfohlen wurden oder was sonst für ihn wichtig war.

Am meisten hat ihm geholfen, dass es ihm Sicherheit gegeben hat. Wenn er mal nicht die richtige ausgeschriebene Stelle findet, weiß er immer, wie er den Markt selbst aufrollen kann. Es liegt ganz bei ihm, wie viele potenzielle Arbeitgeber er in einer Woche anrufen will und wie er vorgeht. Er ist nicht abhängig von irgendwelchen äußeren Faktoren, sondern hat eine Strategie und das Handwerkszeug, selbst erfolgreich zu gestalten, was er von der Zukunft erwartet.

Bei der nächsten Recruitingmesse, wo sich unterschiedliche Firmen präsentieren, will er den interesensgeleiteten Gesprächseinstieg vor Ort ausprobieren. Sicherlich eine sehr gute Idee, funktioniert das Procedere doch genau gleich, zusätzliche Fragen können sich sogar noch aus den Informationen am Messestand ergeben. Auch auf Fachmessen oder Kongressen ist dies natürlich eine fabelhafte Variante, miteinander ins Gespräch zu kommen und sich vorzustellen.

Übungsbox

- Suchen Sie sich systematisch für Sie interessante Arbeitgeber heraus, die Sie gerne kontaktieren möchten.
- Überlegen Sie sich ein Format, in dem Sie sich gut managen können, zum Beispiel eine Tabelle oder etwas anderes.
- Ermitteln Sie eine Ansprechperson aus dem jeweiligen Fachbereich, in dem Sie sich eine Mitarbeit vorstellen können und finden Sie deren Namen und Telefonnummer heraus.
- Erarbeiten Sie interessensgeleitete Fragen, die Sie anhand von Informationen im Internet recherchieren können.
- Bauen Sie Ihren Anruf so auf, dass Sie sich zunächst vorstellen und dann etwas zu Ihrem Spezialgebiet sagen, stellen Sie anschießend Ihre Fragen.
- Fokussieren Sie sich auf das Ziel, ein angenehmes Gespräch in Gang zu bringen, nicht nur auf die Frage nach einer vakanten Stelle!
- Je nach Gesprächsverlauf können Sie dann bei gegenseitigem Interesse verschiedene Optionen ins Spiel bringen: Vielleicht ein gemeinsames Gespräch, einen Schnuppertag, ein Treffen auf einer Messe, das Zusenden

Ihrer Bewerbungsunterlagen oder einen Tipp des Arbeitgebers, wo Sie sich mit dieser Interessenslage noch vorstellen könnten.

- Rufen Sie zuerst bei Arbeitgebern an, die für Sie nicht ganz so spannend sind, um sich warmzulaufen.
- Setzen Sie sich konkrete Ziele: Wann genau rufen Sie wie viele potenzielle Arbeitgeber an?
- Vergessen Sie nicht: Man wird sich über Ihren Anruf freuen! Warum? Weil Sie Initiative zeigen!

8.4 Nachfassen

Auf eine abgeschickte Bewerbung hin erhält man leider nicht immer eine Antwort vom Arbeitgeber. Man wartet vielleicht einige Tage und Wochen und gerade beim Absenden einer ganzen Reihe von Bewerbungen wird es in dieser Zeit natürlich zunehmend unübersichtlicher, wo man eigentlich genau steht.

Deswegen würde ich Ihnen empfehlen, in der Tabelle, die wir ja schon im vorigen Kapitel angesprochen haben, die wichtigsten Daten zu Ihrer Korrespondenz mit dem Arbeitgeber einzutragen. Zum Beispiel haben Sie ja vielleicht dort schon notiert, wann Sie mit dem Arbeitgeber telefoniert haben und mit welchem Ergebnis. Wenn Sie mögen, können Sie ja dann auch das Absendedatum Ihrer Bewerbung eintragen. Im nächsten Schritt sollten Sie in einer Spalte vermerken, wann sie nachfassen wollen, sollte der Arbeitgeber Ihnen nicht antworten. Wie macht man das am geschicktesten?

Natürlich können Sie verschiedene Wege wählen. Zunächst ist der Zeitpunkt wichtig. Ich würde Ihnen empfehlen, bei einer Praktikumsbewerbung etwa ein bis zwei Wochen zu warten, bei einer Bewerbung auf eine Festanstellung ungefähr drei Wochen. Nach dieser Zeit sollten Sie entscheiden, ob Sie sich per E-Mail oder telefonisch erkundigen, quasi auf sich aufmerksam machen. Die E-Mail-Variante mag Ihnen unaufwendiger erscheinen, sie ist aber auch weniger wirkungsvoll, kann es doch sein, dass Sie auch da keine oder eine nicht wirklich aussagekräftige Antwort erhalten. Also würde ich Ihnen unbedingt empfehlen, anzurufen.

Melden Sie sich direkt bei der Person, die Sie in der Anrede adressiert haben. Fragen Sie geschickt und höflich, beispielsweise: „Ich habe mich ja am … bei Ihnen auf die Stelle als Sachbearbeiter*in beworben, und weil ich diese so spannend finde, möchte ich heute nachfragen, ob Sie mir zum Stand der Dinge vielleicht schon etwas sagen können."

Welche Vorteile bietet dieses Vorgehen? Sie erhalten im Regelfall nicht nur eine Auskunft, die Ihnen weiterhilft, wie lange Sie noch warten müssen, sondern Sie zeigen dem Arbeitgeber, dass Sie proaktiv sind. Denken Sie noch einmal an das Aktiv-Passiv-Modell aus Kap. 2.1, das Sie somit bestens berücksichtigen und dem Arbeitgeber Ihre Eigeninitiative im Sinne einer Arbeitsprobe zeigen und

beweisen. Der Arbeitgeber kann Ihre freundliche Ausdrucksweise und Gesprächsführung am Telefon erleben und sich einen ersten Eindruck von Ihnen machen, der
Sie vom Wettbewerb abhebt. Sie haben nochmal die Gelegenheit, auf diese Weise
authentisches Interesse zu signalisieren und vor allem, Sie zeigen, dass Sie zielorientiert sind und wissen, wie man ein Projekt zum Erfolg führt!

All diese Aspekte zusammengeführt, ist zweifelsfrei klar, dass das Nachfassen
beim potenziellen Arbeitgeber eine sehr gute Möglichkeit ist, seiner Bewerbung
nochmals Nachdruck zu verleihen. Der Arbeitgeber ist vielleicht so angetan von
dem Gespräch mit Ihnen, dass er Ihnen gleich noch ein paar Fragen stellt und sich
somit ein erstes, unkompliziertes Telefoninterview daraus ergibt. Etwas Besseres
kann einem beim Bewerben ja gar nicht passieren!

Ausblick und Einladung

9

Sicherlich habe ich in diesem Buch nicht verbergen können, dass ich ein begeisterter Geograph bin. Während der vergangenen 15 Jahre habe ich viele Workshops mit Geographiestudierenden, aber auch Studierenden anderer Fächer an zahlreichen Universitäten im In- und Ausland durchführen dürfen, weil dies meine große Leidenschaft ist. Dabei bewegt mich immer, wie herzlich und begeistert sich die Teilnehmenden für diese neue Perspektive auf das Fach bedanken, und viele lassen mich wissen, wie viel mutiger und freudiger sie nun auf den Berufseinstieg blicken.

Ich bin mir sicher, dass ein gut ausgestatteter Werkzeugkoffer hilft, die Herausforderung einer selbstbewussten Kommunikation beim Berufseinstieg erfolgreich und mit Freude zu meistern. Auch wenn man den Job immer wieder wechseln kann, kommt doch diesem Moment im Leben eine besondere Bedeutung zu, wenn man sich nach dem Studium für einen Arbeitgeber entscheidet.

Warum dies so wichtig ist und wieso man diesem Lebensabschnitt die notwendige Aufmerksamkeit schenken sollte, war auch eine von Ferdinands Fragen. Ihm hat eine Antwort weitergeholfen, die ich hier als Vorschlag an Sie alle aufschreiben möchte.

Wenn man sich nach einem erfolgreich abgeschlossenen Studium oder der Promotion für einen Arbeitgeber entscheidet, sollte man meines Erachtens drei Dinge gründlich prüfen. Diese drei Dinge kann man sehr gut im Vorfeld eruieren, wenn man zum Beispiel im Vorstellungsgespräch die richtigen Fragen stellt, genau auf die Gesprächspartnerinnen und Gesprächspartner achtet und zwischen den Zeilen hört sowie seine Empathieantennen ausfährt.

Was sind also die drei Dinge, auf die ich Ihnen empfehlen würde zu achten?

Erstens ist es wichtig, dass Sie sich nicht unter Wert verkaufen. Sie haben mit Enthusiasmus studiert und vieles gelernt. Sie bringen natürlich noch keine ausgiebige Berufserfahrung mit, aber schon viele Stärken und Kompetenzen, denen wir uns in diesem Buch ausführlich gewidmet haben. Die Vergütung, die man Ihnen anbietet, sollte fair und angemessen sein. Natürlich gibt es da nicht die eine richtige Zahl, aber es gibt einen Korridor, in dem Sie sich befinden sollten. Durch eine Recherche zu angemessenen Gehaltsvorstellungen, zu der Sie ja in diesem Buch schon viel erfahren haben, sind Sie in der Lage, herauszufinden, was für Sie eine faire Bezahlung ist. Wenn wir gleich auf die Entscheidungsfaktoren zwei und drei blicken, wird sich zeigen, dass das Gehalt natürlich nur eines von wichtigen Entscheidungskriterien ist. Sie werden sicherlich für sich persönlich abwägen, wie entscheidend es für Sie ist. Jedoch würde ich Ihnen immer empfehlen, sich eine Mindestlinie zu definieren, unter der Sie Ihre Arbeitszeit zumindest nicht dauerhaft zur Verfügung stellen wollen. Dies ist wichtig für Ihr Selbstbewusstsein und für Ihre Wahrnehmung Ihrer eigenen Stärken.

Der zweite Entscheidungsbereich, den Sie in den Blick fassen sollten, ist das Thema Lernkulisse. Was meine ich damit? Na ja, es gibt Jobs, da lernt man viel und andere, wo man wenig lernt. Aber wie finden Sie das heraus, ohne schon dort gearbeitet zu haben? Sie stellen im Vorstellungsgespräch die richtigen Fragen! Sie sollten eruieren, ob es sich um eine vielseitige, abwechslungsreiche Tätigkeit handelt, dort werden Sie mehr lernen, als wenn Sie immer ähnliche Aufgaben ausführen. Sie sollten versuchen, Ihre direkten Vorgesetzten möglichst gut kennenzulernen. Stellen Sie Fragen, zum Beispiel, was diesen in ihrer Arbeit besonders wichtig ist, und versuchen Sie zu erspüren, ob eine Zusammenarbeit mit diesen Persönlichkeiten für Sie eher inspirierend oder bremsend erscheint. Erfragen Sie Weiterbildungsmöglichkeiten oder perspektivische Möglichkeiten eines Auslandseinsatzes oder einer Verantwortungsübernahme, also der Zuständigkeit für einen kleinen Bereich oder ein Projekt, je nach Arbeitgeber. Je freundlicher, offener und inspirierender die Vorgesetzten, je vielseitiger die Aufgabe und die Weiterbildungsmöglichkeiten, desto besser ist Faktor zwei oder der zweite Bereich für Ihre Entscheidungsfindung erfüllt. Auch ein heterogenes Team mit Leuten verschiedener Ausbildungsgänge und Biographien ist sicherlich ein hilfreicher Faktor für eine steile Lernkurve.

Was ist drittens relevant? Ihr Job sollte Ihnen eine Sprungbrettfunktion bieten. Darunter verstehe ich die Möglichkeit, in den ersten Berufsjahren Kontakte zu knüpfen, sich ein berufliches Netzwerk aufzubauen. Das kann durch Kundentermine, durch Teilnahme an Kongressen, anderen Veranstaltungen oder auch in anderer Form geschehen. Wenn Sie zum Beispiel Presseartikel für Ihre Einrichtung verfassen, wäre es schön, wenn darin auch einmal Ihr Name auftaucht. Wenn Sie eine Veranstaltung organisieren, könnten Sie dort mit der Geschäftsleitung zusammen oder vielleicht alleine ein Grußwort sprechen. In einem Bericht zu einem Projekt können Sie Erwähnung finden und an anderen Stellen mehr. Wichtig ist es, in den ersten Berufsjahren Erfahrungen zu sammeln und Kontakte zu knüpfen, diese werden Ihnen dazu dienen, einen nächsten Jobwechsel, vielleicht aufgrund eines Wechsels in eine andere Stadt, gut vorzubereiten und erfolgreich durchführen zu können.

Nun sind alle drei Faktoren oder Entscheidungsfelder wichtig: faires Gehalt, Lernkulisse und Sprungbrettfunktion. Wie Sie diese drei Aspekte für Ihre ganz individuelle Entscheidung gewichten, bleibt natürlich Ihnen überlassen, nur würde ich keine der drei Überlegungen ganz aus dem Blick verlieren. Je nach persönlicher Präferenz möchten Sie vielleicht lieber in einer kleinen, überschaubaren Organisation oder in einem Start-up arbeiten und sind für einen Umzug in eine andere Region offen. Oder Sie wollen am Ort bleiben, und die Art der Tätigkeit ist Ihnen gar nicht so sehr wichtig, weil Sie viele Interessen haben und flexibel sind. So wird sich für jede und jeden eine ganz individuelle Gewichtung dieser drei Entscheidungsbereiche ergeben. Einmal mit ein bisschen mehr Gehalt, ein anderes Mal mit tollen Lernmöglichkeiten und Verantwortungsperspektive, ein anderes Mal mit vielen Kontaktmöglichkeiten.

Langfristig gesehen ist es sicherlich klug, neben dem Gehalt besonders auf die Möglichkeiten des Dazulernens und der Kontaktanbahnung zu achten, da diese beiden Bereiche gerade in der ersten Stelle nach dem Studium tolle Möglichkeiten bieten.

Nun bin ich lange genug im Geschäft, um zu wissen, dass manche Menschen bei einer Chancenorientierung, wie ich sie in diesem Buch als roten Faden eingewoben habe, Fragezeichen haben. Vielleicht ist noch jemand unsicher, ob das alles so funktionieren kann. Vielleicht sehen Sie die vielen geographischen Stärken noch nicht so bei sich und sind noch etwas skeptisch, was einen solch selbstbewussten Auftritt angeht.

Da wären Sie nicht alleine. Ferdinand, der uns ja durch dieses Buch begleitet hat, war am Anfang auch sehr zweifelhaft, und es hat mich einiges an Überzeugungskraft gekostet, ihn zum Aufbau einer überzeugenden geographischen Kommunikationsstrategie zu ermuntern. Gerade deswegen habe ich ihn als Begleiter in diesem Buch ausgewählt, weil mir diese Haltung sehr sympathisch ist und ich anfängliche Zweifel nur zu gut verstehen kann.

Um sicherer zu werden, mag es neben dem Üben auch eine gute Idee sein, sich mit anderen Geographiestudierenden zusammenzusetzen und über das Thema Berufseinstieg und geographische Stärken zu diskutieren. In meinen Workshops bin ich immer wieder überrascht und erfreut über die tollen Ideen, die sich in solchen Teamarbeiten ergeben.

Abgesehen davon habe ich Ferdinand auch den Tipp gegeben, sich mit möglichst vielen erfahrenen Menschen zu unterhalten und von diesen zu lernen. Als ich neulich einmal mit ihm zusammensaß, sagte er mir lachend, dies hätte ihm auch schon bei ganz anderen Themen als der Geographie genützt. Na, sieh an! (Abb. 9.1).

Zuletzt möchte ich Sie einladen, mich zu kontaktieren und mir über Ihre Erfahrungen mit dem Aufbau einer geographischen Kommunikationsstrategie zu berichten. Wenn Sie möchten, können Sie sich auch nach einem Workshop erkundigen oder mir eine Frage stellen, Sie sind jederzeit herzlich willkommen!

Neben allem, was wir besprochen haben, lassen Sie mich Ihnen noch einen Wunsch mit auf den Weg geben: Seien Sie selbstbewusst und erkennen Sie, worauf es im Leben wirklich ankommt: Werden Sie glücklich!

Ihr Wolfgang Leybold

Abb. 9.1   Ferdinand genießt seinen Erfolg

Über den Autor

Wolfgang Leybold arbeitet als Berater und Trainer für Führungskräfte, Studierende und Promovierende. Wenn Sie ihn in einem seiner Workshops kennenlernen und an Ihrer eigenen Kommunikationsstrategie arbeiten wollen, nehmen Sie einfach mit ihm Kontakt auf:

Wolfgang Leybold

Leybold Strategy Consultants

info@leybold.de

www.leybold.de

Printed in the United States
by Baker & Taylor Publisher Services

Printed in the United States
by Baker & Taylor Publisher Services